CAEP 中国环境规划政策绿皮书

中国环境经济政策发展报告（2018）

Progress Report on Environmental Economic Policy in China（2018）

董战峰　葛察忠　郝春旭　等 编著

中国环境出版集团·北京

图书在版编目（CIP）数据

中国环境经济政策发展报告. 2018/董战峰等编著. —北京：中国环境出版集团，2019.5
（中国环境规划政策绿皮书）
ISBN 978-7-5111-3988-7

Ⅰ. ①中… Ⅱ. ①董… Ⅲ. ①环境经济—环境政策—研究报告—中国—2018 Ⅳ. ①X-012

中国版本图书馆 CIP 数据核字（2019）第 093994 号

出 版 人 武德凯
责任编辑 葛 莉 曹 玮
责任校对 任 丽
封面设计 彭 杉

出版发行 中国环境出版集团
（100062 北京市东城区广渠门内大街 16 号）
网 址：http://www.cesp.com.cn
电子邮箱：bjgl@cesp.com.cn
联系电话：010-67112765（编辑管理部）
发行热线：010-67125803，010-67113405（传真）
印 刷 北京中科印刷有限公司
经 销 各地新华书店
版 次 2019 年 5 月第 1 版
印 次 2019 年 5 月第 1 次印刷
开 本 787×1092 1/16
印 张 20.75
字 数 302 千字
定 价 105.00 元

#《中国环境规划政策绿皮书》
编 委 会

《中国环境经济政策发展报告（2018）》
编 委 会

执行摘要

2018 年是环境经济政策建设取得重要进展的关键年份。绿皮书对该年度环境经济政策进展情况采取“自下而上”的方法进行了系统评估，首先对我国正在实践的 11 项重点环境经济政策，包括环境财政、环境价格、环境权益交易、生态保护补偿等，分门别类进行系统评估，进而形成年度环境经济政策发展形势研判。

总体来看，本年度生态环境保护工作对环境经济政策创新提出了新需求，全国生态环境保护大会、污染防治攻坚战等对环境经济政策建设提出了明确要求，中国环境经济政策在加快推进、不断深化、持续见效。一是经济政策的绿色化水平进一步提升。继续实施积极的环境财政政策，中央财政分别安排大气、水、土壤污染防治专项资金 200 亿元、150 亿元、35 亿元，包括中央财政积极支持北方地区冬季清洁采暖、山水林田湖草生态保护修复工程试点等；推动实施长江经济带生态补偿，继续开展横向生态环境保护补偿试点，新安江流域签署第三期补偿协议；2018 年中央财政下达重点生态功能区转移支付 721 亿元，同比增幅达 15%；绿色金融政策实践十分丰富，由中方主导完成的《2018 年 G20 可持续金融综合报告》得到了世界各国的认同，五大绿色金融改革创新试验区全力推进创新实践，绿色债券市场发展势头强劲，各地积极探索绿色发展基金；资源环境资产核算与有偿政策探索深入，生态环境损害赔偿制度全面试行，全国 12 个省份、32 个试点区域完成自然资源确权登记试点工作，土地、矿产、森林、草原、水资源、海洋等分门类自然资源资产有偿使用制度改革文件相继出台。二是环境经济激励政策机制进一步健全。资源环境税费改革稳步推进，环境税费制度平稳转换，水资源税试点范围从河北省进一步扩大到北京、天津、宁夏等 9 个省份；资源税立法加快推进，已形成资源税法草案；“绿色信用”“绿色保险”日益发挥重要作用，在全国 20 多个省份开展环境污染责任保险试点；日益重视价格政策在绿色发展中的关键作用，绿色发展价格机制改革积极推进；环境市场机制不断健全，全国共有 28 个省份开展了排污交易权使用试点，截至 2018 年 8 月，一级市场征收排污权有偿使用费累计 117.7 亿元，在二级市场累计交易金额 72.3 亿元，推进发电行业全国碳排放权交易市场建设，截至 2018 年 11 月 26 日，全国碳排放权交易市场成交量已达 2.7 亿 t 二氧化碳，成交金额逾 60 亿元人民币，试点范围内碳排放总量和强度实现双降。三是绿色消费激励政策不断完善。编制完成《“高污染、高环境风险”产品常用信息手册（第二辑）》，商务部等 8 部门推进开展供应链创新与应用试点，资源环境“领跑者”制度建设不断完善。

但是，环境经济政策仍存在很多不足，包括：服务于生态文明建设的环境经济政策存在结构性短缺这一状况仍未根本得以解决；自然资产与生态环境资产核算及有偿使用制度尚不健全，尚未内嵌到高质量发展的评价与考核体系中；生态环境预算、支出和使用政策还不完善，科学的生态环境稳定投入机制、合理的生态环境预算支出制度，以及生态环境专项资金的绩效使用机制等还需要在国家财政改革框架下进一步改进健全；生态环境补贴机制还未充分理顺，补贴政策的激励和导向作用还有待有效发挥，特别是在农村农业领域这一问题尤其突出。环境税费价格机制尚未理顺，绿色税制改革需要进一步深化，涵盖全成本、保本微利的污水处理收费机制和分质供水的再生水价格机制改革需要加快推进；跨省界流域生态补偿仍在试点阶段，多元化、市场化补偿方式尚在探索阶段，无论是中央，还是地方，对重要生态功能地区的财政转移支付补偿尚未与地方的生态贡献建立技术量化关系；环境权益交易市场还不健全，市场高效配置生态环境资源的运行机制尚未充分发挥效用，特别是如何协同促进碳交易和大气污染交易在政策探索上还未有突破；许多环境经济政策的政策目标还未与环境质量达标和污染防治攻坚衔接好；环境市场经济政策实施的基础性配套政策改革，如资源生态环境产权制度尚在探索，也影响了政策改革探索的进一步深化。此外，在当前形势下，环境经济政策如何更好地在污染防治攻坚战、绿色发展转型中发挥作用仍显不足，特别是强化政策体系建设和政策组合调控，还需要进一步结合环境质量改善需求，理顺经济政策工具之间以及与相关政策手段的关系，强化协同增效调控。

Executive Summary

2018 is a key year for significant progress has been made in environmental and economic policy building. The green book systematically evaluates the progress of environmental and economic policies in this year by "bottom-up" approach. 11 key environmental and economic policies in effect in China, including environmental finance, environmental price, environmental rights and interests trading, ecological protection compensation, and so on, are evaluated in different categories to generate the annual analysis of environmental and economic policies.

Overall, new demands for the innovation of environmental and economic policies are presented by this year's work of ecological environment protection. The National Conference on Ecological Environment Protection and the tough battle of pollution control have put forward clear requirements for the construction of environmental and economic policies, which are in faster pace to extend and play their part. First, the economic policies has been further greened. We will continue to implement active environmental fiscal policies. 20 billion yuan, 15 billion yuan and 3.5 billion yuan allocated by central finance go to special funds for the prevention and control of air, water and soil pollution respectively. Central government offered support to the clean heating in winter in northern China and pilot projects for ecological protection and restoration of mountains, rivers, forests, lakes and grasses, etc. We will put into place ecological compensation in the Yangtze River Economic Zone and continue to roll out horizontal ecological environment protection, with the third phase compensation agreement signed in Xin'anjiang River Basin. In 2018, the central government approved a transfer payment of 72.1 billion yuan for key ecological function areas, an increase of 15% over the same period last year. The green financial policy practices enjoy a strong record. The Comprehensive Report on Sustainable Finance of 2018 led by China, has been recognized by the world. The five green financial reform and innovation pilot zones have made every effort to advance innovation. The green bond market has a strong momentum of growth, and all regions are actively probing into green development funds. The accounting of resources and environmental assets and paid use policies are deepening, along with the compensation system for ecological and environmental damage comprehensively piloted. 12 provinces and 32 pilot areas have completed the pilot registration of natural resources rights. Classified natural resources of land, minerals, forests, grasslands, water resources, oceans witnessed the promulgation of documents on the reform of paid use system. Second, the mechanism of environmental and economic incentive policy should be further improved. The reform of resources and environment tax and fee has been in steady progress with smooth transition. Water resources tax pilot zones have been further expanded from Hebei Province to other nine provinces and cities, such as Beijing, Tianjin and Ningxia. The legislation of resources tax has been sped up marked by the draft law on resources tax. The "green credit" and "green insurance" are playing an increasingly important role, with pilot projects of environmental pollution liability insurance in place in more than 20 provinces. The key role of price policy in green development is increasingly valued, so that the reform of price mechanism for green development has been vigorously advanced. The progress in environmental market mechanism can be evidenced by pilot projects on the use of emission trading rights in 28 provinces. As of August 2018, the paid fees for the use of emission trading rights in the primary market totaled 11.77 billion yuan, and the transaction amount in the secondary market totaled 7.23 billion yuan. The progress can also be seen in the carbon emission trading market in the power generation industry. As of

November 26, 2018, the trading volume of the national carbon emission trading market has reached 270 million tons of carbon dioxide, with a turnover of more than 6 billion RMB. The carbon emissions in the pilot area have declined with a lower intensity. Third, the green consumption has been stimulated with more incentives. The Information Manual for High Pollution and High Environmental Risk Products (Part II) has been completed. The Ministry of Commerce and other eight departments have devoted to the expansion of pilot projects of supply chain innovation and application. Therefore, the construction of resources and environment leader has constantly improved regarding the system.

However, many shortcomings still exist in environmental economic policies as following. The structural shortage of environmental economic policies serving the construction of ecological civilization has not been fundamentally solved; the accounting and paid use system of natural assets and ecological environmental assets are not sufficient, excluded in the evaluation and assessment system of high-quality development. The policies of ecological environment budget, expenditure and use are not yet in place. More efforts are needed in stable investment mechanism of ecological environment, reasonable budget expenditure system of ecological environment and utilization mechanism of special funds for ecological environment under the framework of national financial reform. The mechanism of ecological environment subsidy has not been fully rationalized, and the subsidy policy still needs to effectively play its role in stimulation and navigation, especially in the sector of rural agriculture. The price mechanism of environmental taxes and fees has not been straightened out yet, and the reform of green tax system needs to be further deepened. Faster progress is urgent in the reform of the charge mechanism of low-profit sewage treatment covering the total cost and the pricing mechanism of reclaimed water featuring dual water supply. The ecological compensation of trans-provincial river basins is still in the pilot, and the diversified and market-oriented compensation methods are still under exploration. Both the central and local governments fail to establish a .technological quantitative relation between the financial transfer payment compensation in eco-functional areas and the local ecological contribution. The market for environmental rights and interests trading still has space for improvement because market-oriented allocation of ecological resources is not into full play, particularly no breakthrough made on how to coordinate the carbon trading and atmospheric pollution trading through policies. Many goals are not related to environmental quality standards and the tough battle of pollution control. The basic supporting policy reform for implementing environmental market economy policy, such as the property right system of resources and ecological environment, is still being groped, which also weighs on the further deepening of policy reform. In addition, how can environmental and economic policies play a better role in the tough battle of pollution control and the transformation of green development in the present landscape? Policy support is far from being enough. In particular, for the sake of further policy system construction and policy portfolio regulation, it is necessary to straighten out the relationship between economic policy instruments and relevant policy means based on environmental quality improvement needs, so as to move towards coordination, synergy and higher efficiency.

前　言

环境经济政策是一类利用财税、价格、金融、交易等经济政策工具调控环境行为的政策类型，与行政管制型政策相比，环境经济政策注重运用市场经济手段对经济主体进行内生调控，有利于形成生态环境保护的长效机制。随着生态文明建设的深入推进，我国生态环境保护工作向纵深发展，环境政策体系在加速转型，环境经济政策越来越受到重视，当前正在进入快速发展阶段，环境经济政策创新与实践正面临前所未有的机遇。但同时，高质量发展动力转换、绿色发展结构转型、打赢（好）污染防治攻坚战等对环境经济政策实践提出了新的时代要求，需要建立一套更加公平、合理、长效的环境经济政策体系，需要更加科学化、精细化、能够支撑环境质量目标管理的政策创新。

面对快速变化的宏观政策形势以及新时期生态环境保护工作对环境经济政策创新的迫切要求，为了更好地推进环境经济政策的创新与应用，发挥环境经济政策的功能作用，持续开展环境经济政策的跟踪评估十分必要。生态环境部环境规划院是我国环境经济政策理论与应用研究的智库，长期从事环境投资、环境税费、绿色价格、排污权交易、生态补偿、绿色金融等环境经济政策研究，作为科学技术支撑单位为生态环境部、财政部等管理部门以及地方政府环境经济政策试点确定和政策制定、实施提供了智力支持。为了更好地推进环境经济政策的研究与应用，让社会各界对国家环境经济政策实践最新进展能够有一个系统全面的了解，生态环境部环境规划院组织编制国家环境经济政策实践进展年度系列报告，形成《中国环境经济政策发展报告(2018)》。

《中国环境经济政策发展报告（2018)》在大量调研和政策文件出台及实施分析的基础上，系统跟踪评估国家和地方环境经济政策实践的最新进展，研判环境经济政策发展形势、分析年度各类型环境经济政策动态变化、成效与问题，提出未来的改革方向，使之成为社会各界研究和了解我国环境经济政策实践年度进展的参考书，也通过促进分享交流，助推我国环境经济政策决策和研究。

绿皮书的编写，得到了生态环境部综合司、法规标准司等管理部门领导的大力支持和指导，得到了江苏省生态环境厅、甘肃省生态环境厅等地方生态环境保护部门的大力支持，也得到了生态环境部环境规划院陆军书记、王金南院长等领导的大力支持，在此表示衷心的感谢！感谢生态环境部环境规划院郝春旭博士、李红祥博士、龙凤博士、李晓亮博士、杜艳春博士等研究人员对绿皮书写作和出版的重要贡献，本书的出版离不开他们辛勤而又卓有成效的工作。

希望本书的出版会对环保有关政府部门管理人员、高校院所从事环境经济政策研究的专家学者，以及有关专业的研究生提供参考。限于编写人员的能力水平，以及资料占有的局限性，书中的一些结论不可避免会存在争议，希望诸位同人一起多加探讨交流，也恳请广大读者批评指正！

本书编委会

2019年2月11日

目 录

目录

目 录

目录

目 录

目录

1 国家环境经济政策进展形势研判

1.1 生态环境保护工作对环境经济政策创新提出了新要求

2018 年是改革开放 40 周年，是生态文明建设和生态环境保护事业发展史上具有重要里程碑意义的一年，也是环境经济政策建设取得重要进展的一年。全国生态环境保护大会于 2018 年 5 月 18—19 日在北京召开，习近平总书记出席会议并发表重要讲话。习近平总书记在讲话中明确强调，要充分运用市场化手段，完善资源环境价格机制，采取多种方式支持政府和社会资本合作项目。中共中央、国务院于 2018 年 6 月印发的《关于全面加强生态环境保护　坚决打好污染防治攻坚战的意见》将“健全生态环境保护经济政策体系”作为改革完善生态环境治理体系的“五大体系”之一，对环保投入、环境价格、生态保护补偿、环境税收、环境责任保险、第三方治理等环境经济政策改革提出了明确要求，为进一步加快环境经济政策建设提供了崭新动力，也为下一步环境经济政策改革与创新指明了方向。此外，《打赢蓝天保卫战三年行动计划》《渤海综合治理攻坚战行动计划》等七大标志性战役作战方案也将环境经济政策作为重要的保障措施，对环境经济政策建设提出了明确要求。

1.2 经济政策的绿色化水平进一步提升

积极健全环境财政政策。中央财政分别安排大气、水、土壤污染防治专项资金 200 亿元、150 亿元、35 亿元，支持北方地区冬季清洁采暖城市扩围和重点区域综合性大气污染防治，重点区域、重点流域水污染防治，以及支持开展土壤污染详查等工作。启动第三批山水林田湖草生态保护修复工程试点，将内蒙古乌梁素海、河北雄安新区、新疆额尔齐斯河流域等 14 个工程纳入试点范围，并下达基础奖补资金 100 亿元。政府绿色采购工作持续推进，已经发布 24 期节能产品政府采购清单、22 期环境标志产品政府采购清单，政府绿色采购发挥了很好的社会绿色消费引导作用。

横向生态补偿政策实践不断深入。国家发展改革委、财政部、自然资源部等 9 部委联合印发了《建立市场化、多元化生态保护补偿机制的行动计划》。财政部、环境保护部等 4 部委印发《中央财政促进长江经济带生态保护修复奖励政策实施方案》，预拨 80 亿元奖励资金，对长江经济带 11 个省（市）实行奖励政策。继续开展横向生态环境保护补偿试点，河北、北京签订密云水库上游潮白河流域水源涵养区横向生态保补偿协议；云南、贵州、四川三省签署赤水河流域上下游补偿协议；新安江流域签署第三期补偿协议；汀江—韩江流域续签一年补偿协议；中央财政安排 6 亿元生态保护补偿资金，加快形成受益者付费、保护者得到合理补偿的良性局面。

继续完善重点生态功能区转移支付办法，2018 年，中央财政下达重点生态功能区转移支付 721 亿元，同比增幅达 15%。继续开展森林、湿地等生态效益补偿和草原生态保护补助奖励，2018 年，中央财政分别安排森林、草原生态效益补助 175.8 亿元和 3.9 亿元，安排草原生态保护补助奖励 187 亿元。

绿色金融政策实践十分丰富。绿色金融再次写入二十国集团（G20）领导人峰会研究成果之中，由中方主导完成的《2018 年 G20 可持续金融综合报告》得到了世界各国的认同，为推动全球可持续发展提供了重要的发展理念。五大绿色金融改革创新试验区全力推进绿色金融的创新实践，采取各类灵活有效的措施形成特色鲜明、成效显著的绿色金融实践“样板”。绿色债券市场发展势头强劲，2016 年至 2018 年 11 月，各类绿色债券的总规模达到 6 077.49 亿元。绿色信贷市场长期保持稳步增长，2013—2017 年，节能环保项目的信贷规模从 9 613.1 亿元下降至 7 619.05 亿元。各地积极探索绿色发展基金，山东、江苏、甘肃、贵州分别设立绿色发展基金、生态环保发展基金、绿色生态产业发展基金、工业及省属国有企业绿色发展基金等，资金规模从 100 亿到 2 000 亿元不等。

资源环境资产核算与有偿政策探索深入。生态环境损害赔偿制度全面试行，制定《推进 2018 年生态环境损害赔偿制度改革全国试行工作方案》，督促指导地方制定实施方案，北京等 29 个省级行政区已印发省级实施方案，各地生态环境损害赔偿制度逐步确立。全国 12 个省级行政区、32 个试点区域完成自然资源确权登记试点工作，土地、矿产、森林、草原、水资源、海洋等分门类自然资源资产有偿使用制度改革文件相继出台。有序推进自然资源资产负债表试编工作，完成 2015 年全国自然资源资产负债表试编和审核评估工作。对辽宁、四川、福建、海南、新疆 5 省（区）以及广州、哈尔滨、南京 3 市实施了领导干部自然资源资产离任（任中）审计。

1.3 环境经济激励政策机制进一步健全

资源环境税费改革稳步推进。财政部、税务总局等联合发布《关于环境保护税有关问题的通知》《关于明确环境保护税应税污染物适用等有关问题的通知》《关于停征排污费等行政事业性收费有关事项的通知》等文件，进一步细化环境保护税征管相关规定，实现税费制度平稳转换。平稳有序推进水资源税试点，水资源税改革试点范围从河北进一步扩大到北京、天津、山西、内蒙古、山东、河南、四川、陕西、宁夏 9 个省级行政区，试点效应逐步显现。资源税立法加快推进，已形成资源税法草案，待提请全国人大常委会审议。

“绿色信用”“绿色保险”日益发挥重要作用。环境保护部建立完善生态环境领域失信联合惩戒机制，制定《关于健全环保信用评价制度　促进长江经济带共抓大保护的指导意见》，向银保监会提供 3.5 万余家“企业环境信用评价结果”，将生态环境违法信息逐步纳入“金融信用信息基础数据库”，将查处的严重生态环境违法问题的企业信息提供证监会，起草的《环境污染强制责任保险管理办法》，于 2018 年 5 月由生态环境部审议通过，并转请银保监会联合发布。推动在《固体废物污染环境防治法（修订草案送审稿）》中写入环境污染强制责任保险相关条款。在全国 20 多个省级行政区开展环境污染责任保险试点。

日益重视价格政策在绿色发展中的关键作用。国家发展和改革委员会发布《关于创新和完善促进绿色发展价格机制的意见》，聚焦污水处理、垃圾处理、节水、节能环保 4 个方面，有针对性地提出了“一揽子”的政策措施。环保电价政策、工商业差别化用水用电价格政策、居民阶梯价格制度、北方地区清洁供暖价格政策、可再生能源发电价格政策、农业水价改革深入推进，水资源费、污水处理费、垃圾处理费政策继续完善，在减少污染排放、保护生态环境、节约能源资源、促进能源结构和产业结构调整等方面发挥了积极作用。

环境市场机制不断健全。财政部公布第四批 PPP 示范项目，涉及投资额 7 588 亿元，开展项目示范、打造样板工程，在规范中引领 PPP 稳步发展。生态环境部印送工业园区环境污染第三方治理典型案例（第一批）。排污交易权使用试点由点到面稳步推进，全国共有 28 个省级行政区开展了排污交易权使用试点，截至 2018 年 8 月，一级市场征收排污权有偿使用费累计 117.7 亿元，在二级市场累计交易金额 72.3 亿元。浙江、重庆、内蒙古、河南已完成了全部新增污染源的排污权有偿使用，浙江等少数地区已逐步将排污权有偿使用的范围扩展至现有污染源。推进发电行业全国碳排放权交易市场建设，推动建立全国统一的数据报送系统、注册登记系统和交易系统。继续开展碳排放权交易试点，截至 2018 年 11 月 26 日，全国碳排放权交易市场成交量已达 2.7 亿 t 二氧化碳，成交金额逾 60 亿元，试点范围内碳排放总量和强度实现双降，形成了初具规模、要素完善、运行平稳的地方碳排放权交易市场。

1.4 绿色消费政策不断完善

强化《环境保护综合名录》应用。应用深化环保综合名录研究与应用，完成《环境保护综合名录（2018 年版）（征求意见稿）》《“高污染、高环境风险”产品常用信息手册（第二辑）》编制工作。修订《产业转移指导目录

（2012 年本）》，形成《产业发展与转移指导目录（2018 年本）》。

绿色供应链进入快速发展期。商务部等 8 部门联合印发《商务部等 8 部门关于开展供应链创新与应用试点的通知》，在全国范围内开展供应链创新与应用城市试点和企业试点。财政部、商务部按照“市场主导、政策引导、聚焦链条、协同推进”原则，以城市为载体，聚焦民生消费行业领域，开展流通领域现代供应链体系建设。

资源环境“领跑者”制度建设不断完善。市场监管总局等 8 部门联合印发《关于实施企业标准“领跑者”制度的意见》，提出到 2020 年我国在主要消费品、装备制造、生产性和生活性服务及新兴产业领域企业标准“领跑者”培育目标。

2

环境财政政策

2.1 环保预算支出

节能环保预算支出较 2017 年增长 6.3%。2018 年 4 月 5 日，财政部公布了经全国人大批准的《2018 年中央财政预算》，2018 年中央本级支出预算数 32 446 亿元，较 2017 年实际执行数 30 037.69 亿元增加了 2 428.31 亿元，较 2017 年执行数增长 8.1%。其中，节能环保支出预算数为 376.44 亿元，比 2017 年实际执行数 354.04 亿元增加了 22 亿元，较 2017 年执行数增长了 6.3%。如图 2-1 所示，污染防治预算增长最快，较 2017 执行数增长了 110.5%，主要是大气、水、土壤污染防治行动计划实施管理经费增加。自然生态保护预算数增加也较快，较 2017 年执行数增长 68.6%，主要是新疆生产建设兵团纳入国家重点生态功能区规划范围的师团生态保护等支出增加；其中生态保护科目增幅较高，主要是安排新疆生产建设兵团的国家重点生态功能区补助增加。循环经济预算数下降最大，较 2017 年执行数下降 89.7%，主要是 2017 年安排了部分一次性的基本建设支出，2018 年年初预算不再安排。可再生能源预算数下降也较大，较 2017 年执行数下降 88.4%，主要是 2017 年执行中安排了中央企业煤层气开发利用补贴支出，2018 年年初预算不再安排。

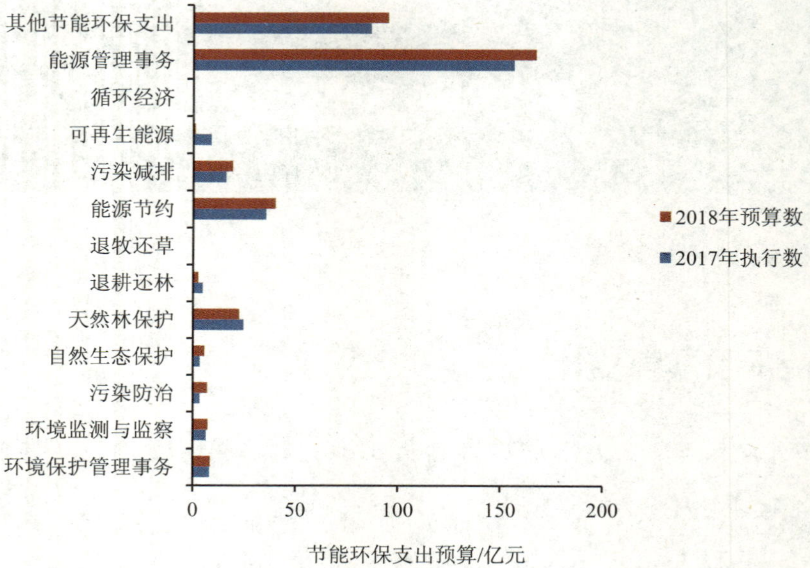

图 2-1　2018 年节能环保支出预算情况

数据来源：财政部. 关于 2018 年中央本级支出预算的说明。

2.2 环境污染治理投资

国家环境污染治理投资总额呈现波动增加趋势。如图 2-2 所示，2017 年，我国环境污染治理投资总额 9 539 亿元，较 2016 年增加了 3.5%，比 2005 年增加了 299.5%；环保投资占国内生产总值（GDP）的比例为 1.15%，比 2016 年下降了 7.3%。

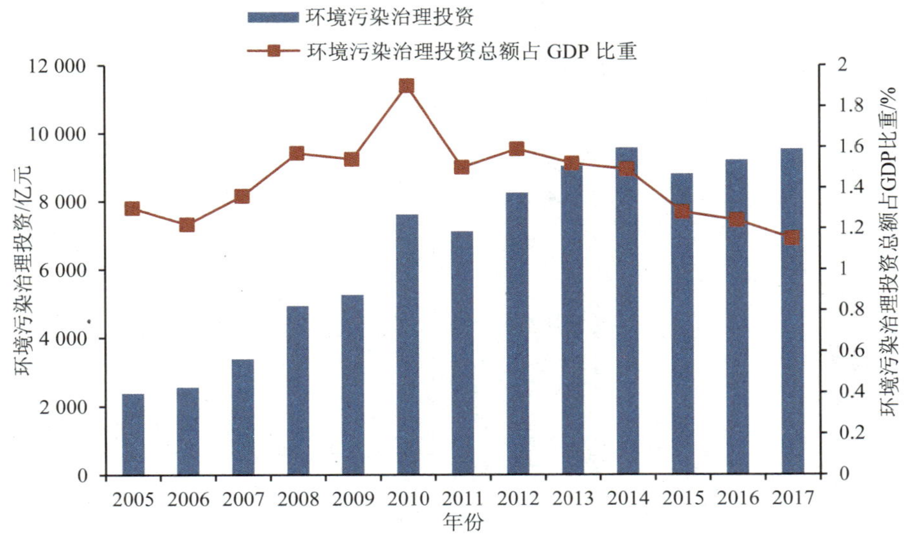

图 2-2　2005 年以来我国环保投资总量及占 GDP 比重

数据来源：国家统计局. 2006—2018 年中国统计年鉴。

工业污染治理投资呈现先增加后下降趋势。如图 2-3 所示，2005 年我国工业污染治理投资总额为 458.2 亿元，占环境污染治理投资的 19.2%。到 2014 年，工业污染治理投资总额增加到最大，增加到 997.7 亿元，占环境污染治理投资的 10.4%。随后工业污染治理投资总额下降，2017 年，工业污染治理投资总额为 681.6 亿元，较 2016 年下降了 16.8%。在我国环境污染治理投资总额波动增加趋势下，工业污染治理投资总额下降，主要是城镇环境基础设施建设投资占比增加所致。

治理废气项目投资占工业污染治理投资总额比例逐年增加。“十一五”以来，工业污染治理的各分类投资完成情况见图 2-4，其中治理废气项目完成投资量及其占比始终为当年最大值，且其变化显著，呈现逐年上升的趋势。2005 年，废气治理投资总额为 213 亿元，到 2017 年增加到 446.3 亿元。废水治理投资额由 2005 年的 133.7 亿元下降到 2017 年的 76.4%，其占工业污染源治理比例也由 29.2%下降到 11.2%。

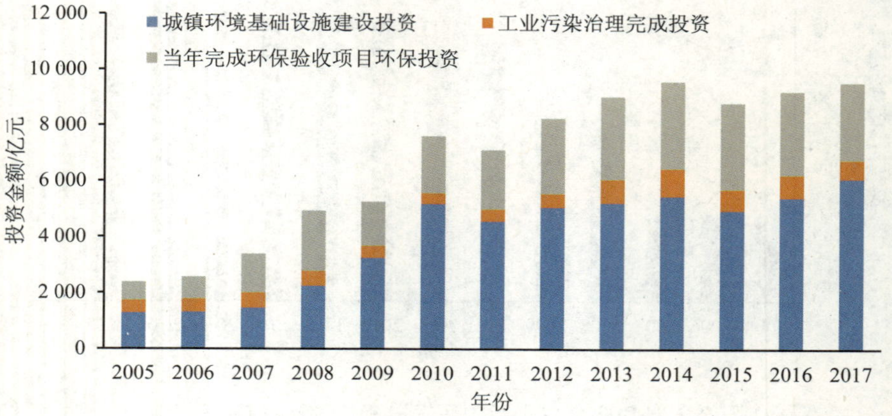

图 2-3　2005 年以来我国环保投资构成变化情况

数据来源：国家统计局. 2006—2018 年中国统计年鉴。

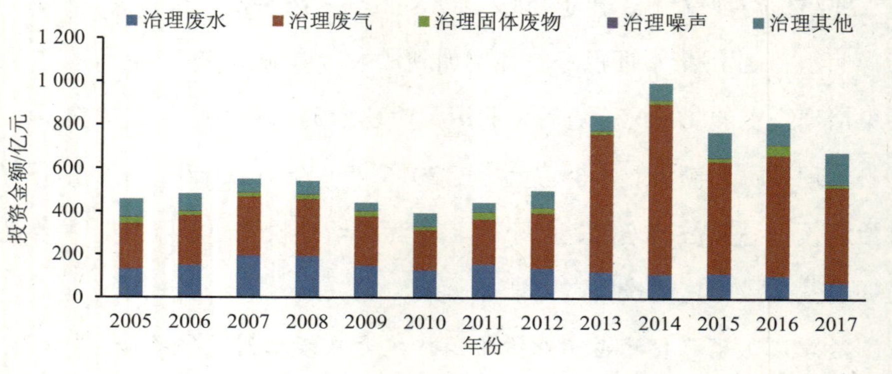

图 2-4　2005 年以来我国工业污染治理投资完成情况

数据来源：国家统计局. 2006—2018 年中国统计年鉴。

2.3 环保专项资金

中央财政 5 年累计安排大气污染防治专项资金 528 亿元。大气污染物减排专项资金于 2013 年设立，5 年来，中央累计安排大气污染防治专项资金 528 亿元，大气污染防治工作也取得了明显成效：5 年来，全国煤炭消费比重下降 8.1 个百分点，清洁能源比重提高 6.3 个百分点；2017 年京津冀及周边地区完成“煤改气”“煤改电”470 多万户。为规范和加强大气污染防治专项资金管理，提高财政资金使用效益，财政部、生态环境部于 2018 年 11 月 29 日联合发布了《大气污染防治专项资金管理办法》(财建〔2018〕578 号)，明确专项资金执行期限至 2020 年，专项资金支持范围包括京津冀及周边地区、汾渭平原、长三角等重点区域，专项资金支持北方地区冬季清洁取暖试点，党中央、国务院部署的打赢蓝天保卫战等其他重点任务，氢氟碳化物销毁处置，党中央、国务院交办的关于大气污染防治的其他重要事项等。

农村环境整治累计安排专项资金 495 亿元。农村环境整治专项资金自 2008 年成立以来，累计安排专项资金 495 亿元。2018 年，中央财政安排专项资金 60 亿元，分别于 2017 年 11 月 1 日、2018 年 6 月 21 日、2018 年 8 月 13 日下达，重点支持建制村环境综合整治任务、饮用水水源地保护、建制村环境综合整治任务、畜禽养殖污染防治等。

实施专项资金支持开展城市黑臭水体治理。2018 年 9 月 19 日，财政部、住房和城乡建设部、生态环境部联合发布了《关于组织申报 2018 年城市黑臭水体治理示范城市的通知》(财办建〔2018〕172 号)，2018—2020 年，中央财政分批支持部分治理任务较重的地级及以上城市开展城市黑臭水体治理，通过竞争性评审方式确定入围城市，2018 年首批支持 20 个左右城市。对 2018 年入围城市，中央财政每个城市支持 6 亿元，资金分年拨付，入围城市按要求制定城市黑臭水体治理 3 年方案，明确总体和年度绩效目标，统筹使用中央财政资金及地方资金重点用于控源截污、内源治理、生态修复、活水保质、海绵体系建设以及水质监测能力提升等黑臭水体治理重点任务和环节，建立完善长效机制，确保按期完成治理任务。

继续支持土壤污染防治。2016 年，新设立土壤污染防治专项资金，当年财政部下达了土壤污染防治专项资金预算，共计 68.75 亿元，其中因素法切块资金预算 55 亿元。2017 年，财政部下达了专项资金 65.35 亿元，主要用于 31 个省（区、市）土壤（含重金属）污染防治。2018 年 11 月 23 日，财政部关于下达 2018 年土壤污染防治专项资金 35 亿元。

专栏 2-1　国家推进建立土壤污染防治基金制度

2018 年 8 月 31 日，第十三届全国人民代表大会常务委员会第五次会议通过《土壤污染防治法》，其中第七十一条规定：国家加大土壤污染防治资金投入力度，建立土壤污染防治基金制度。设立中央土壤污染防治专项资金和省级土壤污染防治基金，主要用于农用地土壤污染防治和土壤污染责任人或者土地使用权人无法认定的土壤污染风险管控和修复以及政府规定的其他事项。

用途：主要用于农用地土壤污染防治和土壤污染责任人或者土地使用权人无法认定的土壤污染风险管控和修复以及政府规定的其他事项。对于 2019 年 1 月 1 日之前产生的，并且土壤污染责任人无法认定的污染地块，土地使用权人实际承担土壤污染风险管控和修复的，可以申请土壤污染防治基金，集中用于土壤污染风险管控和修复。

管理办法：由国务院财政主管部门会同国务院生态环境、农业农村、自然资源、住房城乡建设、林业草原等主管部门制定。

资金来源：湖南先行开展了该方面探索，以湖南省土壤污染防治基金为例，基金资金来源：①土壤排放污染物的单位和个体工商户缴纳的环境保护税；②一定比例的土地出让收益；③向污染责任人追偿的资金；④因土壤污染被处以的行政处罚所得款项；⑤政府财政拨款；⑥社会资金；⑦其他收入。

基金用途：①修复非特定单位或个人造成的土壤污染；②土壤污染引起的突发性公共事件中所需要进行的评估、修复。以上情形，县级以上人民政府环境保护主管部门可以申请土壤污染防治基金。

2.4 环境补贴政策

（1）环保电价补贴政策

环保电价补贴政策有效促进了电厂污染减排。为有效发挥价格杠杆的激励和约束作用，国家陆续出台环保电价补贴的政策文件。目前，脱硫电价加价标准为 0.015 元/（kW·h），脱硝电价为 0.01 元/（kW·h），除尘电价为 0.002 元/（kW·h）。2015 年国家出台了对燃煤电厂超低排放电价支持政策，明确了 2016 年 1 月 1 日以前已经并网运行的现役机组补贴 0.01 元/（kW·h），2016 年 1 月 1 日之后并网运行的新建机组补贴 0.005 元/（kW·h）。在环保电价政策的激励下，发电企业实施脱硫、脱硝及除尘设施改造的积极性明显提高，有效促进了减排目标实现。截至 2017 年年底，全国已投运火电厂烟气脱硫机组容量约 9.2 亿 kW，占全国火电机组容量的 83.6%，占全国煤电机组容量的 93.9%，如果考虑具有脱硫作用的循环流化床锅炉，全国脱硫机组占煤电机组比例接近 100%；已投运火电厂烟气脱硝机组容量约 9.6 亿 kW，占全国火电机组容量的 87.3%；超低排放机组在全国燃煤机组中的占比超过 70%，发电量占比约为 75%。可以说，中国建立了世界上最大的电力行业清洁体。环保电价政策也推动了清洁能源和非化石能源的发展。从发电量来看，我国煤电占比已经下降至 57.9%。

专栏 2-2 内蒙古环保电价补贴实践

补贴标准：自 2017 年 7 月 1 日起，内蒙古西部电网燃煤发电标杆上网电价提高 0.005 7 元/（kW·h），按 0.282 9 元/（kW·h）（含税，含脱硫、脱硝和除尘，下同）执行。内蒙古东部电网燃煤发电标杆上网电价不做调整，仍按 0.303 5 元/（kW·h）执行。适当疏导蒙西地区超低排放环保电价矛盾。疏导超低排放装机容量 386.2 万 kW，超低排放装机容量累计疏导 900 万 kW。

超低排放改造：2017 年，内蒙古超额完成了国家下达的 1 000 万 kW 装机的改造任务，共完成超低排放改造 53 台 2 064 万 kW。其中 30 万 kW 及以上机组共 37 台 1 470 万 kW，30 万 kW 以下机组共 8 台 138 万 kW，新建超低排放机组 8 台 456 万 kW。2018 年，内蒙古将继续加大超低排放改造力度，计划完成 400 万 kW 超低排放改造。2018 年年底前，乌海及周边地区所有火电燃煤机组完成超低排放改造。2020 年年底前，全区其他具备改造条件的燃煤电厂全部完成超低排放改造。超低排放改造后，SO_2 排放浓度（标态）降低到 13 mg/m^3 左右，NO_x 排放浓度（标态）降低到 40 mg/m^3 左右，烟尘排放浓度（标态）降低到 2 mg/m^3 左右，均优于国家超低排放标准，大大提升了企业环保减排效率，增强市场竞争能力的同时，也为企业积极践行国家节能减排政策和要求，落实“清洁生产，绿色发展”环保理念，打造内蒙古和国家能源集团清洁高效环保企业奠定了坚实基础。

（2）新能源补贴政策

中央财政光伏发电项目补贴将逐步退出。在政策与市场的双重作用下，光伏行业发展迅猛，已成长为我国参与国际竞争、产业化占有竞争优势的产业。我国光伏发电新增装机连续 5 年全球第一，累计装机规模连续 3 年位居全球第一，截至 2018 年 4 月底，全国光伏发电累计并网装机容量装机已超过 1.4 亿 kW。光伏发展补贴将逐步退出。2018 年 10 月 9 日，国家发展和改革委员会、财政部、国家能源局联合发布了《关于 2018 年光伏发电有关事项说明的通知》（发改能源〔2018〕823 号），明确 2018 年 5 月 31 日（含）之前已备案、开工建设，且在 2018 年 6 月 30 日（含）之前并网投运的合法合规的户用自然人分布式光伏发电项目，纳入国家认可规模管理范围，标杆上网电价和千瓦时电补贴标准保持不变。2018 年 11 月 2 日上午，国家能源局召开关于太阳能发展“十三五”规划中期评估成果座谈会，表示补贴计划将持续至 2022 年，不会“一刀切”地推进平价上网进程，补贴强度将进一步下降。

地方政府相继发布光伏电站补贴新政策。如表 2-1 所示，浙江、广东、安徽、江西、湖北、湖南、上海、北京、江苏、山西、海南、福建等省（市）相继出台普通光伏电站项目竞争性配置相关政策，并制定了具体评价标准。浙江最为典型，除省里补贴外，还有 8 个地市、20 个区县出台了电价补贴或初始投资补贴政策。《关于浙江省 2018 年支持光伏发电应用有关事项的通知》（浙发改能源〔2018〕462 号），对 2018 年 6 月 1 日—12 月 31 日并网的家庭屋顶光伏，“自发自用，余电上网”的按照 0.32 元/（kW·h）（含税）补贴；2018 年 6 月 1 日—7 月 31 日并网的工商业屋顶光伏，按 0.1 元/（kW·h）标准给予 2018 年发电量补贴；浙江省内光伏发电项目所发电量，2018 年继续实行电量省补贴政策，补贴标准为 0.1 元/（kW·h）。此外，广州的东莞、佛山、禅城，安徽的合肥、淮南、淮北、马鞍山，江西的南昌、上饶、宜昌，湖北的黄石，湖南的长沙，江苏的盐城，山西的晋城，海南的三亚，福建的泉州，陕西的榆林等地出台了电价补贴或初始投资补贴政策。山西率先改革，印发《可再生能源电力参与市场交易实施方案》（晋经信电力字〔2018〕141 号），引导和促进山西可再生能源电力（风电和光伏发电）积极参与电力市场，鼓励可再生能源电力进入电力中长期交易市场和现货市场，鼓励可再生能源发电企业参与直接交易、发电权替代、辅助服务等市场交易，逐步建立和形成可再生能源电力与其他电源、电力用户互动共生、利益共享的市场机制，实现可再生能源电力全额消纳。地方出台的补贴政策大大促进了当地分布式光伏发展。

表 2-1　地方政府光伏发电补贴政策

地区		补贴内容
上海		分布式光伏电价工、商业用户为 0.25 元/（kW·h），学校用户为 0.55 元/（kW·h），个人、养老院等享受优惠电价用户为 0.4 元/（kW·h）。奖励时间 5 年。该补贴政策适用当地 2016—2018 年投产的光伏项目
重庆	巫山、巫溪、奉节	巫山、巫溪、奉节三个县试点建成的户用光伏，按照渝扶办发〔2015〕24 号文件执行，在 20～25 年内每年预计为每户贫困户提供 2 000～3 000 元的现金收入。对建卡贫困户，市级财政扶贫资金补助 8 000 元/户。对以自然人注册备案的村级电站要及时到相关部门变更注册主体为村集体组织。2017 年以后未经市扶贫办、市能源局同意建设的光伏电站，不得列入光伏扶贫电站项目
	潼南	二氧化碳零排放补贴。每发 1 kW·h 电，减少二氧化碳排放 972 g，补贴 0.16 元

地区		补贴内容
江苏	盐城	出台了市级补贴。示范项目发电日起两年内，在国家、省级补贴基础上，按其实际发电量给予 0.1 元/（kW·h）的市级补贴，单个项目年度发电补贴最高不超过 30 万元
河北		《2017 年第一批村级光伏扶贫项目计划》：2018 年年底前建成投产的村级光伏扶贫电站，省补 0.2 元/（kW·h），自并网之日起补贴 3 年。本批共下达了 23 个县村级光伏扶贫电站项目 1 412 个，总规模 615 506.132 kW，涉及 2 006 个建档立卡贫困村，帮扶贫困数 90 843 户
山东		对于 2018 年 5 月 31 日（含）以后新投运的且纳入国家认可的规模管理的分布式光伏发电项目全部按投运时间执行对应的标杆电价。其中，采用“自发自用，余电上网”模式的分布式光伏发电项目，全电量电价补贴标准为 0.32 元/（kW·h）（含税）；采用“全额上网”模式的分布式光伏发电项目按Ⅲ类资源区光伏电站标杆上网电价执行，调整后为 0.7 元/（kW·h）（含税），其中上网电价执行 0.394 9 元/（kW·h），补贴执行 0.305 1 元/（kW·h）
广东	东莞	对建设分布式光伏发电项目的各类型建筑和构筑物业主，按装机容量 18 万元/MW 进行装机补助，单个项目补助最高不超过 144 万元，补助平均分四个财政年度拨付
	佛山	对 2016—2018 年建成、符合补助范围的项目，按实际发电量补助 0.15 元/（kW·h），自光伏发电项目实现并网发电的次月起连续 3 年实施补助
	顺德	对 2016—2018 年建成且符合补助范围的项目，按实际发电量补助 0.15 元/（kW·h），自项目实现并网发电的次月起连续 3 年进行补助
安徽	合肥	对 2016 年 1 月 1 日至 2018 年 12 月 31 日并网的屋顶分布式发电项目，自项目并网次月起，给予投资人 0.25 元/（kW·h）补贴，补贴执行期限 15 年
	亳州	从 2018 年 1 月 1 日起，全面暂停全市商业光伏发电项目备案，亳州地区电网全面暂停受理商业光伏发电项目。2014 年年末出台的：分布式太阳能光伏发电项目，在国家补贴基础上，给予 0.25 元/（kW·h）财政补贴；补贴时限为 10 年。在补贴期限内的继续享受此补贴
	马鞍山	在马鞍山注册的企业，新建分布式光伏发电项目，且全部使用马鞍山市企业生产的组件，按其年发电量给予项目运营企业 0.25 元/（kW·h）补贴，补贴期限 5 年。已享受此补贴政策的继续享受补贴

地区		补贴内容
江西		优先发电计划分为执行政府定价和市场化方式形成价格两部分。每年制订发电计划时，电网调度机构根据近三年可再生能源发电出力情况，预测下一年度可再生能源发电出力，并结合山西电力体制改革进程以及发用电计划放开的均衡性提出下一年可再生能源发电执行政府定价的利用小时数，经省政府电力运行管理部门会同相关部门最终研究确定后执行
浙江		浙江省内光伏发电项目所发电量，2018 年继续实行电量省补贴政策，补贴标准为 0.1 元/（kW·h）； 对于 2018 年 6 月 1 日—12 月 31 日并网的家庭屋顶光伏发电项目，“自发自用，余电上网”的按照 0.32 元/（kW·h）（含税）补贴，“全额上网”的按照 0.7 元/（kW·h）（含税）补贴； 对于 2018 年 5 月 31 日前备案，2018 年 6 月 1 日—7 月 31 日并网的工商业分布式发电项目，按照 0.1 元/（kW·h），对 2018 年的发电量给予补贴
陕西	榆林	2018 年 1 月 15 日，榆林市发展和改革委员会印发《关于支持光伏发电项目接入电网的函》。明确 100%自发自用地面分布式不限指标。利用固定建筑物屋顶、墙面及附属场所建设的光伏发电项目以及全部自发自用的地面光伏电站项目不限制建设规模，光伏扶贫中的村级电站和集中式电站，中省能源主管部门将专项下达建设规模，以上类型项目投产后即纳入国家可再生能源发电补贴范围
贵州		贵州省印发生态扶贫实施方案，对威宁、盘州、普安等光照资源相对丰富、电网接入条件允许的贫困地区优先配置光伏发电指标，按照光伏发电与农林、养殖、旅游相结合的原则，建设农光互补、林光互补等项目。组织威宁、赫章、盘州、普安等地区编制光伏扶贫规划和实施方案，力争进入国家光伏扶贫试点地区名录。2017—2020 年全省贫困县每年扩大光伏发电规模 20 万 kW 以上，累计完成总投资 52 亿元以上，利用荒山荒坡 5 000 亩以上，带动项目覆盖的建档立卡贫困户人均增收 3 000 元左右

地区	补贴内容
山西	优先发电计划分为执行政府定价和市场化方式形成价格两部分。每年制订发电计划时，电网调度机构根据近三年可再生能源发电出力情况，预测下一年度可再生能源发电出力，并结合山西电力体制改革进程以及发用电计划放开的均衡性提出下一年可再生能源发电执行政府定价的利用小时数，经省政府电力运行管理部门会同相关部门最终研究确定后执行
湖南	省级光伏发电补助实行全电量补贴，对 2014 年 1 月 1 日—2019 年 10 月 31 日前投产且符合规定分布式光伏发电项目给予 0.2 元/（kW·h）的补贴，其中：2016 年年底以前投产的项目补贴期间为 2017 年 1 月 1 日—2019 年 12 月 31 日，2017 年 1 月 1 日及以后投产的项目补贴期间为项目投产运行日至 2019 年 12 月 31 日
吉林	吉林省能源局、吉林省扶贫办下达《2017 年光伏扶贫项目计划通知》，本次共计下达 2017 年光伏扶贫项目 38 个，建设规模 500 MW，扶贫任务 17 828 户。获得项目指标的企业应在 2017 年 12 月 31 日完成备案，2018 年 6 月 30 日前并网

继续推进新能源汽车补贴。2018 年 2 月 13 日，财政部发布了《关于调整完善新能源汽车推广应用财政补贴政策的通知》，对新能源乘用车补贴方案进行了调整，鼓励续航里程提升、根据电池能量密度和车辆能耗调整补贴、取消地方目录破除地方保护等。财补新政划分出了细致的续航里程区间：纯电动车续航 150～300 km 车型补贴分别下调 20%～50%，低于 150 km 续航的车型将不再享有补贴；续航里程 300～400 km 及 400 km 以上车型，分别上调 2%～14%。全国已有 20 多个省（市）出台新能源汽车地方补贴政策激励新能源汽车购置与使用，多数地区保持了与国家补贴 1∶0.5 的比例进行，个别城市小于这一额度。部分地区不再按照每辆车辆销售给予补贴，而是按照销售规模、车型上公告情况进行补贴，如河南省和莆

田市开始按照销售规模进行补贴，两地均以单个车型销量 1 000 辆为基准，达到标准后方可获得一定数量资金补贴。新能源汽车补贴分为国家财政补贴和地方政府补贴两部分。地方补贴设置的初衷是配合国家补贴，增强新能源汽车对燃油汽车的市场竞争力。但在实际执行过程中，出现了饱受争议的“地方保护”现象。地方政府为保护本地企业，通常会设置一些门槛限制外地企业进入，例如，要求它们在本地设立公司、配套本地核心零部件等。这割裂了新能源汽车市场，同样的新能源汽车产品，在不同的地方销售价格因地补差异并不统一，不利于给消费者营造公平的消费环境（表 2-2）。

表 2-2　新能源乘用车补贴标准　　单位：万元/辆

车辆类型	纯电动续驶里程 *R*（工况法）/km					
纯电动乘用车	150≤*R*<200	200≤*R*<250	250≤*R*<300	300≤*R*<400	*R*≥400	*R*≥500
	1.5	2.4	3.4	4.5	5	—
插电式混合动力乘用车（含增程式）	—					2.2
单车补贴金额=里程补贴标准×电池系统能量密度调整系数×车辆能耗调整系数。单位电池电量补贴上限不超过 1 200 元/（kW·h）						

专栏 2-3　地方政府出台补贴政策激励新能源汽车购置与使用

广州：纯电动汽车、插电式混合动力（含增程式）汽车按照国补 1∶0.5 的比例给予地补，且国补和地补资金总额最高不超过车辆销售价格（国补+

地补+消费者支付金额）的60%。享受本市地补的新能源汽车不满三年迁出本市，需退还地补。

深圳：纯电动物流配送车辆运营资助项目纳入其中。深圳市纯电动物流车运营补贴是按2017年国补的50%补助，几乎与2018年补贴持平。

黑龙江：对年内投产的新能源汽车整车项目，按照投产当年固定资产投资贷款额度给予不超过5%贴息，单户企业最高不超过2 500万元；对投产当年利用自有资金完成固定资产投资给予不超过3%补助，单户企业最高不超过2 000万元。

北京：北京顺义区发布《顺义区2018年新能源汽车置换补贴实施细则》和《顺义区2018年电动汽车公用充电设施补贴实施细则》。置换补贴实施细则规定，对纳入国家《新能源汽车推广应用推荐车型目录》的纯电动小客车及专用车（包含货运车辆及机场内专用车辆）予以补贴。新能源汽车售价不高于生产企业向社会公布的市场指导价。

江西：江西发布《2018年江西省新能源汽车推广应用奖励办法》，给予新能源汽车生产企业销售达标奖励和“三电”系统配套奖励。奖励对象为江西省内新能源汽车生产企业及“三电”关键零部件（动力电池、电控、电机）系统生产企业。

重庆：重庆发布《重庆市2018年度新能源汽车推广应用财政补贴政策》，政策规定了补贴对象为在本市购买、上牌和使用新能源汽车的单位和个人，补贴对象为纳入“新能源汽车推广应用推荐车型目录”，并同时满足国家及本市补助要求的纯电动汽车、插电式混合动力汽车和燃料电池汽车，并且市、区县（自治县）财政补贴总和不得超过中央财政单车补贴额的50%。

（3）“双替代”补贴

财政补贴助推“双替代”。2017年5月17日，财政部、住房和城乡建设部、环境保护部、国家能源局联合发布了《关于开展中央财政支持北方地区冬季清洁取暖试点工作的通知》（财建〔2017〕238 号），开展中央财政支持北方地区冬季清洁取暖试点工作，试点示范期为三年，中央财政奖补资金标准根据城市规模分档确定，直辖市每年安排 10 亿元，省会城市每年安排 7 亿元，地级城市每年安排 5 亿元。天津、石家庄、唐山、保定、廊坊、衡水、太原、济南、郑州、开封、鹤壁、新乡 12 个城市进入第一批中央财政支持北方地区冬季清洁取暖试点范围，12 个城市每年总计获得中央财政奖补 73 亿元，三年累计获得奖补 219 亿元。2018 年，财政部、生态环境部、住房和城乡建设部、国家能源局联合发布了《关于扩大中央财政支持北方地区冬季清洁取暖城市试点的通知》（财建〔2018〕397 号），该通知进一步扩大中央财政支持北方地区冬季清洁取暖试点范围，邯郸、邢台、张家口、沧州、阳泉、长治、晋城、晋中、运城、临汾、吕梁、淄博、济宁、滨州、德州、聊城、菏泽、洛阳、安阳、焦作、濮阳、西安、咸阳 23 个城市进入第二批中央财政支持北方地区冬季清洁取暖试点范围，总的奖补额度将高达每年 92 亿元，三年共计 276 亿元。

地方多个省（市）出台清洁供暖补贴政策鼓励和促进使用清洁能源供暖。以京津冀大气污染传输通道的“2+26”个城市为例，针对清洁供暖的补贴政策主要包括以下几个方面：锅炉改造补贴；取暖设备改造补贴；采暖用电、采暖用天然气补贴。河北省给予户内采暖设备购置安装补贴，对采用蓄热式电暖气、蓄热式电锅炉、空气源热泵和地源热泵用户，均给予 90%投资补贴，最高分别不超过 9 000 元、13 500 元、20 000 元，由省和市县各承担 1/2；天津对“煤改电”采暖设备购置及安装补贴由财政 100%承担。

价格补贴政策调动了居民用户清洁取暖积极性。自 2016 年以来，国家和地方政府制定和出台了一系列经济激励政策，有效地推进了北方地区冬季清洁取暖工作，据统计，2017 年，京津冀“2+26”城市完成 475 万户（超额 17%完成任务）。京津冀区域 13 个城市 2017 年 $PM_{2.5}$ 浓度为 64 μg/m^3，同比下降 9.9%；PM_{10} 浓度为 113 μg/m^3，同比下降 4.2%。同时，随着清洁取暖重点区域范围扩大，一次投入补贴和运维补贴将使政府财政压力持续加大。清洁能源供暖还处于起步阶段，与燃煤供热相比，经济性仍相对较差，低收入城乡居民和农村居民难以承受。“气代煤”取暖费用是散烧煤费用支出的 2～3 倍，补贴后的费用在 4 200 元左右，高于农村居民的平均预期水平或支付意愿。而事实上，在经历第一个采暖季时，由于对燃气量和补贴标准及时间等现实问题存疑，用户普遍牺牲了部分取暖需求以节约支出。因此，若满足完全取暖需求，“气代煤”采暖费用仍有上浮空间。与“气代煤”相比，“电代煤”的成本更高，约为散烧煤的 4 倍。以河北省为例，除部分地区存在三级政府补贴外，大部分地区的补贴额度只有 5 000 元左右，农户需自行支付 1 万元左右的设备费用，加上未来末端改造等其他费用，许多农户无力承担。

需要尽快建立长效投入保障机制以及补贴时效与退出机制。现有的清洁取暖补贴政策时效将至，且未来将逐步退出，因此，应尽快、提前公开后续补贴方式、额度、时效等，加强财政补贴的绩效考核，明确补贴的推出时间和机制，建立长效的投入保障机制以及补贴时效和退出机制。同时，按照“政府监管、企业为主、市场化运营”的原则，让散煤治理和清洁取暖发展机制回归市场属性，实现公平竞争，激发企业创新的积极性，给予用户更多的自主选择权。鼓励国有企业、大企业参与到农村散煤治理、清洁取暖中，整合资源，进行商业模式的创新，提供“能源+设备+运维+培训”

等全方位的服务体系，为用户解决实际问题，提高用户体验效果。

“2+26”城市“煤改电”补贴政策见表 2-3，“煤改气”补贴政策见表 2-4。

表 2-3 “2+26”城市“煤改电”补贴政策

省	市	用电补贴	设备补贴
北京	北京	谷段优惠电价 0.3 元/（kW·h），0.2 元/（kW·h）电补贴，最高不超过 2 000 元/户	空气源热炭、非整村安装地源热泵。补贴 100 元/m^2。其他清洁能源设备补贴 1/3。每户最高不超过 1.2 万元；区财政在配套同等补贴资金的基础上，可加大力度
天津	天津	“煤改电”用户采暖期不再执行阶梯电价，给予 0.2 元/（kW·h）的补贴	采暖设备购置及安装补贴由财政 100%承担，室内暖气管与暖气片购置与安装费用由农户承担。每户不超过 2 000 元
河北	邢台	0.2 元/（kW·h）补贴，每户最高补贴 900 元	30 元/m^2。改造面积不足 50 m^2 的按 50 m^2 补贴，超出 100 m^2 的按 100 m^2 补贴
	廊坊、保定、唐山	0.2 元/（kW·h）补贴，每户最高补贴电量 1 万 kW·h；采暖期可选择执行峰谷电价	85%补贴，每户不超过 7 400 元
	邯郸	—	每户 3 000 元
	沧州	执行河北省采暖居民电价要求	70%补贴，每户最高不超过 5 000 元
	石家庄	0.15 元/（kW·h）补贴，每户最高补贴 900 元	85%补贴，每户不超过 5 000 元
	衡水	采暖期居民用电 0.2 元/（kW·h）补贴，每户最高补贴电量 1 万 kW·h	85%补贴，每户不超过 7 400 元

省	市	用电补贴	设备补贴
河南	鹤壁、安阳	每户 0.2 元/（kW·h）补贴，每户不超过 600 元	每户最高补贴 600 元，60%补贴，每户不超过 3 500 元（安阳）
	开封	每户 0.3 元/（kW·h）补贴，每户不超过 900 元	70%补贴，每户最高不超过 2 000 元
	新乡	每户 0.2 元/（kW·h）补贴，每户不超过 600 元	70%补贴，每户不超过 3 500 元
	郑州	每户 0.3 元/（kW·h）补贴，每户不超过 900 元	每户不超过 2 000 元
	焦作	月使用量超过 80 kW·h 以上的用户，补贴 0.4 元/（kW·h），每户最高 1 000 元	—
山东	德州	每个采暖季 1 000 元/户，年用电量超出 4 800kW·h 的部分，暂不执行第三档电价	4 000 元/户
	济宁	用户出资 1 500 元核定自费基数，超出部分补贴 50%	—
	聊城	自愿选择执行居民峰谷分时电价	补贴 50%，不超过 4 000 元/户
山东	淄博	0.2 元/（kW·h）的标准补贴。每户每年最高补贴 1 200 元	蓄热室电采暖补贴 85%，每户最高 5 700 元
	滨州	年用电量超出 4 800 kW·h 的部分，暂不执行第三档用电价格	供热主管网和村（居）内热站补 2 000 元/户，供热管网建设补 2 000 元/户，室内暖气片等散热设施的购置安装，补贴 1 000 元/户
	济南	0.2 元/（kW·h）的标准补贴，每户每年最高 1 200 元。年用电量超出 4 800 kW·h 的部分，暂不执行第三档用电价格	电采暖设备补贴 2 000 元/户。供热企业按 0.5 元/（kW·h）、谷电 0.25 元/（kW·h）结算，亏损经第三方审计后予以补贴

省	市	用电补贴	设备补贴
山西	晋城	补贴 0.2 元/（kW·h），最高不超过 2 400 元	不超过 2 万元/户
	长治	补贴 0.2 元/（kW·h），最高不超过 2 400 元	空气源热泵、发热地板、电壁挂炉、电锅炉等设备每户补贴不超过 2 万元
	阳泉	每户 1 万 kW·h 用电量，采暖季夜间谷期电价补贴 0.1 元/（kW·h）	配套电网工程补贴 1 000 元/户；设备购置每户 2 500 元

表 2-4 “2+26”城市“煤改气”补贴政策

省	市	设备购置费用补贴	管网、接驳补贴	运营补贴
北京	北京	补贴 90%：最高 7 200 元	9 000 元/户	2 440 元/年
天津	天津	“煤改气”用户采暖期不再执行阶梯气价，给予 1.2 元/m^3 气价补贴	—	—
河北	邢台	补贴 3 000 元	—	—
	廊坊、保定、唐山	补贴 70%，最高 2 700 元	4 000 元/户	补贴 1 元/m^3，最多 1 200 元
	邯郸	3 000 元户	2 600 元/户	—
	沧州	补贴 70%，最高 5 000 元	2 600 元/户	1 000 元/年
	石家庄	3 900 元	2 900 元/户	最高 900 元/年
	衡水	—	2 600 元/户	补贴 1.5 元/m^3
河南	鹤壁、安阳	补贴 60%，最高不超过 3 500 元（安阳）	—	补贴 1 元/m^3，最多 600 元
	新乡、开封、郑州	补贴 70%，最高 3 500 元（开封、郑州 2 000 元）	—	补贴 1 元/m^3，最多 900 元（新乡 600 元）
	焦作	—	—	月用气超过 20 m^3 的部分补贴 1 元/m^3，最多 1 000 元
	濮阳	—	—	—

省	市	设备购置费用补贴	管网、接驳补贴	运营补贴
山东	德州	4 000 元/户	—	1 000 元/户
	济宁	户外设备管网、燃气壁挂炉均由政府投资，村民缴纳暖气片的费用		1 500 元核定自费基数；超出部分补贴 50%
	菏泽	—	—	—
	聊城	补贴 50%，4 000 元/户	—	居民第一阶梯气价（2.1 元/m^3）
	淄博	补贴 70%，最高 2 700 元/户	—	补贴 1 元/m^3，最多 1 200 元
	滨州	2 000 元/户	3 000 元/户	补贴 1 元/m^3，最多 1 200 元。气价执行 2.3 元/m^3
	济南	2 000 元/户	供热企业按17元/m^3与燃气企业结算，亏损经第三方审计后予以补贴	补贴 1 元/m^3，最多 1 200 元
山西	晋城	6 500 元/户	—	—
	长治	最高 3 000 元	5 000 元/户	—
	阳泉	2 000 元/户	1 000 元/户	每户 900 m^3 月气量，0.5 元/m^3 的气价补贴
	太原	5 000 元/台	3 000 元/户	1 500 元/年

（4）绿色生态农业补贴

国家调整与完善绿色生态农业补贴政策。2016 年 12 月，财政部、农业部联合印发了《建立以绿色生态为导向的农业补贴制度改革方案》，要求推进农业供给侧结构性改革，完善农业补贴政策，到 2020 年，基本建成以绿色生态为导向、促进农业资源合理利用与生态环境保护的农业补贴政策体系和激励约束机制，进一步提高农业补贴政策的精准性、指向性和实效性。2017 年 9 月，中共中央办公厅、国务院办公厅印发《关于创新体制机制推进农业绿色发展的意见》（中办发〔2017〕56 号），指出完善农业生态补贴制度，建立以绿色生态为导向的补贴政策。这个文件与 2016 年经中央深改组审议通过并由财政部和农业部印发的《建立以绿色生态为导向的农业补贴制度方案》，共同构建起了新阶段支持和推动农业绿色发展的制度框架。以绿色生态为导向的农业补贴制度是推进农业绿色发展的“指挥棒”。一是将绿色生态理念贯穿于农业各项补贴政策设计与实施全过程。在转移支付“大专项+任务清单”改革中，绿色发展作为各个项目的任务清单和绩效评价指标体系的重要内容。二是不断加大重大生态资源保护补贴政策支持力度。例如，实施新一轮草原生态保护补助奖励政策，适当提高禁牧和草畜平衡补助标准，覆盖草原 38.15 亿亩，有效调动了牧民保护草原生态的积极性，草原生态持续改善。三是积极创设农业面源污染治理和废弃物综合利用补贴政策，如全面启动 51 个县畜禽粪污资源化利用整县试点，推动规模化养殖场粪污就地就近资源化利用。

加大秸秆综合利用补贴力度。近年来，国家对于减少农作物秸秆焚烧、鼓励农民综合利用秸秆十分重视，2018—2019 年国家对秸秆补贴予以了重大调整，中央财政对项目县（市、区）每个项目补贴 1 000 万～2 000 万元。全国多个省份出台了该方面政策；扶持对象涉及范围也很广泛，包括企业、合作社、家庭农场、种养大户、农民个人等；补贴资金额度大，普通的农户补贴 1 万～2 万元，合作社补贴几万到几十万元。黑龙江省 2018 年在哈尔滨、绥化和大庆的肇州、肇源开展秸秆综合利用三年行动，到 2020 年“两市两县”基本实现秸秆全部转化利用；同时对玉米秸秆翻埋还田每亩补贴 40 元，固化压块站建设按照生产能力分别给予 70%、50%和 30%的建站补贴，原料化利用项目按照设计能力每吨秸秆补贴 100 元，生物质炉具按每台 2 100 元计算补贴 70%，上述补贴政策省和市分担比例 1∶1。

推进有机肥替代补贴行动。2017 年农业部选择 100 个示范县每县 1 000 万元资金支持。2018 年农业农村部将在全国选择 150 个县，补贴支持有机肥替代化肥增施有机肥行动。另外，北京、上海、浙江、江苏、福建、山东、重庆、天津、湖南等地都相应出台了商品有机肥补贴政策。尤其 2017 年以来，各地陆续开始补贴有机肥使用，促进增施有机肥，改善土壤环境。如吉林省发布 2018 年专项资金重点支持增施有机肥项目，在九台、梨树、洮南、东辽、双辽、舒兰、伊能、敦化、前郭落实增施有机肥试点 20 万亩，每亩施用商品有机肥 66.7 kg 以上补助 50 元；福建沙县两年来已发放补贴资金近 50 万元，耕地补贴面积近 1 万亩，取得了明显的减量增效效果；甘肃张掖自 2017 年起推进有机肥替代化肥项目，连续实施 3 年，每年投资 2 000 万元，在甘州区、高台县、临泽县、山丹县、民乐县、肃南县六县（区）蔬菜等重点作物实施有机肥替代化肥行动，每年完成 10 万亩示范推广奖补面积，3 年累计完成 30 万亩。

专栏 2-4　加快推进以绿色生态为导向的农业补贴政策

农业支持保护补贴：建立与耕地地力提升和责任落实相挂钩的耕地地力保护补贴机制，重点鼓励保护和提升耕地地力，补贴对象转变为“谁种地，补贴谁”。在部分生态脆弱地区选择 200 万亩耕地探索休耕补贴，在东北 17 个县开展黑土地保护利用试点，促进耕地休养生息。

粮豆轮作补贴：将粮豆轮作补贴面积扩大到1 000万亩，粮改饲试点扩大到431个县1 100多万亩，促进农牧结合、种养循环。其中“镰刀湾”地区，玉米改种大豆每亩补贴100～150元。

农机购置补贴：中央财政支持的农机购置补贴对深松整地、节水灌溉、秸秆还田离田等用于绿色发展的农机具全面实行敞开补贴。

重金属污染治理补贴：以湖南省长株潭地区170万亩耕地为重点，开展重金属污染耕地综合治理试点。

畜禽粪污资源化利用补贴：以生猪、奶牛、肉牛养殖大县为重点，全面启动51个县畜禽粪污资源化利用整县试点，推动规模化养殖场粪污就地就近资源化利用。

秸秆综合利用补贴：以东北地区和京津冀等9个省为重点，集中开展农作物秸秆综合利用试点，整县推动农作物秸秆以农用为主的综合利用。秸秆还田每亩补贴25元左右。

深松作业补贴：以东北和华北等地区为重点，通过作业补贴支持完成1.5亿亩深松整地，加强耕地保护利用。

残膜回收利用补贴：在内蒙古、甘肃、新疆选择100个重点县推行地膜清洁生产，探索建立多种方式的残膜回收利用机制。

地下水超采综合治理补贴：中央财政连续支持河北省以黑龙港流域为重点开展地下水超采综合治理，控制地下水下降速率。

渔业油价补贴：改革渔业油价补贴政策，支持捕捞渔民减船转产、海洋牧场建设、增殖放流等资源养护措施。

果菜茶有机肥替代化肥补贴：支持100个县实施果菜茶有机肥替代化肥行动，支持农作物病虫害社会化服务，推动减少化肥农药使用。

绿色信贷及专业化担保补贴：有效利用绿色金融激励机制，探索绿色金融服务农业绿色发展的有效方式，加大绿色信贷及专业化担保支持力度，创新绿色生态农业保险产品。

绿色高效技术推广服务支持补贴：支持高产创建、良种良法、深松整地、施用有机肥、旱作农业等重大农业技术推广与服务，基层农技推广体系改革与建设等方面。

农村一二三产业融合发展补贴：支持农产品产地初加工、产品流通和直供直销、农村电子商务、休闲农业、农业农村信息化等方面。

培养新型职业农民补贴：培养一批具有绿色发展理念、掌握绿色生产技术技能的农业人才和新型职业农民。积极培育新型农业经营主体，鼓励其率先开展绿色生产。

2.5 政府绿色采购政策

国家持续完善环境标志产品和节能产品政府采购。为推进和规范环境标志产品政府采购，财政部、环境部分别于 2018 年 1 月 30 日和 8 月 2 日联合发布了《关于调整公布第二十一期环境标志产品政府采购清单的通知》（财库〔2018〕19 号）、《关于调整公布第二十二期环境标志产品政府采购清单的通知》（财库〔2018〕70 号），明确了政府优先采购环保产品清单。为推进和规范节能产品政府采购，财政部、国家发展和改革委员会于 2018 年 1 月 26 日和 8 月 10 日联合发布了《关于调整公布第二十三期节能产品政府采购清单的通知》（财库〔2018〕17 号）、《关于调整公布第二十四期节能产品政府采购清单的通知》（财库〔2018〕73 号），明确了政府采购活动中强制采购和优先采购的节能产品清单，其中，台式计算机，便携式计算机，平板式微型计算机，激光打印机，针式打印机，显示设备，制冷压缩机，空调机组，专用制冷、空调设备，镇流器，空调机，电热水器，普通照明用双端荧光灯，电视设备，视频设备，便器，水嘴等品目为政府强制采购的节能产品。对于同时列入环保清单和节能产品政府采购清单的产品，优先于只列入其中一个清单的产品。

我国绿色采购政策还需进一步完善。2004 年 9 月，财政部、国家发展和改革委员会发布的《节能产品政府采购实施意见》，要求各级国家机关、事业单位和团体组织用财政性资金进行采购的，应当优先采购节能产品，并建立定期更新节能产品清单的制度。截至 2018 年 12 月，节能产品政府采购清单调整公布了 24 期。2006 年 11 月，财政部、国家环保总局联合印发《关于环境标志产品政府采购实施的意见》，要求各级国家机关、事业单位和团体组织用财政性资金进行采购的，要优先采购环境标志产品，并建立了类似节能产品清单的环境标志产品清单。截至 2018 年 12 月，环境标志产品政府采购清单调整公布了 22 期，主要是通过政府采购，鼓励节能产品和环境标志产品的推广使用。现行绿色政府采购政策对节能产品和环境标志产品的推广应用起到了显著的推动作用，但仍存在一些不足之处，亟待完善：一是现行政府绿色采购政策法规有待完善，政府采购扶持节能环保产品的政策缺乏执行细则。二是现行政府采购政策涉及的采购规模较小，目前我国政府采购的范围较窄，仅包含各级国家机关、事业单位和团体组织，使用财政性资金，对集中采购目录以内的或者采购限额标准以上的采购；国企采购、公立医院采购、军事采购、援外采购、紧急采购、涉及国家安全和秘密的采购、PPP 项目采购等均未涵盖在内。三是相关配套政策不完善，没有形成与之相配套的标准、认证制度和评价体系。例如，针对政府采购涉及的各类行业或产品，亟须开发一套与我国绿色制造标准体系相衔接的政府采购评标体系，既体现公允性，又在数据获取上具有可行性、实施上具有可操作性。

3 环境资源价格政策

环境资源价格政策改革深化。2018 年 6 月 21 日，国家发展和改革委员会发布《关于创新和完善促进绿色发展价格机制的意见》（发改价格规〔2018〕943 号）（简称 943 号文《意见》），从完善污水处理收费政策、健全固体废物处理收费机制、建立有利于节约用水的价格机制、健全促进节能环保的电价机制 4 个方面提出了 16 条新政措施。既是对现有绿色价格政策的补充完善，也是对环境资源价格政策的创新。提出了两个时间节点的目标：一是到 2020 年，有利于绿色发展的价格机制、价格政策体系基本形成；二是到 2025 年，适应绿色发展要求的价格机制更加完善，并落实到全社会各方面各环节。

3.1 环境资源价格政策与改革

3.1.1 水资源价格政策

（1）水资源费

“水资源费改税”改革试点范围扩大。财政部、税务总局、水利部于

2017年11月24日联合发布《扩大水资源税改革试点实施办法》(财税〔2017〕80号）的通知，明确在2016年河北试点水资源税改革的基础上，自2017年12月1日起，在北京、天津、山西、内蒙古、山东、河南、四川、陕西、宁夏9个省（区、市）试点水资源税征收管理，停止征收水资源费，将征收标准降为零。试点期间具体适用税额，参照原水资源费标准征收，按照税费平移原则，不增加一般工商业企业和城乡居民正常生产生活用水负担。由于各地水资源禀赋状况千差万别，因此，目前试点各地出台的水资源税税额标准不一，同行业不同地方的税额标准差距高达20多倍。例如，北京、天津经济发达且严重缺水，现行水资源费征收标准较高，税费平移过来之后，最低平均纳税额也是较高的（表3-1）。

表3-1　试点省（区、市）水资源税最低平均税额表　　单位：元/m^3

省（区、市）	地表水最低平均税额	地下水最低平均税额
北京	1.6	4
天津	0.8	4
山西	0.5	2
内蒙古	0.5	2
山东	0.4	1.5
河南	0.4	1.5
四川	0.1	0.2
陕西	0.3	0.7
宁夏	0.3	0.7

“水资源费改税”试点节水效果初步显现。2018年上半年，9个扩大试点省份水资源税纳税人共入库税款约88亿元，其中地表水水资源税收入约

30 亿元，地下水水资源税收入约 51 亿元，水力发电和火力发电水资源税收入约 7 亿元[①]。总体来看，费税制度转换顺利，扩大试点运行平稳，节水成效初步显现：超采地区取用地下水量开始下降，高耗水行业用水总量得到控制，工业用水重复利用率进一步提高，特种行业用水方式逐步转变。但仍存在一些问题：水资源税的计量管理薄弱造成征纳矛盾突出，税收征管模式稍显复杂加大了征管成本，部分保障民生的行业税收负担加重，高耗水行业、部分制造企业取用水成本增加，部门间的稳定协调配合机制不健全等。为进一步完善水资源税改革，建议加大对水资源计量基础设施的投入，建立保障民生行业的税负补偿机制，引导高耗水企业规范管理以避免不合理税负，健全地税部门与水利部门的联合监管体制和信息共享机制，加强对水资源费改税实施效果的效应评估。

（2）阶梯水价

继续深化水价改革。国家发展和改革委员会 943 号文《意见》中提出完善城镇供水价格形成机制，逐步将居民用水价格调整至不低于成本水平，非居民用水价格调整至补偿成本并合理盈利水平；进一步拉大特种用水与非居民用水的价差，缺水地区二者比价原则上不低于 3∶1。适时完善居民阶梯水价制度。进一步明确全面推行城镇非居民用水超定额累进加价制度，合理确定分档水量和加价标准，2020 年年底前要全面落实到位。

地方居民阶梯水价制度进一步完善。2018 年全国主要城市平均居民生活不同阶梯和非居民的自来水单价仍差异明显（表 3-2），在 36 个大中城市里，天津、北京、长春等地区水价相对较高，武汉、南昌等地区水价较低，

① 数据来源：国家税务总局财产和行为税司副司长孙群. http：//www.chinatax.gov.cn/n810219/n810724/c3712117/content.html.

最大差距达 2.63 元/m^3。西宁实行无阶梯水价，为 1.83 元/m^3。2017 年 7 月 26 日，深圳市发改委、水务局印发《深圳市水价改革实施方案》（深发改〔2017〕897 号）的通知，提出完善居民阶梯水价制度，拉大各阶梯价差，更好地发挥价格杠杆促进节约用水的作用，将第一、第二、第三级阶梯水价比例由 1∶1.5∶2 调整为 1∶1.5∶3。第一、第二、第三阶梯水价分别从 2.3 元/m^3 调整为 2.67 元/m^3、3.45 元/m^3 调整为 4.01 元/m^3 和 4.6 元/m^3 调整为 8.01 元/m^3，非居民水价从 3.30（3.35）元/m^3 调整为统一 3.77 元/m^3。银川市发改委发布《关于调整银川市居民生活用水价格的通知》（银价发〔2017〕19 号），提出 2018 年 1 月 1 日起执行新的价格调整方案，进一步完善城镇居民生活用水阶梯价格制度。

表 3-2　2018 年全国 36 个大中城市平均居民生活和非居民自来水单价（不含污水处理费）

单位：元/m^3

城市	居民			非居民
	第一阶梯	第二阶梯	第三阶梯	
北京	3.64	5.64	7.64	6.5/6
天津	4	5.3	7.1	6.5
石家庄	2.83	4.08	7.83	4.33
太原	2.3	4.6	6.9	4
呼和浩特	2.35	3.52	7.05	3.5/5
沈阳	2.35	3.53	7.05	3.85
大连	2.3	3.45	6.9	2.88/3.2
长春	3.6	5.85	8.15	3.9/5.4
哈尔滨	2.4	3.6	7.2	4.3
上海	1.92	3.3	4.3	2.62
南京	1.62	2.33	4.46	1.87

城市	居民			非居民
	第一阶梯	第二阶梯	第三阶梯	
杭州	1.9	2.85	5.7	2.65
宁波	2.4	4.32	6	4.32
合肥	1.9	2.79	5.46	2
福州	2.1	3.15	6.3	2.3
厦门	2.2	3.3	6.6	2.2
南昌	1.58	2.37	4.74	2.37
济南	3.2	4.6	8.8	4.75/6.35
青岛	2.5	3.65	7	4
郑州	3.45	5	9.65	4.55
武汉	1.37	2.05	2.74	2.12
长沙	1.63	2.39	3.14	2.49
广州	1.98	2.97	3.96	3.46
深圳	2.67	4.01	8.01	3.77
南宁	1.55	2.28	3	1.59/2.3
海口	1.75	2.63	5.25	2.4/3.2
重庆	2.5	3.22	4.9	3.25
成都	2.08	2.95	5.56	3.03
贵阳	1.82	2.73	3.64	2.64
昆明	2.45	4.9	6.125	3.6/4.35
拉萨	1.54	2.31	4.62	2/2.2
西安	2.85	3.7	6.23	4.38
兰州	1.75	2.63	5.25	1.97/2.69
西宁	1.83			2.34
银川	2.15	3.48	5.98	3.3
乌鲁木齐	2	3.3	4.6	3.1/4.78

数据来源：http：//www.h2o-china.com/price/。

完善城镇非居民用水超定额累进加价制度。为贯彻落实国家发展和改革委员会、住房和城乡建设部印发的《关于加快建立健全城镇非居民用水超定额累进加价制度的指导意见》（发改价格〔2017〕1792 号），天津、河南、福建、四川等多个地区在 2018 年陆续建立城镇非居民用水超定额累进加价制度的实施方案，分别从实施范围、用水定额、分档水量和加价标准等方面提出具体的实施措施，发挥价格机制在水资源配置中的调节作用和用水定额的引导作用。

（3）农业水价

国家积极推进农业水价改革。国家发展和改革委员会 943 号文《意见》中提出深入推进农业水价综合改革，进一步明确了工作重点和政策要点。明确农业水价综合改革试点地区要将农业水价一步或分步提高到运行维护成本水平，有条件的地区提高到完全成本水平；完成农业节水改造的地区，要充分利用节水腾出的空间提高农业水价。2018 年 6 月 22 日，国家发展和改革委员会、财政部、水利部、农业农村部四部门联合印发《关于加大力度推进农业水价综合改革工作的通知》，提出各地要进一步对照《国务院办公厅关于推进农业水价综合改革的意见》（国办发〔2016〕2 号）确定的改革目标和任务，细化落实 2018 年度实施计划，新增改革实施面积 7 900 万亩以上，将落实情况作为年度改革绩效评价的重要考核内容。明确狠抓改革重点区域、因地制宜设计改革方案、协同配套推进改革实施、建立改革台账等一系列举措。

云南、四川等地积极推进农业水价综合改革。云南、四川等省市陆续发布相关推进全省农业水价综合改革工作的通知，及时梳理改革现状，坚持问题导向，扎实开展各项工作，找准改革薄弱环节，创新改革措施，合理调整农业水价，落实精准补贴和节水奖励资金，把农业水价综合改革任务不折不扣落实到位。不仅倒逼农民用水方式转变，也减轻了农民的隐性负担，农业水价改革节水成效初显，但是仍然存在各地改革进展不平衡，“先建机制、后建工程”的要求尚未全面落实等问题。一些地区改革认识不到位，改革台账尚未建立，实施计划不够细化实化，改革激励机制不健全，影响了改革进程。要进一步明确部门责任分工，细化实化改革目标任务，各地要从本地实际条件出发，因地制宜推进改革；完善考核指标体系，使绩效评价体系既符合中央改革精神，又体现各地的差异性，以更好地发挥考核的“指挥棒”作用；坚持问题导向与目标导向相结合，立足当前、着眼长远，抓住关键、统筹兼顾，有序推进农业水价综合改革取得实效。

地方积极探索农业水价机制。河南、山东、湖南、广西等省（自治区）改革试点地区结合实际，分类施策，按照经济适用的原则，科学划分计量单元，科学配套计量设施，推进农业水价按方收费，打牢农业水价综合改革基础。例如，河南省多举措推进农业水价改革，实行计量收费，水价分类分档，按作物类型，执行分类水价和充值，先交费后用水，超定额用水按相应的分档水价购买，实现了准确计量、分类分档水价和农业水费 100% 征收到位。计量收费有助于提高农民的节水意识和灌溉节水效果，在农业节水成效方面发挥重要的作用。

3.1.2 再生水价格政策

再生水价格改革关键在规范标准。全国范围的再生水利用增长迅速，2005—2015 年我国再生水利用量由 10.9 亿 m^3 增长至 52.57 亿 m^3，广泛用于北方缺水地区景观与生态环境和工业等。但是目前再生水利用率普遍较低，与政府要求2020年前达到30%仍存在一定差距，需要采取包括再生水价格支持政策在内的各项措施，推动再生水的利用。2018年国家发展和改革委员会发布943号文《意见》，要求建立有利于再生水利用的价格政策，按照与自来水保持竞争优势的原则确定再生水价格；建立灵活的定价政策，具备条件的可以协商定价，并可探索实行累退价格机制，从而大幅度提高再生水的价格优势。各地方对于再生水价格相关政策的出台相对较少，缺乏细致的规定和办法，再生水回用并没有得到国家强力支持。未来应在政策上，特别是在标准上对再生水价格进行明确，制定专门的再生水管理法律法规并完善配套措施，通过强有力的行政手段来促进再生水的合理利用。

合肥市推进再生水价格改革。合肥市2017年城市污水处理后的再生水量5亿 m^3，如50%的再生水可以再次循环使用计算，可以在现有供水量不变的情况下，使城市的可用水量至少增加2.5亿 m^3。目前合肥市再生水利用率仅4%，与政府要求2020年前达到30%存在一定差距。因此，合肥市物价局印发了《关于印发〈合肥市再生水价格管理暂行规定〉的通知》（合价商〔2018〕62号），明确了再生水的概念、再生水价格定价权限和再生水价格管理原则，并对再生水价格构成和定价程序做了明确规定，2018年9月1日起执行。拟规划建设18座再生水厂，预计2020年全市再生水利用率有望达到30%以上。

烟台市调整市区再生水价格。2018年10月，烟台市物价局印发《关于调整市区再生水价格的通知》（烟价〔2018〕110号），要求自2018年11月1日起，市区再生水由最高销售价格管理改为基准销售价格管理，将再生水现行最高销售价格3.80元/m^3 调整为基准销售价格3.80元/m^3，供需双方可在上浮不超过20%、下浮不限的范围内协商确定具体销售价格；特殊行业用水价格由双方协商确定。这一举措可降低烟台市再生水用户的生产成本，对于烟台市实现水资源的合理有效利用、改善水生态环境、实现经济的可持续发展意义重大，有助于实现经济效益和社会效益的“双赢”。

3.1.3 电价政策

（1）阶梯电价

居民阶梯电价政策稳步实施。自 2012 年全国试行居民阶梯电价以来，该政策已实施 6 年，2017 年 9 月，国家发展和改革委员会印发《关于北方地区清洁供暖价格政策的意见》，强调优化居民用电阶梯价格政策，合理确定居民采暖用电量，要求完善“煤改电”电价政策。截至目前，地方政府层面，北京、天津、山东、河北、河南、陕西、山西、甘肃、宁夏、青海、新疆、内蒙古、黑龙江、吉林、辽宁 15 个省（区、市），分别出台“煤改电”采暖用电价格的文件通知，采取阶梯价格，鼓励叠加峰谷电价等措施，切实降低居民“煤改电”用电成本。

（2）峰谷电价

峰谷电价政策推开。国家发展和改革委员会 943 号文《意见》明确要完善峰谷电价形成机制，加大峰谷电价实施力度，运用价格信号引导电力削峰填谷，利用峰谷电价差、辅助服务补偿等市场化机制，促进储能发展。该政策的出台，意味着储能峰谷价差套利模式获得官方认可。按照文件精神，江苏、陕西也相继出台配套政策，鼓励用户利用储能削峰填谷。2018 年《政府工作报告》提出要“大幅降低企业非税负担”，首次明确了降低电价的量化指标，“要降低电网环节收费和输配电价格，一般工商业电价平均降低 10%”。继国家发展和改革委员会发布了《关于降低一般工商业电价有关事项的通知》的特急文件后，江苏、浙江、河北、山西、安徽、福建、山东、河南、湖北、广东、海南、贵州、云南、陕西、内蒙古、广西、宁夏、北京、天津、上海、重庆21个省（区、市）调整了一般工商业电价。据不完全统计，全国34个省（区、市）中，共有16个省（区、市）发布了峰谷电价表，其中北京、江苏、广东、浙江、甘肃、河南、安徽、云南、海南9省市一般工商业的部分峰谷价差超过0.7元/（kW·h），这意味着这些地区开展用户侧储能的条件相对较好（表3-3）。其中北京城区和郊区各电压等级的峰谷价差更是高达1元/（kW·h）以上，而江苏、广东部分地市、浙江也普遍超过0.8元/（kW·h），这无疑为这些地区用户侧储能的开展提供了较为有利的条件。

表3-3　全国各省（区、市）一般工商业峰谷电价　　单位：元/（kW·h）

省市	不满1 kV			1～10 kV			35 kV及以上			备注
	峰	谷	价差	峰	谷	价差	峰	谷	价差	
北京（城区）	1.51	0.36	1.15	1.49	0.35	1.14	1.47	0.33	1.14	东城、西城、朝阳、海淀、丰台、石景山
北京（郊区）	1.49	0.33	1.15	1.46	0.32	1.14	1.45	0.31	1.14	门头沟、房山、通州、顺义、大兴、昌平、平谷、怀柔、密云、延庆
北京（经开区）	0.91	0.30	0.61	0.89	0.29	0.60				
江苏	1.29	0.36	0.93	1.27	0.35	0.91	1.24	0.35	0.89	
广东（广州等5市）	1.32	0.40	0.92	1.28	0.39	0.89	1.24	0.38	0.87	广州、珠海、佛山、中山、东莞

<table>
<tr><th rowspan="2">省市</th><th colspan="3">不满 1 kV</th><th colspan="3">1～10 kV</th><th colspan="3">35 kV 及以上</th><th rowspan="2">备注</th></tr>
<tr><th>峰</th><th>谷</th><th>价差</th><th>峰</th><th>谷</th><th>价差</th><th>峰</th><th>谷</th><th>价差</th></tr>
<tr><td>广东（江门）</td><td>1.30</td><td>0.39</td><td>0.91</td><td>1.26</td><td>0.38</td><td>0.88</td><td>1.22</td><td>0.37</td><td>0.85</td><td>江门市除恩平、台山、开平外</td></tr>
<tr><td>广东（惠州）</td><td>1.30</td><td>0.39</td><td>0.90</td><td>1.26</td><td>0.38</td><td>0.87</td><td>1.21</td><td>0.37</td><td>0.85</td><td>惠州</td></tr>
<tr><td>广东（汕头 8 市）</td><td>1.19</td><td>0.36</td><td>0.83</td><td>1.15</td><td>0.35</td><td>0.80</td><td>1.11</td><td>0.34</td><td>0.77</td><td>汕头、潮州、揭阳、汕尾、阳江、湛江、茂名、肇庆和江门恩平、台山、开平</td></tr>
<tr><td>广东（云浮等 5 市）</td><td>1.13</td><td>0.34</td><td>0.78</td><td>1.08</td><td>0.33</td><td>0.76</td><td>1.04</td><td>0.32</td><td>0.73</td><td>云浮、河源、梅州、韶关、清远除连州外</td></tr>
<tr><td>浙江</td><td>1.32</td><td>0.49</td><td>0.83</td><td>1.27</td><td>0.46</td><td>0.81</td><td>1.23</td><td>0.43</td><td>0.80</td><td></td></tr>
<tr><td>甘肃八县区（商业）</td><td>1.22</td><td>0.42</td><td>0.80</td><td>1.21</td><td>0.42</td><td>0.79</td><td>1.21</td><td>0.42</td><td>0.79</td><td>文县、陇南市武都区、康县、成县、徽县、西和县、两当县、舟曲县</td></tr>
<tr><td>甘肃</td><td>1.09</td><td>0.38</td><td>0.71</td><td>1.07</td><td>0.37</td><td>0.70</td><td>1.06</td><td>0.37</td><td>0.69</td><td></td></tr>
<tr><td>甘肃八县区（非，普工业）</td><td>0.93</td><td>0.33</td><td>0.60</td><td>0.91</td><td>0.32</td><td>0.59</td><td>0.90</td><td>0.32</td><td>0.58</td><td>文县、陇南市武都区、康县、成县、徽县、西和县、两当县、舟曲县</td></tr>
<tr><td>河南</td><td>1.15</td><td>0.39</td><td>0.76</td><td>1.10</td><td>0.37</td><td>0.72</td><td>1.05</td><td>0.36</td><td>0.69</td><td></td></tr>
<tr><td>安徽（7—9 月，单一制）</td><td>1.16</td><td>0.45</td><td>0.70</td><td>1.13</td><td>0.44</td><td>0.69</td><td>1.11</td><td>0.44</td><td>0.67</td><td>315 kV·A 以下执行单一制</td></tr>
<tr><td>安徽（其他，单一制）</td><td>1.09</td><td>0.45</td><td>0.63</td><td>1.07</td><td>0.44</td><td>0.62</td><td>1.04</td><td>0.44</td><td>0.61</td><td>315 kV·A 以下执行单一制</td></tr>
<tr><td>云南（枯水期）</td><td>1.05</td><td>0.35</td><td>0.70</td><td>1.03</td><td>0.34</td><td>0.69</td><td>1.01</td><td>0.34</td><td>0.68</td><td>1—4 月、12 月</td></tr>
<tr><td>海南</td><td>1.03</td><td>0.33</td><td>0.70</td><td>1.03</td><td>0.33</td><td>0.70</td><td>1.01</td><td>0.33</td><td>0.69</td><td></td></tr>
<tr><td>陕西（不含榆林）</td><td>1.03</td><td>0.38</td><td>0.66</td><td>1.00</td><td>0.37</td><td>0.64</td><td>0.97</td><td>0.36</td><td>0.65</td><td></td></tr>
</table>

省市	不满 1 kV			1～10 kV			35 kV 及以上			备注
	峰	谷	价差	峰	谷	价差	峰	谷	价差	
陕西（榆林）	0.97	0.34	0.63	0.94	0.33	0.61	0.91	0.32	0.59	
天津	1.17	0.52	0.65	1.07	0.52	0.56	1.01	0.47	0.54	
青海100 kV·A 及以上用户用电）	0.86	0.21	0.65	0.85	0.21	0.64	0.84	0.21	0.64	
青海100 kV·A 及以下用户用电）	0.88	0.31	0.57	0.87	0.31	0.57	0.86	0.30	0.56	
河北（南网）	1.06	0.41	0.65	1.04	0.41	0.63	1.02	0.40	0.62	
河北（北网）	1.02	0.40	0.62	1.00	0.39	0.60	0.98	0.38	0.59	
云南（平水期）	0.88	0.29	0.58	0.86	0.29	0.57	0.85	0.28	0.56	5 月、11 月
云南（丰水期）	0.74	0.25	0.50	0.73	0.24	0.49	0.72	0.24	0.48	6—10 月
山西	0.91	0.37	0.55	0.88	0.36	0.53	0.86	0.35	0.51	
上海（非夏季，单一制）	1.00	0.47	0.53	0.97	0.44	0.53	0.94	0.41	0.53	
上海（夏季，单一制）	1.04	0.51	0.53	1.01	0.48	0.53	0.98	0.45	0.53	
宁夏（单一制）	0.85	0.39	0.46	0.82	0.38	0.44	0.79	0.36	0.43	

注：①表中峰指尖峰或高峰，有尖峰的省（区、市）取尖峰，没有的取高峰。
②便于对比，部分地区 35 kV 及以上电价仅包含 35 kV，高于 35 kV 未列出。

（3）差别电价

差别电价政策继续完善。国家发展和改革委员会 943 号文《意见》从完善差别化电价政策、完善峰谷电价形成机制和完善部分环保行业用电支持政策三方面，发挥电力价格的杠杆作用，明确指出高耗能行业将实行更严格的差别化电价政策，全面清理取消对高耗能行业的优待类电价以及其他各种不合理价格优惠政策。严格落实铁合金、电石、烧碱、水泥、钢铁、黄磷、锌冶炼 7 个行业的差别电价政策，对淘汰类和限制类企业用电（含市场化交易电量）实行更高价格。河南省发改委于 2018 年 10 月 29 日印发《关于落实差别化电价政策的通知》、12 月 4 日印发《关于 2018 年度电解铝、水泥、钢铁行业执行阶梯电价的通知》，针对高耗能高排放行业提出明确执行阶梯电价的标准；2018 年 12 月 29 日，山东省发改委发布《关于炼化和焦化企业生产用电实行阶梯电价政策有关事项的通知》，将对炼化、焦化企业生产用电实行基于能耗指标的阶梯电价政策。

（4）新能源并网电价

光伏发电电价政策再次调整。为落实国务院办公厅《能源发展战略行动计划（2014—2020）》关于新能源标杆上网电价逐步退坡的要求，合理引导新能源投资，促进光伏发电产业健康有序发展，加快补贴退坡，国家发展和改革委员会、财政部、国家能源局于 2018 年 5 月 31 日印发了《关于 2018 年光伏发电有关事项的通知》（发改能源〔2018〕823 号），再次调整 2018 年光伏发电标杆上网电价政策。提出加快光伏发电补贴退坡，降低补贴强度，2018 年 5 月 31 日以后投运的光伏电站标杆上网电价统一降低 0.05 元/（kW·h），Ⅰ类、Ⅱ类、Ⅲ类资源区标杆上网电价分别调整为 0.5 元/（kW·h）、0.6 元/（kW·h）、0.7 元/（kW·h）（含税）。新投运的、采用“自发自用、余电上网”模式的分布式光伏发电项目，全电量补贴标准降低 0.05 元/（kW·h），即补贴标准调整为 0.32 元/（kW·h）（含税）。符合国家政策的村级光伏扶贫电站（0.5 MW 及以下）标杆电价保持不变（表 3-4）。实行光伏发电价格退坡，尽快降低补贴标准，是国家太阳能发展“十三五”规划已经明确的政策。近年来，为合理反映光伏发电成本降低情况，国家发展和改革委员会不断调整光伏发电标杆上网电价，降低全社会的补贴负担，推动产业走向公平竞争、自主运营、良性循环的健康发展轨道（图3-1）。本次光伏发电电价调整新政策进一步降低了纳入新建设规模范围的光伏发电项目标杆电价和补贴标准，降补贴、限规模，力度超出预期，被称为“史上最严光伏新政”。

表 3-4　2018 年全国光伏发电上网电价表（含税）

单位：元/（kW·h）

<table>
<tr><th rowspan="2">资源区</th><th colspan="2">光伏电站标杆上网电价</th><th colspan="2">分布式发电补贴标准</th><th rowspan="2">各资源区所包括的地区</th></tr>
<tr><th>普通电站</th><th>村级光伏扶贫电站</th><th>普通项目</th><th>分布式光伏扶贫项目</th></tr>
<tr><td>Ⅰ类资源区</td><td>0.50</td><td>0.65</td><td rowspan="3">0.32</td><td rowspan="3">0.42</td><td>宁夏，青海海西，甘肃嘉峪关、武威、张掖、酒泉、敦煌、金昌，新疆哈密、塔城、阿勒泰、克拉玛依，内蒙古除赤峰、通辽、兴安盟、呼伦贝尔以外地区</td></tr>
<tr><td>Ⅱ类资源区</td><td>0.60</td><td>0.75</td><td>北京，天津，黑龙江，吉林，辽宁，四川，云南，内蒙古赤峰、通辽、兴安盟、呼伦贝尔，河北承德、张家口、唐山、秦皇岛，山西大同、朔州、忻州、阳泉，陕西榆林、延安，青海、甘肃、新疆除Ⅰ类外其他地区</td></tr>
<tr><td>Ⅲ类资源区</td><td>0.70</td><td>0.85</td><td>除Ⅰ类、Ⅱ类资源区以外的其他地区</td></tr>
</table>

注：①西藏自治区光伏电站标杆电价为 1.05 元/（kW·h）。②2018 年 5 月 31 日（含）之前已备案、开工建设，且在 6 月 30 日（含）之前并网投运的合法合规的户用自然人分布式光伏发电项目，纳入国家认可规模管理范围，标杆上网电价和千瓦·时电价补贴标准保持不变。③已经纳入 2017 年及以前建设规模范围（含不限规模的省级区域）、且在 2018 年 6 月 30 日（含）前并网投运的普通光伏电站项目，执行 2017 年光伏电站标杆上网电价，属竞争配置的项目，执行竞争配置时确定的上网电价。

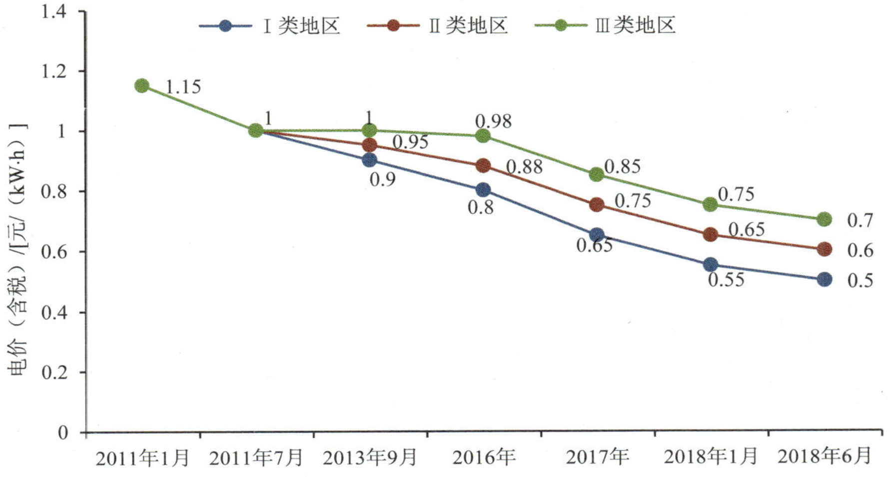

图 3-1　光伏上网标杆电价调整走势图

（5）弃风限电与电价改革

国家明确风电消纳问题改善目标。2018 年 10 月 30 日，国家发展和改革委员会、国家能源局发布关于印发《清洁能源消纳行动计划（2018—2020 年）》的通知（发改能源规〔2018〕1575 号），特别指出，2018 年，确保全国平均风电利用率高于 88%（力争达到 90%以上），弃风率低于 12%（力争控制在 10%以内）；2019 年，确保全国平均风电利用率高于 90%（力争达到 92%左右），弃风率低于 10%（力争控制在 8%左右）；2020 年，确保全国平均风电利用率达到国际先进水平（力争达到 95%左右），弃风率控制在合理水平（力争控制在 5%左右）。并明确了新疆、甘肃等重点省级行政区风电、光伏、水电的利用率和弃电率分年度目标。

全国弃风电量和弃风率明显下降。根据国家能源局数据，2017 年开始全国弃风限电问题有所改善，弃风限电形势大幅好转，2017 年全年弃风电量 419 亿 kW·h，较 2016 年同期减少 78 亿 kW·h，同比下降 16%（图 3-2）；从弃风率来看，我国弃风率呈现波动下降趋势，2015 年和 2016 年国内弃风限电风气盛行，导致弃风率处在高点；2016—2018 年，由于我国工业用电量变大，全社会电消耗能力有所提升，2017 年弃风率下降至 11.9%（图 3-3）。2018 年前三季度全国弃风电量 222 亿 kW·h，同比减少 74 亿 kW·h，全国弃风率为 7.7%，按照 2018 年调整后的陆上风电标杆上网电价计算，风电平均市场交易电价为 0.5 元/（kW·h），限电损失为 111 亿元人民币[①]。从 2018 年前三季度的风电并网运行情况来看（表 3-5），其中大部分地区的弃风率都在承诺的全年弃风率控制目标之内。

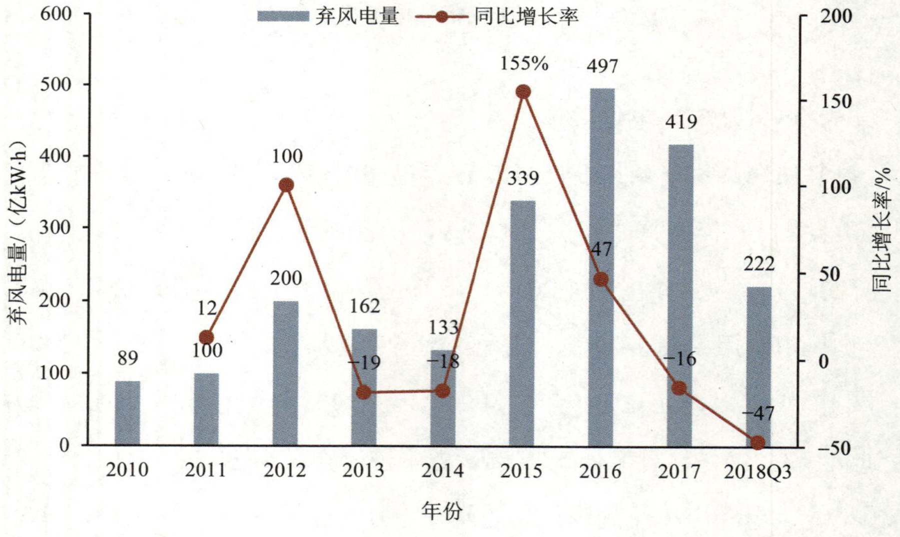

图 3-2　2010—2018 年我国弃风电量变化

① 数据来源：国家能源局 http：//www.nea.gov.cn/2018-12/11/c_137665940.htm。

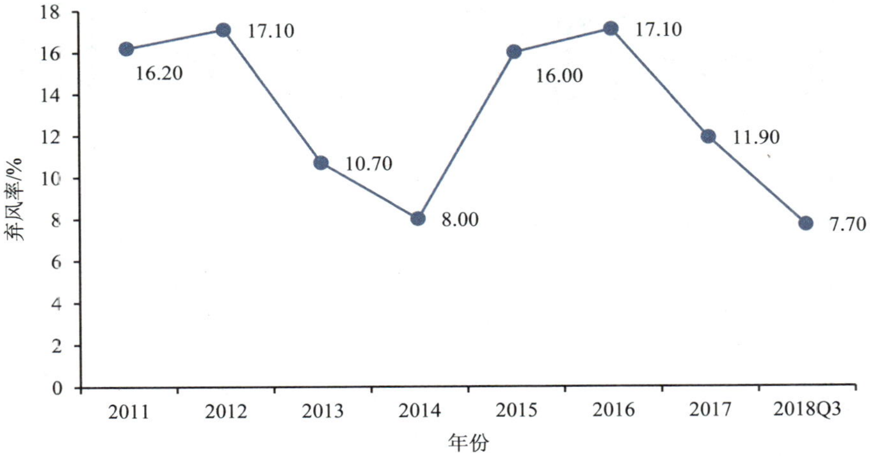

图 3-3　2011—2018 年我国弃风率变化情况

表 3-5　2018 年前三季度风电并网运行情况

省（区、市）	新增并网容量/万 kW	累计并网容量/万 kW	发电量/（亿 kW·h）	弃风电量/（亿 kW·h）	弃风率/%	利用小时数/h	各省承诺的全年弃风率控制目标
合计	1 261	17 592	2676	222	7.70	1 565	
北京	0	19	2.5			1 310	0%
天津	27	52	5.9			1 432	0%
河北	61	1 241	204.5	7.9	3.70	1 675	6.7%（冀北新能源平均）
山西	117	978	150.8			1 590	4.2%（新能源平均）
内蒙古	193	2 832	445	65.5	12.80	1 572	12%
辽宁	29	739	126.4	1.3	1.00	1 750	8%
吉林	9	514	75.2	4.2	5.20	1 480	—

省（区、市）	新增并网容量/万 kW	累计并网容量/万 kW	发电量/（亿 kW·h）	弃风电量/（亿 kW·h）	弃风率/%	利用小时数/h	各省承诺的全年弃风率控制目标
黑龙江	16	586	84.7	3.4	3.90	1 467	—
上海	0	71	13.6			1 909	0%
江苏	156	791	128.1			1 857	0%
浙江	11	143	21.8			1 568	0%
安徽	11	238	35.8			1 568	保 10%争 0%
福建	38	289	47.1			1 722	0%
江西	48	221	29.7			1 427	0%
山东	36	1 093	170.2			1 591	2%左右
河南	86	326	40.6			1 356	0%
湖北	79	324	47.9			1 667	保 10%争 0%
湖南	43	306	43.7			1 566	4%（新能源平均）
广东	0.8	348	43.7			1 280	0%
广西	37	197	28.8			1 627	0%
海南	0	34	3.8			1 119	—
重庆	5	39	5.8			1 573	0%
四川	33	242	34.6			1 545	0%
贵州	5	377	52.1	0.9	1.80	1 402	3%
云南	0.4	832	153.9			1 848	保 10%争 0%
西藏	0	1	0.1			1 325	—
陕西	46	405	53.1	1.2	2.30	1 508	弃电比下降 1.8%，控制在 2.2%
甘肃	0	1 282	176.1	43.3	19.70	1 366	23%
青海	110	267	28.8	0.4	1.30	1 200	0%

省（区、市）	新增并网容量/万 kW	累计并网容量/万 kW	发电量/（亿 kW·h）	弃风电量/（亿 kW·h）	弃风率/%	利用小时数/h	各省承诺的全年弃风率控制目标
宁夏	64	1 001	144.9	2.3	1.60	1 475	—
新疆	0	1 806	276.5	90.3	24.60	1 531	26%

注：①并网容量、发电量、利用小时数来源于中电联；②弃风电量、弃风率来源于国家可再生能源中心、相关电网企业；③各省（区、市）承诺的全年弃风率控制目标为各省（区、市）在落实《解决弃水弃风弃光问题实施方案》工作方案中承诺的 2018 年全年弃风率控制目标，“—”表示工作方案中未提出弃风控制目标。

陆上风电标杆上网电价大幅度下调。国家发展和改革委员会《关于调整光伏发电陆上风电标杆上网电价的通知》（发改价格〔2016〕2729 号）规定，2018 年 1 月 1 日之后，Ⅰ～Ⅳ类资源区新核准建设陆上风电标杆上网电价分别调整为 0.40 元/（kW·h）、0.45 元/（kW·h）、0.49 元/（kW·h）、0.57 元/（kW·h）（表 3-6），比 2016—2017 年电价降低 0.07 元/（kW·h）、0.05 元/（kW·h）、0.05 元/（kW·h）、0.03 元/（kW·h）。这是风电实行标杆电价以来最大幅度的下调，目的是倒逼 2020 年风电、光伏平价上网，合理引导新能源投资。在下调风电上网标杆电价倒逼行业技术创新和精益管理的同时，还必须彻底解决弃风限电这一老问题，才能真正提升行业的竞争力。目前，我国弃风区域主要集中在内蒙古、甘肃、新疆等西部地区，弃风率相对较高。通过下调上网电价可一定程度上遏制对项目规模的盲目追求，迫使投资者更为理性地作出决定，也可以倒逼风机等主要设备降低成本，从而降低整个风电场的工程造价，提升风电行业的长期竞争力。因此，从长远来讲，逐步下调风电上网电价是有利的，但短期内大幅下调上网电价将对风电行业产生较大冲击。

表 3-6　全国陆上风力发电标杆上网电价表（含税）

单位：元/（kW·h）

资源区	2018 年新建陆上风电标杆上网电价	各资源区所包括的地区
Ⅰ类资源区	0.40	内蒙古自治区除赤峰市、通辽市、兴安盟、呼伦贝尔市以外其他地区；新疆维吾尔自治区乌鲁木齐市、伊犁哈萨克族自治州、克拉玛依市、石河子市
Ⅱ类资源区	0.45	河北省张家口市、承德市；内蒙古自治区赤峰市、通辽市、兴安盟、呼伦贝尔市；甘肃省嘉峪关市、酒泉市；云南省
Ⅲ类资源区	0.49	吉林省白城市、松原市；黑龙江省鸡西市、双鸭山市、七台河市、绥化市、伊春市，大兴安岭地区；甘肃省除嘉峪关市、酒泉市以外其他地区；新疆维吾尔自治区除乌鲁木齐市、伊犁哈萨克族自治州、克拉玛依市、石河子市以外其他地区；宁夏回族自治区
Ⅳ类资源区	0.57	除Ⅰ类、Ⅱ类、Ⅲ类资源区以外的其他地区

注：①2018 年 1 月 1 日以后核准并纳入财政补贴年度规模管理的陆上风电项目执行 2018 年的标杆上网电价；②2 年核准期内未开工建设的项目不得执行该核准期对应的标杆电价；③2018 年以前核准并纳入以前年份财政补贴规模管理的陆上风电项目但于 2019 年年底前仍未开工建设的，执行 2018 年标杆上网电价；④2018 年以前核准但纳入 2018 年 1 月 1 日之后财政补贴年度规模管理的陆上风电项目，执行 2018 年标杆上网电价。

3.1.4 资源价格改革

（1）资源价格改革尚存在的问题

水价总体依然偏低。20 年以来，我国出台了一系列政策推进水价改革，但当前城镇供水价格和农业用水价格总体依然偏低，且调整周期长，价格与成本普遍倒挂，多用水、多付费的累进价格机制尚未全面建立，既不利于城镇供水行业健康发展和农田水利工程的良性运行，也难以调动用户节水积极性，稀缺水资源的价值并没有完全体现出来。

差别电价和惩罚性电价政策未得到全面落实。在一些地方有差别化电价政策的成功经验，但还没有在全国推广，差别电价执行力度不够。由于多数省份执行差别电价政策未及时实行动态管理，导致实际执行差别电价的范围偏小，在一定程度上影响了政策执行成效。另外，对于惩罚性电价政策，各地政府重视程度不一致，尚有部分省份未出台惩罚性电价实施办法。已出台惩罚性电价实施办法的省份，由于不同的认识以及与差别电价在执行范围上存在一定冲突等，致使惩罚性电价政策执行参差不齐，未能全面贯彻落实。

（2）资源价格改革重在补齐短板

建立有利于节约用水的价格机制。本着兼顾公平和效率的原则，分阶段、有差异地逐步提高水价，缺水地区要根据实际情况加大加价标准，充分反映水资源稀缺程度；深入推进农业水价综合改革，试点地区要将农业水价一步或分步提高，全面实行超定额用水累进加价，并同步建立精准补贴和节水奖励机制；全面推行城镇非居民用水超定额累进加价制度，严格用水定额管理，合理确定分档水量和加价标准。同时水价改革，要针对不同用水主体、不同地区的经济发展水平、不同群体的收入水平，尤其是在农业用水、生活用水领域，按照可承受的原则确定合适的水价水平，并建立健全水价听证制度，增强水价制订过程的公众参与程度。

扩大差别电价和阶梯电价政策覆盖面。完善高耗能、高污染、产能严重过剩（以下简称“两高一剩”）等行业差别（阶梯）电价政策，鼓励各地结合实际扩大政策实施覆盖面，地方在落实现有政策的基础上，根据自身的需要，可以扩大差别电价和阶梯电价的行业范围，因为各地的产业结构不一样，究竟什么产业对污染影响大、减排压力大，就可以自己选择这样的行业实行这样的政策。对“两高一剩”等行业实行更严格的差别化电价政策，可以提高加价标准，让其付出更高的成本，对绿色环保的企业降价，这样电价的一升一降就形成了激励和约束机制。

3.2 环境收费政策

（1）污水处理费

国家层面进一步完善污水处理收费政策。污水处理收费是环保收费机制最成熟的领域，国家发展和改革委员会 943 号文《意见》明确了行业争议多年的污水处理全成本边界：按照补偿污水处理和污泥处置设施运营成本（不含污水收集和输送管网建设运营成本）并合理盈利的原则，制定污水处理费标准。这一规定界定了成本的分担机制，符合市场化原则。提出建立城镇污水处理费动态调整机制、建立企业污水排放差别化收费机制、建立与污水处理标准相协调的收费机制、探索建立污水处理农户付费制度、健全城镇污水处理服务费市场化形成机制五个方面的完善措施。

地区层面分档分类制定污水处理收费标准。自 2015 年《关于制定和调整污水处理收费标准等有关问题的通知》发布以来，各地纷纷启动开展污水处理收费标准调整工作。截至 2018 年年末，全国大部分设市城市和部分县城、重点建制镇按照国家要求的最低标准将污水处理收费标准调整到位。全国 36 个大中城市中，居民污水处理收费标准绝大多数处于 0.5～1.42 元/m^3；非居民收费标准在 0.5～3 元/m^3，最高的是北京，最低的是乌鲁木齐（表 3-7）。仍有部分城市在陆续调整污水处理费标准，例如，2018 年 1 月 3 日，江西省发改委、财政厅、住房城乡建设厅印发《关于做好污水处理费收费标准调整工作的通知》，提出各地按照国家要求调整污水处理费收费标准，可根据超标排放污水中主要污染物排放情况，制定差别化的污水处理费收费标准。通知发布后，各市区陆续出台污水处理费调整方案，例如，南昌市提出自 2018 年 7 月 1 日起，南昌市污水处理费执行新的收费标准：居民用水收费标准由 0.8 元/m^3 调整至 0.95 元/m^3；非居民和特种用水收费标准由 1 元/m^3 调整至 1.4 元/m^3。

表 3-7　2018 年全国部分城市污水处理费水平　　单位：元/m^3

城市	污水处理费		
	居民	非居民	特种行业
北京	1.36	3	3
天津	0.95	1.4	1.4
石家庄	0.95	1.4	1.4
太原	0.5	0.5/0.8/1	1
呼和浩特	0.65	0.95	0.95
沈阳	0.95	1.4	1.4
大连	0.95	1.4/0.95	2
长春	0.95	0.95/1.4	2.6
哈尔滨	0.95	1.4	1.4
上海	1.53	2.34（2.11）/2.24（2.01）	2.34（2.11）
南京	1.42	1.95	1.95
杭州	1	1.75/2.05/2.45	1.75
宁波	1	1.8/2.6	1.8
合肥	0.95	1.4	1.4

城市	污水处理费		
	居民	非居民	特种行业
福州	0.95	1.4	1.8
厦门	1	1.5	1.8
南昌	0.8	1	1
济南	1	1	1.3
青岛	1	1.25/1.35	1.25/1.35
郑州	0.95	1.4	1.4
武汉	1.1	1.37	1.37
长沙	0.95	1.4	1.4
广州	0.95/1.43/2.85	1.4	2
深圳	0.95/1.43/2.85	1.4	2
南宁	1.14	1.4	1.4
海口	0.8	1.1	1.1
重庆	1	1.3	1.3
成都	0.95	1.4	1.8/3.4/4.5
贵阳	1	1.4	1.4
昆明	1	1.25	1.25
西安	0.95	1.42	0.9
西宁	0.82	1.09	1.5
银川	0.95	1.4	2
乌鲁木齐	0.5	0.5	0.5

数据来源：http: //www.h2o-china.com/price/。

多个城市都在推进污水处理的提标改造，污水处理也在向农村、乡镇进行推广。随着浙江、江苏等地关于全面启动污水处理厂提标改造工作政策的正式印发，涉及的数百座乃至数千座污水处理设施的提标改造工作正式提上日程。

专栏 3-1 浙江省创新完善污水处理收费政策

污水治理排在浙江省“五水共治”之首，浙江省将落实污水处理费最低标准列为省委改革办重大改革督察项目，2015 年浙江省成为全国第一个建制镇污水处理设施全覆盖的省。

建立完善污水处理差别化收费机制。2015 年 12 月，浙江省物价局会同相关部门，在总结前期试点经验的基础上出台《关于加快推进分类分档及多因子计收工业污水处理费的指导意见》，在全省范围推行污水处理差别化收费政策。

及时调整污水处理收费标准。2015 年国家发展和改革委员会等三部委对污水处理收费标准提出新的要求，规定 2016 年年底前设市城市污水处理费的调整标准。国家文件下发后，浙江省统一认识，尽快行动，力抓落实。为确保改革政策落地生根，2016 年浙江省物价局向省委全面深化改革领导小组建议，将污水处理费最低标准落实情况列入当年全省重大改革督察项目。

完善和创新污水处理收费政策。2016 年年底前，浙江省各城市污水处理收费标准均已达到国家规定的最低收费标准；截至目前，全省已有 57 个市、县实行了分类分档收费，55 个市、县实行了多因子复合收费，基本实现全省全面实施的目标。污水处理收费政策的创新和完善取得了积极效果。

污水处理厂提标改造。2018 年 7 月 27 日，浙江省印发《关于推进城镇污水处理厂清洁排放标准技术改造的指导意见》。意见提出，2018 年启动实施 100 座城镇污水处理厂清洁排放技术改造，对改（扩）建重点环境敏感区域内日处理规模 1 万 t 及以上城镇污水处理厂，分阶段推进提标改造、执行浙江标准。

污泥处理处置费用征收水平仍较低。2015 年 3 月 1 日实施的《污水处理费征收使用管理办法》中明确规定污水处理费的征收标准，按照覆盖污水处理设施正常运营和污泥处理处置成本并合理盈利的原则制定，并可根据实际情况进行调整。这项规定不仅正式将污泥处理费用纳入污水处理费中，也为污水处理厂污泥处置运营提供了条件，使污水处理中污泥处置有资金可以正常运行。目前将污泥处置费添加到污水处理费中的城市仍较少，一些先行试点地区将污水处理费用中的部分用于污泥处理，大部分省份对污泥处置的费用尚无规定。例如，江苏太湖地区，要求从污水处理费中提取不低于 0.2 元/t 的资金用于污泥处理，后再次要求从污水处理费中提取一定比例资金专项用于污泥处置；而广州市每吨污水处理费中仅有 0.04 元用于支付污泥处理的费用，广州市政府称："目前每吨污水的处理费中只有约 0.04 元是用于支付污泥处理处置费用，标准比较低，有待进一步提高。"随着价格体制改革，有大量地区将大幅提升污水处理费，污泥处置有效市场有望逐步打开。

（2）垃圾处理费

垃圾收费标准仍需"量化"。国家发展和改革委员会 943 号文《意见》指出，要健全固体废物处理收费机制。2020 年年底前，全国城市及建制镇全面建立生活垃圾处理收费制度。完善城镇生活垃圾分类和减量化激励机制，同时，探索建立农村垃圾处理收费制度，对于我国大部分地区长达数十年未改变的垃圾处理费提供了及时、合理的调整思路。国家发展和改革委员会 943 号文《意见》从国家层面首次明确提出垃圾计量收费模式，对生活垃圾的计量收费和差别化收费，融入了生活垃圾分类理念，明确了"污染者付费"原则，是推动生活垃圾分类的有效、有力、强制手段，是促进垃圾减量化、资源化、无害化处理的激励约束机制。2018 年 10 月 18 日，山西省发改委、财政厅等五厅委联合下发《关于完善固废处理收费机制的通知》，按照《固废处理收费机制的通知》，对非居民用户和具备条件的居民用户，实行分类垃圾与混合垃圾差别化收费政策。这是首个出台的省级垃圾分类收费指导文件，明确到 2020 年年底前，各市、县（市、区）要全面建立覆盖到所有建制镇的固废处理收费制度。

各地垃圾处理收费标准差异化。西藏、广西、广东、浙江、青海、北京、上海、湖南、福建等多省（区、市）均已实行生活垃圾处理收费。国内垃圾收费基本采用费用固定、按户计征的模式，或者多以按量收取。上海市公布的《浦东新区单位生活垃圾的处理费征收和收运管理的实施意见》提出，收费标准采用以按量收费为基础，采取基数内外不同收费标准，并按不同行业实行分类计费：单位生活垃圾计量单位为标准桶，每桶容量为 240 L，按不同行业价格从 36～144 元/桶不等。黑龙江省住建厅指出，2018 年起黑龙江全面开征垃圾处理费。2018 年 7 月 25 日，哈尔滨市人民政府办公厅发布《关于进一步做好城镇垃圾处理费征收工作的通知》（哈政办规〔2018〕24 号），实行新的城镇垃圾处理费征收标准（自 2015 年 1 月 1 日起，哈尔滨市城市生活垃圾处理费更名为城镇垃圾处理费），对于居民个人的征收标准为每人每月 1.5 元，按户征收，最高按 2 人计费。河北省石家庄市制定《石家庄市城镇垃圾处理费征收管理办法》，规定了城镇垃圾处理费的收费标准，自 2018 年 1 月 1 日起，城市居民每户每月 3 元，办理暂住户口的外地进城人员每人每月 2 元。全面建立垃圾处理收费制度，可能带来的巨大利益蛋糕将会吸引更多社会资本入局竞争，必将极大推动生活垃圾处理整个市场规模的扩大和技术的持续提升。

（3）危险废物处置收费

危险废物处置收费机制有待完善。目前，我国收费性质行为分为行政事业性收费和经营服务性收费两种，环境公共服务类（如生活垃圾处理）多以政府管理为主，而商业领域（如危险废物）则偏向市场机制调节，政府角色相对弱化，因此在城市固废管理中，危险废物与生活垃圾的价费机制存在显著区别。按照国家《关于实行危险废物处置收费制度促进危险废物处置产业化的通知》要求，危险废物处置收费标准应按照补偿危险废物处置成本、合理盈利的原则核定。国家发展和改革委员会 943 号文《意见》再次重申这一基本原则，明确提出，按照补偿危险废物收集、运输、贮存和处置各环节成本并合理盈利的原则，制定和调整危险废物处置收费标准，提高危险废物处置能力。山西省提出完善危险废物处置收费机制，已放开实行市场调节价，引导市场主体按照补偿危险废物收集、运输、贮存和处置成本并合理盈利的原则，科学制定收费标准。为进一步完善危险废物处置收费管理工作，2017 年 12 月 29 日，内蒙古发改委印发《关于规范危险废物处置收费有关问题的通知》（内发改费字〔2017〕1626 号），提出自 2018 年 1 月 1 起开始执行新的危废收费标准。

（4）其他环境收费

海域、无居民海岛使用金征收标准调整。2018 年 3 月 13 日，财政部、国家海洋局印发《关于调整海域、无居民海岛使用金征收标准的通知》，要求自通知施行之日起，征收海域使用金和无居民海岛使用金统一按照国家标准执行。《海域使用金征收标准》调整了全国海域等别，共分为 6 等，界定了 59 种用海方式。《无居民海岛使用金征收标准》将无居民海岛划分为 6 等，将用岛类型划分为 9 类；将无居民海岛用岛方式划分为 6 种。这是时隔 11 年后，以生态文明理念为核心，对海域使用金征收标准首次进行全面调整。其中，填海造地用海的征收标准调整较大；城镇建设填海造地用海征收标准大幅度提高，由原填海最高标准的 180 万元/hm^2 提高到 2 700 万元/hm^2。此次调整，重新设计了无居民海岛使用金征收标准。主要调整了 3 部分内容：调整最低标准定价体系；重新测算最低标准；进一步明确动态调整机制和最低价限制制度。

4 生态环境补偿

4.1 生态补偿制度

国家积极推动完善生态补偿机制。2018年1月2日，中共中央、国务院发布《中共中央 国务院关于实施乡村振兴战略的意见》，提出建立市场化多元化生态补偿机制；落实农业功能区制度，加大重点生态功能区转移支付力度，完善生态保护成效与资金分配挂钩的激励约束机制；鼓励地方在重点生态区位推行商品林赎买制度。健全地区间、流域上下游之间横向生态保护补偿机制，探索建立生态产品购买、森林碳汇等市场化补偿制度；建立长江流域重点水域禁捕补偿制度；推行生态建设和保护以工代赈做法，提供更多生态公益岗位。2018年12月，国家发展和改革委员会、财政部、自然资源部、生态环境部、水利部、农业农村部、人民银行、市场监管总局、林草局等部门联合印发《建立市场化、多元化生态保护补偿机制行动计划》的通知，积极推进市场化、多元化生态保护补偿机制建设，提出建立市场化、多元化生态保护补偿机制要健全资源开发补偿、污染物减排补偿、水资源节约补偿、碳排放权抵消补偿制度，合理界定和配置生态环境权利，健全交易平台，引导生态受益者对生态保护者的补偿。

区域生态补偿机制不断深化。2018年“两会”期间，习近平总书记参加广东代表团审议时强调，要从机制体制改革入手，完善区域生态补偿机制。国家和有关省区先后出台政策，推动建立生态补偿机制。2018年7月，国家发展和改革委员会发布《京津冀蓝皮书：京津冀发展报告（2018）》，根据蓝皮书，在生态环境协同治理方面，以北京、张家口为主的京津冀西北部地区初步形成了以中央纵向补偿为主，地方横向补偿为辅，经济和技术为主要补偿方式的跨区域生态补偿机制。一是形成以中央为主、地方为辅的补偿主体；二是形成以经济和技术补偿为主的补偿方式。

多地出台政策探索建立多元化生态保护补偿机制。为贯彻落实国务院办公厅《关于健全生态保护补偿机制的意见》（国办发〔2016〕31号），2018年，北京市、湖北省及多个市区地方政府先后出台《关于健全生态保护补偿机制的实施意见》，提出做好重点领域和禁止开发区域、重点生态功能区域、生态保护红线等重要区域生态保护补偿全覆盖，补偿水平与全市经济社会发展状况相适应，发挥转移支付机制的政策效应，提升生态保护补偿效益，探索建立多元化生态保护补偿机制，形成符合实际情况的、公平合理、制度完善、运作规范的生态保护补偿制度体系，促进形成绿色生产方式和生活方式。

专栏 4-1 多地积极探索多元化生态补偿机制

北京市：2018 年 6 月，北京市印发的《关于健全生态保护补偿机制的实施意见》提出，到 2020 年，将实现森林、湿地、水流、耕地等重点领域，以及生态保护红线区、生态涵养区等重点区域的生态保护补偿全覆盖。值得一提的是，结合首都大气污染治理的实际需要，意见把空气作为一个新的重点领域，提出建立空气质量生态保护补偿机制。

福建省：2018 年 3 月，福建省人民政府办公厅印发的《福建省综合性生态保护补偿试行方案》，是为了开展综合性生态保护补偿，完善福建省生态保护补偿制度体系，加快推进国家生态文明试验区建设，制定试行方案。从 2018 年起，以县为单位开展综合性生态保护补偿。到 2020 年，主要流域水质达到或优于Ⅲ类比例在 94%以上，集中式饮用水水源水质达到或优于Ⅲ类比例达 95%以上，重要江河湖泊水功能区水质达标率提高到 86%以上，县城区空气质量优良天数比例达到 97.9%以上，森林覆盖率保持 2016 年水平以上。加快绿色发展和提高基本公务服务水平，为“再上新台阶、建设新福建”提供绿色新动能，推动形成人与自然和谐发展的现代化建设新格局，推进生态文明建设迈上新台阶。

湖北省：2018 年 3 月，湖北省人民政府办公厅正式印发的《关于建立健全生态保护补偿机制的实施意见》，提出到 2020 年，实现湖北省森林、水流、湿地、耕地、大气、荒漠等重点领域和禁止开发区域、重点生态功能区等重要生态区域的生态保护补偿机制与政策全覆盖，跨地区、跨流域补偿试点示范取得明显进展；基本建立与湖北省经济社会发展状况相适应的生态保护补偿制度体系，生态保护者与受益者良性互动的多元化补偿机制不断完善，促进形成绿色生产方式和生活方式。

成都市：2018 年 10 月，成都市人民政府办公厅颁布《关于健全生态保护补偿机制的实施意见》（以下简称《意见》）已正式出台。到 2020 年，成都市将实现重点生态领域和重点生态区域生态保护补偿基本覆盖，符合成都市市情的生态保护补偿制度体系基本建立，对生态文明建设的促进作用更加明显。

景德镇市：2018 年 5 月，出台《关于健全生态保护补偿机制的实施意见》，明确将水流、湿地等作为重点领域，在 2018 年初步建立生态保护补偿机制、标准和制度保障体系框架；到 2020 年实现重点领域生态保护补偿全覆盖，基本建立符合景德镇市情的政府主导、社会参与、市场化运作的多元生态保护补偿机制，促进形成绿色生产方式和生活方式。

专栏 4-2　山东省探索推进泰山区域山水林田湖草生态补偿机制

2018 年 5 月，山东省人民政府办公厅发布《关于推进泰山区域山水林田湖草生态保护修复工程的实施意见》，提出将泰山大生态带打造成“山青、水绿、林郁、田沃、湖美”的生命共同体。要求建立完善生态保护长效机制，创新完善生态补偿机制，健全流域上下游生态补偿机制，实施差异补偿，形成省级引导、上下游相互监督、地区间横向补偿的流域环境保护激励机制。继续落实好重点生态功能区转移支付制度，加大省级对跨区域重要河流水源地、城镇重要饮用水水源地以及南水北调东线重点水源保护区所在县（市、区）的补偿力度。健全流域上下游生态补偿机制，实施差异补偿，形成省级引导、上下游相互监督、地区间横向补偿的流域环境保护激励机制。

4.2　国家重点生态功能区转移支付

进一步规范重点生态功能区转移支付办法。2018 年 6 月，为规范转移支付分配、使用和管理，发挥财政资金在维护国家生态安全、推进生态文明建设中的重要作用，财政部制定了《中央对地方重点生态功能区转移支付办法》，明确转移支付的范围、资金分配原则、具体计算公式。重点补助对象为重点生态县域、长江经济带沿线省市、“三区三州”等深度贫困地区，禁止开发补助对象为禁止开发区域，引导性补助对象为国家生态文明试验区、国家公园体制试点地区等试点示范、重大生态工程建设地区，生态护林员补助对象为选聘建档立卡人员为生态护林员的地区和奖惩资金对象为重点生态县域。要求省级财政部门应当根据本地实际情况，制定省对下重点生态功能区转移支付办法，规范资金分配，加强资金管理，将各项补助资金落实到位，各省级行政区下达的转移支付资金总额不得低于中央财政下达给该省级行政区的转移支付资金数额，安徽省、重庆市等地相继规范重点生态功能区转移支付办法，制定了详细的转移分配方法。该支付办法还明确享受转移支付的地区应当切实增强生态环境保护意识，将转移支付资金用于保护生态环境和改善民生，加大生态扶贫投入，不得用于楼堂馆所及形象工程建设和竞争性领域，同时加强对生态环境质量的考核和资金的绩效管理。强调各级财政部门在转移支付管理中存在违法行为的，应当按照预算法及其实施条例、财政违法行为处罚处分条例等国家有关规定予以处理。涉嫌犯罪的，应当移送有关部门。

强化地方重点生态功能区转移支付资金使用管理。2018 年 7 月，为推进生态文明建设，引导地方政府加强生态环境保护，提高国家重点生态功能区等生态功能重要地区所在地政府的基本公共服务保障能力，财政部发布《关于下达 2018 年中央对地方重点生态功能区转移支付的通知》，按照《中央对地方重点生态功能区转移支付办法》（财预〔2018〕86 号），将 2018 年重点生态功能区转移支付分配下达各省，总计下达 721.00 亿元（表 4-1），对甘肃省的补助最多，为 57.47 亿元，就用途而言，重点补助数额最大，

表 4-1　2018 年中央对地方重点生态功能区转移支付分配情况表

单位：亿元

地区	2018 年补助总额	其中：		补助总额明细								
		已经提前下达	此次下达	重点补助	其中：“三区三州”补助	其中：长江经济带补助	禁止开发补助	引导性补助	生态护林员补助	其中：已包含在“三区三州”、长江经济带补助中的生态护林员增量	考核奖励	考核扣减
地方合计	721.00	564.31	156.69	519.13	40.00	40.00	55.00	121.68	34.00	6.70	2.03	−4.14
北京	2.29	2.06	0.23	1.22			0.76	0.31				
天津	0.65	0.59	0.06	0.46			0.19					
河北	30.77	27.14	3.63	24.68			1.62	2.84	2.15		0.22	−0.74
山西	9.29	7.46	1.83	7.15			1.01	0.27	1.00			−0.14
内蒙古	32.76	29.37	3.39	24.35			2.51	4.94	1.15		0.48	−0.67
辽宁	4.75	4.19	0.56	0.59			1.60	2.56				
大连	0.18	0.16	0.02	0.01			0.17					
吉林	10.79	9.48	1.31	7.17			1.57	1.65	0.40			
黑龙江	27.06	24.70	2.36	21.77			3.32	2.40	0.45		0.40	−1.28
上海	0.68	0.20	0.48	0.46		0.46	0.22					

地区	2018 年补助总额	其中：		补助总额明细								
		已经提前下达	此次下达	重点补助	其中：“三区三州”补助	其中：长江经济带补助	禁止开发补助	引导性补助	生态护林员补助	其中：已包含在“三区三州”、长江经济带补助中的生态护林员增量	考核奖励	考核扣减
江苏	2.03	0.61	1.42	1.35		1.35	0.68					
浙江	4.86	2.88	1.98	2.80		1.42	1.81	0.25				
安徽	20.54	15.43	5.11	10.16		3.42	1.54	8.34	0.95	0.25		−0.20
福建	19.29	16.09	3.20	5.89			1.67	11.54			0.19	
江西	25.68	16.62	9.06	15.06		4.86	2.02	7.55	1.40	0.35		
山东	8.28	7.31	0.97	5.72			1.71	0.85				
河南	23.09	17.65	5.44	9.66			1.83	10.30	1.30			
湖北	33.30	27.47	5.83	27.12		3.24	1.43	4.11	1.35	0.35		−0.36
湖南	44.49	36.86	7.63	35.92		4.01	2.08	5.09	1.90	0.50		
广东	12.56	10.82	1.74	7.25			1.50	3.81				
广西	22.82	19.91	2.91	15.45			1.46	3.31	2.60			
海南	19.12	17.16	1.96	18.29			0.63		0.20			
重庆	24.23	18.90	5.33	14.63		3.13	1.16	7.79	0.75	0.10		

地区	2018年补助总额	其中：		补助总额明细								
		已经提前下达	此次下达	重点补助	其中：		禁止开发补助	引导性补助	生态护林员补助	其中：	考核奖励	考核扣减
					“三区三州”补助	长江经济带补助				已包含在“三区三州”、长江经济带补助中的生态护林员增量		
四川	42.73	26.24	16.49	34.21	7.72	5.81	3.31	4.21	1.40	0.40		
贵州	52.81	41.76	11.05	36.60		4.65	1.42	11.84	3.95	1.00		
云南	44.23	28.98	15.25	32.26	4.05	7.65	2.29	6.73	4.45	1.50		
西藏	18.46	12.04	6.42	13.55	5.08		3.65	0.61	1.05	0.40		
陕西	28.57	25.84	2.73	19.43			1.50	6.74	1.65			−0.75
甘肃	57.47	46.53	10.94	44.41	4.62		2.48	8.54	2.15	0.55	0.44	
青海	34.34	26.14	8.20	29.49	5.01		3.55	0.50	0.80	0.30	0.30	
宁夏	15.76	13.96	1.80	13.96			0.46	0.49	0.85			
新疆	47.12	29.76	17.36	38.06	13.52		3.85	4.11	2.10	1.00		

数据来源：财政部. 中央对地方重点生态功能区转移支付办法（财预〔2018〕86号）.2018。

为 519.13 亿元。该办法要求省级财政部门要根据本地财力情况，制定省对下重点生态功能区转移支付办法，将相关资金落实到位，并将分配办法和结果上报财政部。基层政府要将转移支付资金用于保护生态环境和改善民生，加大生态扶贫投入，加强资金使用管理，提高资金使用效益。

完善预算管理、提升资金使用效率。2018 年 10 月，财政部发布《关于提前下达 2019 年中央对地方重点生态功能区转移支付的通知》，提前下达 648.89 亿元，较 2018 年提前下达多 84.58 亿元，其中甘肃省最多，为 51.72 亿元（图 4-1）。待 2019 年预算年度开始后，按程序拨付使用。按照财政部《关于提前通知转移支付指标有关问题的通知》（财预〔2010〕409 号）、财政部《关于提前下达转移支付指标工作的补充通知》（财预〔2013〕347 号）要求，省级财政部门要做好预算指标分解下达和地方预算编制等相关工作，确保资金及时、足额到位。基层政府财政部门要将转移支付资金用于保护生态环境和改善民生，加强资金使用管理，提高转移支付资金使用效益。

重点生态功能区转移支付范围与规模逐年增加。自 2008 年中央财政设立国家重点生态功能区转移支付以来，国家不断加大对重点生态功能区的保护力度（图 4-2）。2018 年，中央财政下达重点生态功能区转移支付 721 亿元，比上年增加 94 亿元，增幅达 15%。与此同时，我国不断扩大国家重点生态功能区范围，在纳入国家重点生态功能区后，各地将获得相关财政、投资等政策支持，但必须严格执行产业准入负面清单制度。按照相关规定，纳入国家重点生态功能区的地区要强化生态保护和修复，合理调控工业化城镇化开发内容和边界，保持并提高生态产品供给能力。

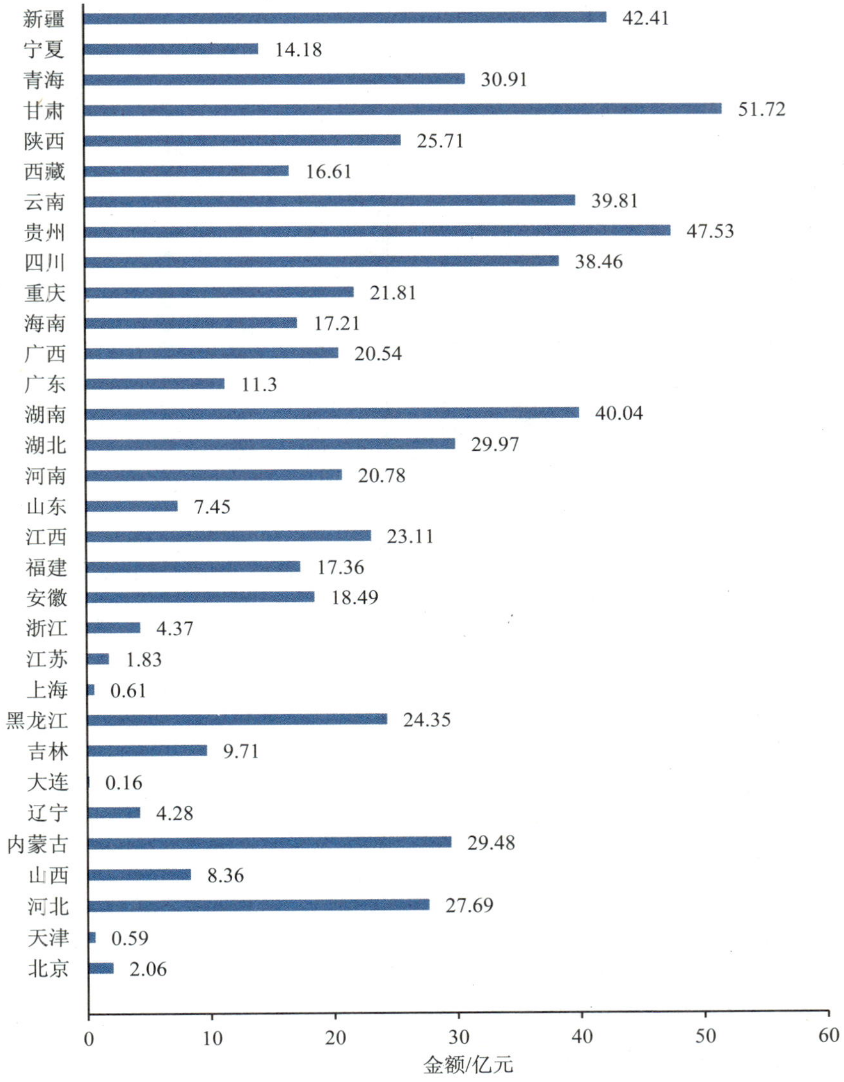

图 4-1　2019 年重点生态功能区转移支付提前下达分配

数据来源：财政部. 关于提前下达 2019 年中央对地方重点生态功能区转移支付的通知（财预〔2018〕155 号）. 2018。

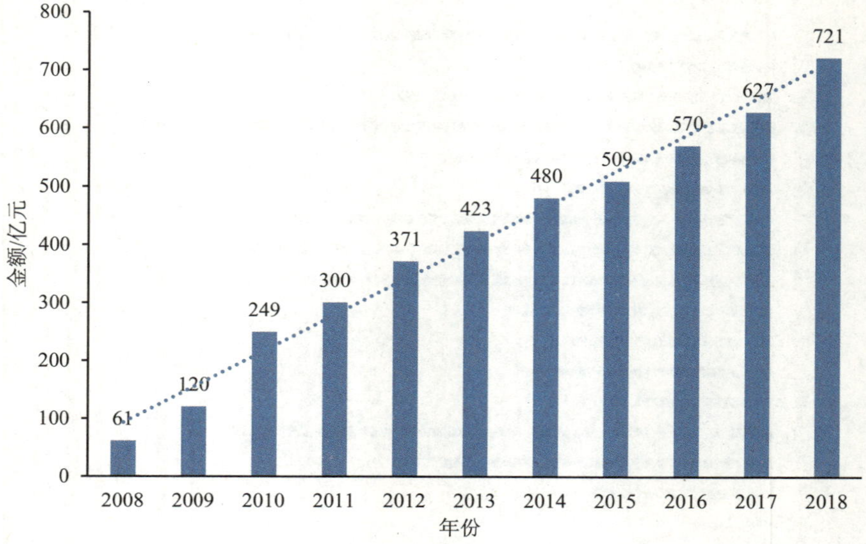

图 4-2　2008—2018 年国家重点生态功能区转移支付增长情况

数据来源：董战峰，李红祥，葛察忠，等. 环境经济政策年度报告 2017. 环境经济，2018（4）: 12-35; 财政部. 中央对地方重点生态功能区转移支付办法（财预〔2018〕86 号）. 2018.

专栏 4-3　安徽省：规范重点生态功能区转移支付办法

根据财政部《中央对地方重点生态功能区转移支付办法》，结合安徽省实际，2018 年 8 月，安徽省财政厅印发了《安徽省重点生态功能区转移支付办法》，主要内容包括转移支付的设立目的、政策依据、转移支付的支持范围、分配原则、测算分配方法等内容，以此规范转移支付资金分配、使用和管理，发挥财政资金在维护生态安全、推进生态文明建设中的重要作用。该办法响应党中央、国务院关于长江经济带生态环境保护的决策部署，协助推动长江流域生态保护和治理，建立健全长江经济带生态补偿与保护长效机制，增加了长江经济带补助。主要内容如下：

规定了转移支付的支持范围：包括限制开发的国家重点生态功能区和国家级禁止开发区域；淮河中游湿地洪水调蓄重要区、皖江湿地洪水调蓄重要区等；省级重点生态功能区；农村建档立卡贫困人口生态护林员选聘实施范围内的地区；《中共安徽省委　安徽省人民政府关于全面打造水清岸绿产业优美丽长江（安徽）经济带的实施意见》（皖发〔2018〕21 号）中沿江 5 市有关市、县（区）。

转移支付测算分配办法。这是主要部分，分为国家重点生态功能区、省级重点生态功能区、淮河中游湿地洪水调蓄重要区、皖江湿地洪水调蓄重要区、国家级禁止开发区、生态护林员、长江（安徽）经济带等。

国家重点生态功能区：某县（区）国家重点生态功能区转移支付资金=国家重点生态功能区转移支付分配总额×综合评分比重；其中综合评分是指，按功效系数法对林地面积、总人口两项指标进行标准化处理，再分别以 60% 和 40%的权重计算各县（区）综合分值。

省级重点生态功能区：计算方法同国家重点生态功能区，相应也对省级重点生态功能区所在的市本级给予适当补助。

淮河中游湿地洪水调蓄重要区：某县（区）淮河中游湿地洪水调蓄重要区转移支付资金=淮河中游湿地洪水调蓄重要区转移支付分配总额×洪水调蓄面积标准化分值；洪水调蓄标准化面积分值以阜南县为上限按功效系数法计算确定。

皖江湿地洪水调蓄重要区：某县（区）皖江湿地洪水调蓄重要区转移支付资金=皖江湿地洪水调蓄重要区转移支付分配总额×综合评分比重；其中综合评分是指，按功效系数法对长江岸线长度、洪水调蓄面积指标进行标准化处理，再乘以相应权重计算的各县（区）综合分值。

国家级禁止开发区：某县（区）国家级禁止开发区转移支付资金=国家级禁止开发区转移支付资金总额÷纳入禁止开发区转移支付县（区）个数×70%+国家级禁止开发区转移支付资金总额×标准化面积比重×30%；同一地

区包含不同的禁止开发区，县（区）个数不重复计算，面积累加；禁止开发区标准化面积分值以森林面积中最大的县(区)为上限,按功效系数法确定。

生态护林员：按照安徽省农村建档立卡贫困人口生态护林员选聘实施范围内的县（区），选聘的生态护林员人数，乘以统一补助标准，确定补助金额。

长江（安徽）经济带：某县（区）长江（安徽）经济带转移支付资金=长江(安徽)经济带转移支付分配总额×综合评分比重；其中综合评分是指，按功效系数法对生态保护红线面积、林地面积、总人口、长江岸线长度等指标进行标准化处理，再乘以相应权重计算的各县（区）综合分值。

此外，还规定了转移支付的分配原则、考核机制、约束机制、使用方向和管理要求等内容。

专栏 4-4　重庆市：完善生态功能区转移支付制度

2018 年 10 月，重庆市财政局发布对区县生态功能区转移支付管理办法，进一步完善生态功能区转移支付制度，推动生态文明建设和脱贫攻坚工程实施，支撑绿色发展。

办法将重庆市生态转移支付对象划分为五类区县：限制开发的国家重点生态功能区所属县和国家禁止开发区域；纳入《全国主体功能区规划》的世界文化与自然遗产、国家级森林公园、地质公园等生态功能重要区域所属区县；财政部纳入国家重点生态功能区转移支付的区县；选聘建档立卡人员为生态护林员的区县；经市委、市政府同意纳入转移支付的生态功能区域。

转移支付补助额度由核定的基数、引导性补助、补偿性补助、成本性补助和奖惩资金五部分组成。重庆将在市与区县核定生态功能区转移支付基数的基础上，视其空气质量、水质达标率、污染减排、限制或禁止开发区域面积、生态保护红线面积、森林覆盖率等给予引导性补助，考虑生态护林员补助、湿地生态效益补偿等给予补偿性补助，根据生态功能区域的重要性和外溢性特征，按照生态环境综合整治成本等给予成本性补助。

重庆市将视生态环境质量监测和资金使用结果实施奖惩。奖励考核评价结果优秀的区县，对生态环境质量变差、发生重大环境污染事件、实行产业准入负面清单不力和生态扶贫工作成效不佳的区县，根据实际情况扣减转移支付资金。办法要求，转移支付资金用于保护生态环境和改善民生，不得用于楼堂馆所及形象工程建设和竞争性领域。市财政将加强资金使用追踪问效，最大限度地发挥财政资金在维护生态安全、推进生态文明建设中的重要作用，促进提高生态功能区公共服务水平。

4.3 流域生态补偿

探索建立长江经济带生态补偿机制。2018 年 1 月，财政部、环境保护部、国家发展和改革委员会、水利部印发《中央财政促进长江经济带生态保护修复奖励政策实施方案》，预拨 80 亿元奖励资金，对长江经济带 11 个省（市）实行奖励政策。为全面贯彻落实党的十九大精神，积极发挥财政在国家治理中的基础和重要支柱作用，按照党中央、国务院关于长江经济带生态环境保护的决策部署，推动长江流域生态保护和治理，建立健全长江经济带生态补偿与保护长效机制，2018 年 2 月，上海、江苏、浙江、安徽、江西、湖北、湖南、重庆、四川、云南、贵州等省（直辖市）财政厅（局）制定《关于建立健全长江经济带生态补偿与保护长效机制的指导意见》，提出通过统筹一般性转移支付和相关专项转移支付资金，建立激励引导机制，明显加大对长江经济带生态补偿和保护的财政资金投入力度，提出到 2020 年，长江流域保护和治理多元化投入机制更加完善，上下联动协同治理的工作格局更加健全，中央对地方、流域上下游间生态补偿效益更加凸显，为长江经济带生态文明建设和区域协调发展提供重要的财力支撑和制度保障。

专栏 4-5　长江经济带建立纵向财政转移支付式生态补偿机制

目标：力争到 2020 年，长江流域保护和治理的机制进一步完善，全流域生态环境保护取得明显成效。

实施范围和期限：重点对长江经济带 11 个省（市），即四川、云南、贵州、重庆、湖北、湖南、江西、安徽、江苏、浙江、上海，实行奖励政策。实施期限为 2018—2020 年。

奖励政策措施：包括：①对流域内上下游邻近省级政府间协商签订补偿协议、建立起流域横向生态保护补偿机制的给予奖励，鼓励相邻多个省份建立流域横向生态保护补偿机制。②对省级行政区域内建立流域横向生态保护补偿机制予以奖励。③对流域保护和治理任务成效突出的省份予以奖励。

对青海、西藏实行定额补助：考虑到青海、西藏是长江源头，在长江经济带生态环境保护中担负着重要责任，对其实行适当的定额补助。

资金拨付办法：奖励资金安排与绩效评价结果挂钩，先预拨、后清算。预拨资金包括：①支持建立跨省流域横向生态保护补偿机制；②支持建立省（市）内流域横向生态保护补偿机制；③支持完成生态保护修复目标任务。清算资金包括：①支持建立跨省（市）流域横向生态保护补偿机制；②支持建立省（市）内流域横向生态保护补偿机制；③支持完成生态保护修复目标任务。

资金安排：2017—2020 年，中央财政计划安排 180 亿元，其中 2017 年 30 亿元，2018—2020 年共计安排 150 亿元。

实施进展：长江经济带生态修复奖励资金专项用于重点流域重点区域水污染防治（含能力建设）、良好水体生态环境保护、饮用水水源地生态环境保护、地下水环境保护及污染修复等方面。截至 2018 年 12 月，各地区政府均下达 2018 年长江经济带生态保护修复奖励资金。安徽省财政厅于 2018 年 11 月预拨黄山市 2018 年长江经济带生态保护修复奖励资金 921 万元，其中，祁门县、黄山区和黟县分获 464 万元、367 万元、90 万元；预拨滁州市南谯区 2018 年长江经济带生态保护修复奖励资金 173 万元；铜陵市 2018 年长江经济带生态保护修复奖励资金 4 600 万元。常州市获得长江经济带生态保护修复奖励预拨资金 3 304 万元。常州市财政局、市环境保护局、市发展和改革委员会、市水利局于 2018 年 11 月 27 日联合发布了《关于认真做好 2018 年度长江经济带生态修复奖励资金项目申报工作的通知》，组织做好 2018 年度长江经济带生态修复奖励资金项目申报工作。

浙皖签署新安江流域横向生态补偿第三轮试点协议。2018 年 11 月，浙皖签署新安江流域横向生态补偿第三轮试点协议，第三轮试点为期三年（2018—2020 年），浙江、安徽每年各出资 2 亿元，并积极争取中央资金支持。为体现“问题导向”和“稳定向好”原则，根据绩效评价报告反映近年来上游来水总磷、总氮指标上升的问题，进一步优化水质考核指标。与此同时，第三轮试点在货币化补偿的基础上，两省还将探索多元化的补偿方式，推进上下游地区在园区、产业、人才、文化、旅游、论坛等方面加强合作，进一步提高上游地区水环境治理和水生态保护的积极性。新安江流域是我国最早开展跨省流域生态补偿试点流域，从 2012 年开始，三年一周期，截至 2017 年年底圆满完成两轮试点，使流域水环境质量稳定趋好，经济发展同步前进，积累了水环境治理与管理的有益经验，为全面推进流域生态补偿提供了可复制、可借鉴的“新安江模式”。

专栏 4-6 新安江流域生态补偿机制转向常态化、长效化的新阶段

新安江流域是我国第一个跨省流域生态补偿试点流域，于 2012 年签订《新安江流域水环境补偿协议》开始，以三年为周期开展探索。截至 2017 年年底，两轮试点圆满收官，流域水环境质量稳定为优且进一步趋好，经济发展一直保持较快速度和较高质量，公众生态文明意识与生态环境保护参与度显著提高，流域上下游联动机制不断健全，形成了“新安江模式”。

“新安江模式”主要包括以下三方面：一是国家层面开展顶层设计。在当前生态补偿相关法律法规欠缺的情况下，通过印发《新安江流域水环境补偿试点实施方案》《新安江流域上下游横向生态补偿试点实施方案（2015—2017）》，确定了水质目标、划分了两省责任、明确了资金来源及使用方向等关键问题，开展补偿框架的总体设计，以国家行政手段保障补偿制度实施；二是补偿机制建立初期，中央财政资金的适当支持，起到了“种子资金”引导和放大效应，对激励流域上下游主动合作的意愿、强化中央对地方的指导和监管具有重要作用；三是流域相关省份通过签订协议的方式，进一步明确各自环保责任，加强各省横向沟通联系，建立起上下游联合监测、联合执法、应急联动等长效工作机制，有利于统筹推进全流域联防联控，逐渐形成水环境保护合力，为下步相关省份之间横向补偿奠定基础。目前，在引滦入津、东江、汀江（韩江）、九洲江以及长江等跨省流域建立的横向生态保护补偿机制，总体上都沿用了新安江试点的框架，证明了“新安江模式”是可复制、可借鉴的成功模式。

2018 年 10 月，皖浙两省签署《关于新安江流域上下游横向生态补偿的协议》，标志着新安江流域生态补偿机制由试点转向常态化、长效化的新阶段。与前两轮试点的实施方案相比，此次新签协议的实施方案有两大变化：一是水质考核标准更高，水质稳定系数由上一轮试点期的 0.89 提高到现在的 0.90，高锰酸盐指数、氨氮、总氮、总磷四项指标权重系数，由两轮试点期的均等权重调整为 0.22、0.22、0.28、0.28，提高了总氮和总磷的权重。

二是补偿资金使用范围有所拓展，补偿资金专项用于新安江流域环境综合治理、水污染防治、生态保护建设、产业结构调整、产业布局优化和生态补偿等方面的同时，首次鼓励和支持通过设立绿色基金、政府和社会资本合作（PPP）模式、融资贴息等方式，引导社会资本加大新安江流域综合治理和绿色产业投入。另外，明确要求加强农业面源氮、磷生态拦截工程建设。

渝湘两地签署酉水河横向生态补偿协议。2018 年 12 月，重庆、湖南两省市政府签署了《酉水流域横向生态保护补偿协议》。同时这也是重庆签订的首个跨省流域横向生态保护补偿协议，实施年限暂定为 2019—2021 年。根据协议，重庆市政府和湖南省政府将以位于重庆市秀山县与湖南省湘西州交界处的国家考核断面里耶镇的水质为依据，实施酉水流域横向生态保护补偿。按照“谁污染、谁补偿，谁保护、谁受益”的原则，如果里耶镇断面当月的水质类别达到或优于国家考核目标（III类水），湖南省拨付补偿金给重庆市；若里耶镇断面当月水质类别劣于国家考核目标（III类水），重庆市拨付补偿金给湖南省，而补偿资金专项用于酉水流域水环境保护修复。

专栏 4-7　各地加快探索流域生态补偿机制

北京市：2018 年 3 月，为了保护和改善本市水环境，保障饮用水安全，推进污水再生利用，促进经济社会全面协调可持续发展，根据《中华人民共和国水污染防治法》《中华人民共和国水法》及国家其他有关法律、法规，结合本市实际情况，北京市制定实施《北京市水污染防治条例》。条例适用于北京市行政区域内地表水体和地下水体的污染防治，以及与水污染防治相关的水资源管理和再生水利用等相关活动。北京市逐步建立流域水环境资源区域补偿机制。对超额完成重点水污染物排放总量控制指标和水环境质量考核指标的市人民政府有关部门和区人民政府，市人民政府应当给予奖励。对完成重点水污染物排放总量控制指标和削减计划做出突出贡献的单位，市人民政府有关部门或者区人民政府应当给予奖励。补偿和奖励的具体办法由市人民政府制定。

江西省：2018 年 1 月，江西省人民政府制定《江西省流域生态补偿办法》，加快推进江西省国家生态文明试验区建设，建立合理的生态补偿机制，加强全省流域水环境治理和生态保护力度，不断提升水环境质量，保障长江中下游水生态安全。办法要求以江西省鄱阳湖流域为主体，包括九江长江段和东江流域，推进全省生态补偿的实施。根据江西省的区域特点、生态环境保护的要求，突出重点、注重实效、循序渐进，形成长效机制。探索多渠道的流域生态补偿方式，把流域生态补偿与国家生态文明试验区建设、鄱阳湖生态经济区建设、赣南等原中央苏区振兴发展等战略有机结合。采取中央财政争取一块、省财政安排一块、整合各方面资金一块、设区市与县（市、区）财政筹集一块、社会与市场募集一块的"五个一块"方式筹措流域生态补偿资金。

浙江省：2018 年 1 月，浙江省财政厅近日出台国内首部《关于建立省内流域上下游横向生态保护补偿机制的实施意见》。意见规定，上游地区生态保护较好的，由下游地区向上游地区每年提供 500 万～1 000 万元不等的补偿，反之则由上游向下游补偿，具体实施标准由双方协商确定。按照要求，该补偿机制将在 2020 年基本建成。2018 年，将率先在钱塘江干流、浦阳江流域实施。

福建省：2018 年 4 月，福建省发展和改革委员会通报，流域生态补偿范围从闽江、九龙江、敖江扩大到全省 12 条主要流域，形成了覆盖全省、统一规范的全流域生态补偿机制，并加大了补偿资金筹集力度，2018 年度补偿资金增加到 13.36 亿元人民币，今后还将逐年增加。

湖北省：2018 年 7 月，湖北省财政厅、省环保厅、省发改委、省水利厅联合印发《关于建立省内流域横向生态补偿机制的实施意见》，其中明确：

以省内流域水质改善和水资源保护为主线，加快形成“成本共担、效益共享、合作共治”的流域保护和治理长效机制。2018 年起，在省内流域上下游市县探索实施自主协商建立横向生态保护补偿机制，鼓励生态保护修复迫切、基础条件好、积极性高的地方率先开展横向生态补偿。2018 年 8 月，湖北省召开省内流域横向生态补偿机制工作推进会，湖北省选择通顺河、黄柏河、天门河、梁子湖、陆水河 5 个流域及相关 20 个县市区，在 2018 年实施流域横向生态保护补偿试点；到 2020 年省内长江流域相关市县 60%以上建立横向生态补偿机制。

宁夏回族自治区：2018 年 10 月，宁夏回族自治区发展改革委发布《宁夏耕地草原河湖休养生息规划》，要求建立水生态补偿和损害赔偿制度。建立健全流域上下游、重要水源地、重要水生态修复区生态治理保护补偿机制。探索建立跨界断面水环境治理生态补偿机制，以及退耕还湿、湿地生态效益补偿机制。推进湿地确权试点，争取国家支持泾河流域跨区域生态保护补偿。实行河湖生态损害赔偿制度，强化重大项目环境影响评价，对有较大生态影响和有不确定性风险的工程须组织深入论证、科学规划。全面开展排污权有偿使用和交易。

安徽省：2017 年 12 月，安徽省人民政府办公厅发布《安徽省地表水断面生态补偿暂行办法》。按照“谁超标、谁赔付，谁受益、谁补偿”的原则，在全省建立以市级横向补偿为主、省级纵向补偿为辅的地表水断面生态补偿机制。将跨市界断面、出省境断面和国家考核断面列入补偿范围，实行“双向补偿”。2018 年 1 月，安徽省财政厅组织安徽省沿江五市（安庆、马鞍山、芜湖、铜陵、池州）在合肥签署长江流域生态补偿协议，《长江流域生态补偿协议》是根据《安徽省地表水断面生态补偿暂行办法》制定，在全省建立以市级横向补偿为主、省级纵向补偿为辅的地表水断面生态补偿办法签署双向补偿协议，确定补偿关系。2018 年 11 月安徽省十三届人大常委会第六次会议审议了《安徽省淮河流域水污染防治条例（修订草案修改稿）》，修改稿增加了关于建立淮河流域地表水断面生态补偿机制、推行雨污分流、建立联防联控机制等方面的内容。

天津市：2018 年 1 月，天津市人民政府办公厅制定《天津市水环境区域补偿办法》，落实水污染防治属地管理责任，调动各区水污染防治工作积极性，逐步改善水环境质量，依据天津市环保局发布的地表水环境质量月度评价及排名结果，对各区人民政府实施财政奖补或扣减财力措施，并在媒体公布奖惩结果。本办法适用于对天津市地表水水质改善情况的跨区横向补偿，并作为各区地表水环境质量的月度评价依据。办法指出，采用综合评价的方法对各区地表水环境质量进行月度评价。首先对本市各行政区的综合污染指数、同比变化率、出入境浓度比值三项指标分别进行评价、排名。然后将各区三项排名的位次数值相加，由小到大排序形成各区水环境质量综合排名。地表水环境质量月排名位于第 8 位和第 9 位的区，不予经济奖惩；排名第 7 位的区，奖补 20 万元，排名每靠前一位，奖补资金增加 20 万元；排名第 10 位的区，扣减当年财力 20 万元，排名每靠后一位，多扣减当年财力 20 万元。

重庆市：2018 年 5 月，重庆市政府印发《建立流域横向生态保护补偿机制实施方案》，2020 年年前在龙溪河、壁南河等 19 条流域面积 500 km^2 以上且跨两个或多个区县的次级河流建立横向补偿机制。按照重庆的计划，到 2025 年市域河流上下游区县横向生态保护补偿机制成熟定型，对流域保护和治理的支撑保障作用明显增强。其间，重庆将鼓励区县协商采取资金补偿、对口协作、共建园区等方式，在具备条件的流域采用水质水量作为补偿基准建立横向补偿机制，鼓励区县之间开展排污权和水权交易。

昆明市：2018 年 4 月，昆明市生态补偿试点工作在新运粮河、西边小河、新宝象河三条河道开展。在前期试点的基础上，7 月 1 日起，王家堆渠、乌龙河、大观河、西坝河、船房河 5 条入草海河道也开始实施河道生态补偿。而其余 26 条河道及支流沟渠、41 个考核断面，也已从 8 月 1 日起全面实施河道生态补偿工作。为全面深化河长制，强化流域水环境保护治理工作，落实流域河道保护治理主体责任，改善水环境质量，实现水环境资源可持续利用，云南省昆明市按照“谁污染、谁治理，谁污染、谁补偿”的原则，积极探索建立河道跨界断面水质不达标区域生态补偿机制。

4.4 草原生态保护补助奖励

草原生态保护补助奖励政策持续推进。自 2011 年，国家在内蒙古、新疆、西藏、青海、四川、甘肃、宁夏和云南 8 个主要草原牧区省（区）和新疆生产建设兵团，实施草原生态保护补助奖励机制并补贴 136 亿元以来，此后又将范围扩大到黑龙江等 5 个非主要牧区省的 36 个牧区半牧区县，覆盖了全国 268 个牧区半牧区县。近年来，国家在河北、山西等 13 省（区）以及新疆生产建设兵团和黑龙江省农垦总局启动实施草原补奖政策，有力促进了牧区草原生态、牧业生产和牧民生活的改善，取得了显著成效。2018 年，中央财政安排新一轮草原生态保护补助奖励 187.6 亿元（图 4-3），支持实施禁牧面积 12.06 亿亩，草畜平衡面积 26.05 亿亩，并对工作突出、成

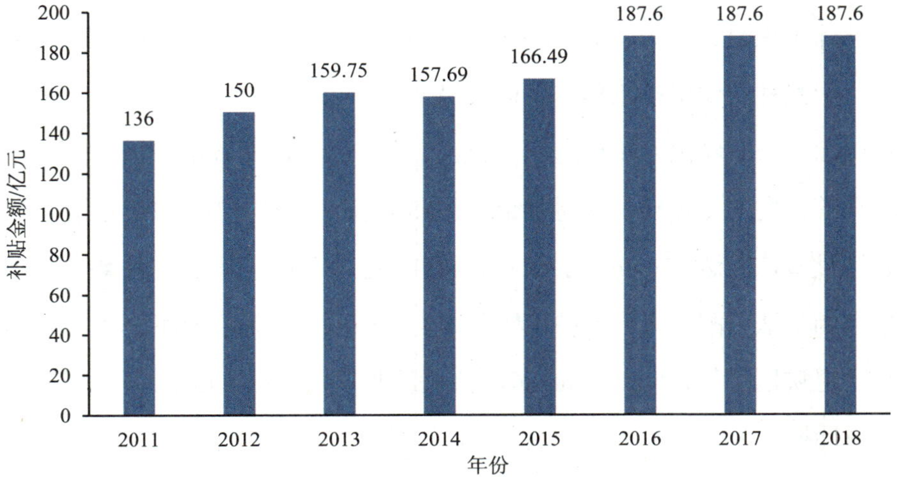

图 4-3　2011—2018 年草原生态保护补助奖励情况

数据来源：生态环境部环境规划院. 中国环境经济政策进展年度报告：2017、2018. 财政部网站。

效显著的地区给予奖励，由地方政府统筹用于草原管护、推进牧区生产方式转型升级。其中，禁牧补助、草畜平衡奖励要求各地按照“对象明确、补助合理、发放准确、符合实际”的原则，根据补助奖励标准和封顶保底额度，做到及时足额发放。资金发放实行村级公示制，广泛接受群众监督。绩效评价奖励在可统筹支持落实禁牧补助和草畜平衡奖励基础工作的同时，要求各地用于草原生态保护建设和草牧业发展的比例不得低于70%，并因地制宜推进草牧业试验试点，加大对新型农业经营主体发展现代草牧业的支持力度。

4.5 森林生态效益补偿

中央财政加强林业生态保护。2018 年 7 月 27 日，财政部、国家林业和草原局发布《林业生态保护恢复资金管理办法》，以加强和规范林业生态保护恢复资金使用管理，推进资金统筹使用，提高财政资金使用效益，促进林业生态保护恢复。办法规定，林业生态保护恢复资金是指中央财政预算安排的用于天然林资源保护工程（简称天保工程）社会保险、天保工程政策性社会性支出、全面停止天然林商业性采伐、完善退耕还林政策、新一轮退耕还林还草等方向的专项转移支付资金，2018 年共计发放 4 160 376 万元，其中黑龙江最多，高达 859 462 万元（表 4-2）。办法明确，林业生态保护恢复资金采取因素法分配。完善退耕还林政策现金补助标准为：长江流域及南方地区每亩退耕地每年补助 125 元，黄河流域及北方地区每亩退耕地每亩补助 90 元。补助期限为：还生态林补助 8 年，还经济林补助 5 年。新一轮退耕还林还草补助标准为：退耕还林每亩退耕地现金补助 1 200 元，5 年内分 3 次下达，第 1 年 500 元，第 3 年 300 元，第 5 年 400 元；退耕还草每亩退耕地现金补助 850 元，3 年内分两次下达，第 1 年 450 元，第 3 年 400 元。

表 4-2　2018 年林业生态保护恢复资金分配情况　　单位：万元

地区	2018 年分配情况
地方合计	4 160 376
北京	2 032
天津	242
河北	73 732
山西	142 686
内蒙古	588 907
辽宁	27 022
吉林	475 774
黑龙江	859 462
浙江	4 020
安徽	17 806
福建	16 684
江西	542 555
河南	31 048
湖北	82 098
湖南	58 519
广东	2 674
广西	34 569
海南	8 847
重庆	182 685
四川	189 220
贵州	237 582
云南	349 608
西藏	54 369
陕西	180 028

地区	2018 年分配情况
甘肃	276 025
青海	20 998
宁夏	46 091
新疆	143 393

数据来源：财政部，国家林业和草原局. 财政部关于下达 2018 年林业生态保护恢复资金的通知（财农〔2018〕66 号）. 2018.

地方强化林业资金管理。山东省在 2017 年筹措安排林业改革发展资金共计 10.65 亿元投入全省造林绿化建设。2018 年又增加省级林业科技资金 2 000 万元，大力支持林业科技研发和成果转化，通过实施林业科技创新和推广项目，着力产出一批林业建设急需的新成果、新专利、新技术、新品种，培养了一支优秀的林业科研团队和人才队伍，打造一批示范带动作用突出的科研推广基地。同时印发《山东省林业改革发展资金管理办法》，明确补偿标准。福建、浙江、天津等地也分别出台相应管理办法，对补助标准进行了明确，同时强化了林业资金使用管理。

专栏 4-8 山东省：印发《山东省林业改革发展资金管理办法》

2018 年 4 月，山东省印发《山东省林业改革发展资金管理办法》，明确现行森林生态效益补偿补助标准为每亩 15 元，其中公共管护支出每亩不超过 0.25 元。加强森林资源管理，筑牢绿色生态屏障，是推进生态文明建设和经济社会可持续发展的重要举措。近年来，山东省多方筹措资金，积极推进生态山东建设，为全省林业改革发展提供良好的财力保障。据统计，2017 年，省以上财政积极筹措安排林业改革发展资金共计 10.65 亿元投入全省造林绿化建设。2018 年，在确保四大支持领域财政投入力度不减的前提下，省里又增加省级林业科技资金 2 000 万元，大力支持林业科技研发和成果转化，通过实施林业科技创新和推广项目，着力产出一批林业建设急需的新成果、新专利、新技术、新品种，培养一支优秀的林业科研团队和人才队伍，打造一批示范带动作用突出的科研推广基地。

专栏 4-9　福建省：加强生态公益林的保护和管理，完善森林生态效益补偿机制

2018 年 7 月，《福建省生态公益林条例》经省十三届人大四次会议表决通过，将于 11 月 1 日起施行。根据条例相关规定，森林生态效益补偿标准应逐步提高，生态公益林统一实行分级保护。目前，全省区划界定生态公益林 4 294 万亩，超过全省林地面积的 30%。条例规定国家级和省级生态公益林应当根据生态区位和生态状况，统一实行分级保护：一级保护为纳入生态保护红线划定区域的生态公益林；二级保护为生态保护红线以外的国家生态公益林和部分生态区位重要或者生态状况脆弱的省级生态公益林；三级保护为除一级保护和二级保护区域以外的省级生态公益林。

资金保障方面，条例规定森林生态效益补偿标准应逐步提高，并可建立横向生态保护补偿机制。省人民政府应当根据生态公益林的等级、质量生态效益和居民消费价格指数等因素合理确定森林生态效益补偿标准，并根据经济和社会发展状况制订短期调整计划，逐步提高。但具体办法尚未出台。条例还规定：县级以上地方人民政府可以建立横向生态保护补偿机制，推动生态公益林所在地区和受益地区通过资金补偿对口协作等方式建立补偿关系。

专栏 4-10　天津市：完善公益林补偿和管护机制

2018 年 10 月，天津市财政局会同市林业局印发了《关于完善公益林补偿和管护机制的通知》。通知结合市级财力情况和天津市林业工作实际，决定从 2018 年起提高天津市公益林补偿标准：将由中央财政负担的国家级国有林、集体和个人林年度补助标准，分别由 10 元/亩和 15 元/亩，统一提高至 20 元/亩；将由市财政负担的市级公益林年度补助标准，由 5 元/亩提高至 20 元/亩。上述提标所需增加补助资金统一由市财政负担，市财政按照调整后的补助标准将补助资金全部拨付到位。根据 2017 年天津市林业部门开展的公益林区划落界成果，天津市共有公益林总面积 19.8 万亩，均坐落在蓟州区。其中：国家级公益林 14.23 万亩，包括国有林 3.52 万亩，集体和个人林 10.71 万亩；市级公益林 5.57 万亩。

专栏 4-11　浙江省：规范森林生态效益补偿资金管理，提高资金使用效益

2018 年 2 月，浙江省财政厅发布《浙江省森林生态效益补偿资金管理办法（征求意见稿）》，规范森林生态效益补偿资金管理，提高资金使用效益，有效保护公益林资源，改善生态环境。办法所称的森林生态效益补偿资金，是指各级政府安排用于对国家级和省级公益林按照规定标准给予补偿的资金。

办法规定，补偿资金的补偿范围为依据国家和省有关规定划定，经批准公布的国家级和省级公益林。对受益对象明确的风景林，按照受益者补偿的原则，由所在地风景名胜区管理部门履行补偿职责。

办法要求，补偿资金包括补偿性支出和管护支出，国有公益林的补偿资金均为管护支出。补偿性支出是指用于对因认定为公益林，禁止商业性采伐

而造成公益林所有权人或者使用权人收益损失的经济补偿。管护支出包括公益林护林人员管护费用、公共管护费用和管理费用。公益林林地所有权为集体的管护支出标准为每亩 5 元，其中护林人员管护费用不低于每亩 3.5 元、公共管护费用不超过每亩 1 元、管理费用不超过每亩 0.5 元。公益林林地所有权为国有的管护支出中，管理费用不超过每亩 0.5 元，其余为护林人员管护费用和公共管护费用。中央和省财政安排的补偿资金不得用于管理费用。

办法规定，设区的市、县（市、区）财政、林业主管部门应按照财政国库管理制度有关规定及时拨付补偿资金，加快预算执行进度。资金使用中属于政府采购管理范围的，按照政府采购有关规定执行。设区的市、县（市、区）林业主管部门、乡（镇）人民政府、国有单位、村级集体经济组织等补偿（补助）对象应健全财务管理和会计核算制度，规范补偿资金使用。设区的市、县（市、区）应根据本办法，结合当地实际，制定具体实施细则。

4.6 海洋生态补偿

海洋生态保护补偿制度建设探索不断深入。国家高度重视海洋生态补偿，自 2015 年 7 月国家海洋局印发《海洋生态文明建设实施方案（2015—2020年）》以来，国家海洋局就开始牵头制定海洋生态补偿相关标准，同时加大对重点生态功能区的转移支付力度，探索流域—海域生态补偿机制以及海洋工程建设项目生态补偿机制。截至 2018 年，国家海洋局已经出台了《海洋生态损害评估技术导则》，同时“海洋开发利用活动生态保护补偿管理办法”和“海洋类保护区生态保护补偿管理办法”等文件已经在研究制定当中，逐步探索建立较为完善的海洋生态保护补偿制度。

沿海地方自发积极探索建立海洋生态补偿机制。山东省于 2016 年开展海洋生态补偿机制研究，印发了《山东省海洋生态补偿管理办法》，对海洋生态补偿的一些基本概念进行了定义，明确规定了山东省海洋生态补偿的内容，并出台了《用海建设项目海洋生态损失补偿评估技术导则》，对海洋生态补偿如何计算提供了标准，较早建立完善了海洋生态补偿制度。截至 2017 年年底，共征收海洋生态损失补偿费 10.41 亿元。按照“取之于海，用之于海”的原则，将征收的全部资金投入受损海洋生态环境的整治和修复中，为整治修复海洋生态环境提供了资金保障。天津市与厦门市也于 2018 年相继制定《天津市近岸海域污染防治实施方案》与《厦门市海洋生态补偿管理办法》，推动建立海洋生态补偿机制。

专栏 4-12 地方探索建立海洋生态补偿机制，推进海洋生态修复工作

山东省：2016 年 1 月，山东省印发《山东省海洋生态补偿管理办法》，根据海洋生态系统服务价值、海洋生物资源价值、生态保护需求，综合运用行政和市场手段，调节海洋生态环境保护和海洋开发利用活动之间的利益关系，建立海洋生态保护与补偿管理机制。山东省海洋生态补偿包括海洋生态保护补偿和海洋生态损失补偿。其中海洋生态保护补偿范围包括：①海洋自然保护区、海洋特别保护区、水产种质资源保护区；②划定为海洋生态红线区的海域；③省或设区的市人民政府确定需保护的其他海域；④国家一类、二类保护海洋物种；⑤列入《中国物种红色名录》中的其他海洋物种；⑥渔业行政管理部门确定需保护的其他海洋物种。海洋生态保护补偿形式：①浅海海底生态再造。实行播殖海藻、投放人工鱼礁等，恢复浅海渔业生物种群；②海湾综合治理。修复保护海洋生态、景观和原始地貌，恢复海湾生态服务功能；③河口生境修复。实行排污控制、河口清淤、植被恢复，修复受损河口生境和自然景观；④优质岸线恢复。清理海滩和岸滩，退出占有的优质岸线，恢复海岸自然属性和景观；⑤潮间带湿地绿化；⑥其他需要进行的海洋保护补偿形式。海洋生态损失补偿：海洋生态损失补偿资金则依据《用海建设项目海洋生态损失补偿评估技术导则》（DB37/T 1448—2015）的标准计算。该技术导则规定海洋生态损失从受损海域范围、海洋生态资本基准值、海洋生态损害系数、损害期限等方面进行确定并规定了详细的评估方法与标准，为海洋生态损失补偿评估提供了标准。

天津市：2018 年 1 月，天津市人民政府办公厅制定《天津市近岸海域污染防治实施方案》，方案要求推动建立海洋生态补偿机制。2018 年年底前，建立海洋生态补偿相关标准。依据天津市人民政府办公厅《关于健全生态保护补偿机制的实施意见》（津政办发〔2017〕90 号），研究建立天津市海洋工程等开发活动、海洋保护区管理等领域生态补偿制度，逐步建立健全海洋生态补偿机制。2018 年 6 月，天津市人民政府办公厅制定《天津市海洋生态环境保护实施方案》，方案规定，推进海洋生态修复和补偿。制定了实施“蓝色海湾”整治修复规划，依法拆除严重破坏海洋生态环境的围堤。积极推进南港工业区生态湿地公园、中新天津生态城遗鸥公园一期等生态建设工程。加快实施大神堂牡蛎礁国家级海洋特别保护区规范化建设、北大港湿地保护区保护和修复等工作。研究建立了海洋工程等开发活动、海洋保护区管理等领域生态补偿制度。

厦门市：2018 年 4 月，福建省厦门市政府办公厅印发《厦门市海洋生态补偿管理办法》，强调海洋生态损害补偿实行“谁使用、谁补偿”原则，海洋生态保护补偿实行“政府主导、社会参与”原则，并明确了有关监督与管理规定。海洋生态损害补偿管理方面，厦门市明确，凡依法取得海域使用权，从事海洋开发利用活动导致海洋生态损害的单位和个人，应采用实施生态修复工程或者缴纳海洋生态补偿金的方式对其造成的海洋生态损害进行补偿。采取生态修复工程方式进行海洋生态损害补偿的，用海单位和个人应按照批准的海洋环境影响报告书（表）中确定的生态补偿方案，实施相应的生态修复工程。采用缴纳海洋生态损害补偿金方式进行海洋生态损害补偿的，填海造地用海、构筑物用海和临时用海的用海单位和个人应在工程竣工验收前，一次性缴纳海洋生态损害补偿金。其他用海方式的用海单位和个人可以选择一次性缴纳或逐年缴纳海洋生态损害补偿金。海洋生态损害补偿金纳入市财政一般公共预算管理，由市海洋行政主管部门征收；海洋生态损害补偿金优先用于海洋生态环境保护、修复、整治和管理，以及因责任人破产无法承担补偿责任时生态修复计划的实施。

4.7 湿地生态补偿

完善滨海湿地保护与修复严格管控和激励机制。2018 年 7 月，国务院发布《关于加强滨海湿地保护严格管控围填海的通知》，要加强滨海湿地保护，全面强化现有沿海各类自然保护地的管理，计划建立一批海洋自然保护区、海洋特别保护区和湿地公园，将天津大港湿地、河北黄骅湿地、江苏如东湿地、福建东山湿地、广东大鹏湾湿地等亟须保护的重要滨海湿地和重要物种栖息地纳入保护范围。强化整治修复，制定滨海湿地生态损害鉴定评估、赔偿、修复等技术规范。坚持自然恢复为主、人工修复为辅，加大财政支持力度，积极推进“蓝色海湾”“南红北柳”“生态岛礁”等重大生态修复工程，支持通过退围还海、退养还滩、退耕还湿等方式，逐步修复已经破坏的滨海湿地。

中央财政继续加大湿地生态保护修复支持力度。2013—2016 年，中央财政共计安排 50 亿元支持我国湿地保护，此后继续通过林业改革发展资金支持湿地保护恢复。这些支持措施主要包括：一是支持湿地保护与恢复，在林业系统管理的国际重要湿地、国家重要湿地以及生态区位重要的国家湿地公园、省级以上（含省级）湿地自然保护区，支持实施湿地保护与恢复，促进改善湿地生态状况，维护湿地生态系统的健康；二是支持退耕还湿，支持林业系统管理的国际重要湿地、国家级湿地自然保护区、国家重要湿地范围内的省级自然保护区实施退耕还湿，扩大湿地面积，改善耕地周边生态状况；三是支持湿地生态效益补偿，对候鸟迁飞路线上的林业系统管理的重要湿地因鸟类等野生动物保护造成的损失给予补偿，调动各方面保护湿地的积极性，维护湿地生态服务功能。

地方积极探索建立湿地生态补偿机制。2018 年 8 月天津市制定出台了《天津市湿地生态补偿资金管理办法（试行）》，规定了湿地生态补偿资金的补偿范围和标准、预算安排、资金拨付、资金管理和监督等内容，规范天津市湿地生态补偿资金管理，提高资金使用效益，逐步建立并完善湿地生态补偿机制。2018 年，江西省委深改组要求强化鄱阳湖国家重要湿地生态补偿，在总结近年来鄱阳湖国际重要湿地生态补偿试点经验和结合国家湿地生态补偿项目管理要求的基础上制定了《江西省鄱阳湖国家重要湿地生态效益补偿资金管理办法》，明确细化了鄱阳湖国家重要湿地生态效益补偿范围、补偿对象和补偿标准等内容，有利于进一步完善江西省湿地生态补偿机制。

专栏 4-13　江西省：出台鄱阳湖国家重要湿地生态效益补偿资金管理办法

2019 年 1 月 3 日，江西省发布《江西省鄱阳湖国家重要湿地生态效益补偿资金管理办法》，出台办法是江西省委深改组 2018 年年度工作要求，在总结近年来鄱阳湖国际重要湿地生态补偿试点经验和结合国家湿地生态补偿项目管理要求的基础上研究制定，进一步完善了江西省湿地生态补偿机制。

办法明确细化了鄱阳湖国家重要湿地生态效益补偿范围、补偿对象和补偿标准，对因保护候鸟等野生动物而遭受损失的农户给予受损补偿。补助范围包括鄱阳湖周边的进贤、新建、都昌、湖口、永修、余干、鄱阳、万年和东乡等15个地方。补偿对象分三类：鄱阳湖周边不超过5 km范围内，受损的基本农田及第二轮土地承包范围内的耕地承包经营权人、社区和承担了鄱阳湖国家重要湿地保护任务的鄱阳湖国家级自然保护区管理局。耕地承包经营权人，必须支持、配合湿地和候鸟保护工作，近三年无破坏湿地和非法猎捕候鸟的行为。例如，上年度已获专项补贴但又被查获有破坏湿地、猎捕候鸟的行为，获补人专项补贴将被收回。补贴标准则根据受损耕地面积多少，原则上按照每亩80元的标准，各地可因情况不同而上下调幅不超过30%。获补社区也必须长期支持和配合湿地和候鸟保护工作，资金用于社区绿化、垃圾无害化处理、改水、改厕、改路等环境改善项目及候鸟栖息地恢复、乡村小微湿地打造等建设内容，每个项目总投资控制在50万元以内。

专栏4-14 天津市：规范湿地生态补偿资金管理，促进建立完善湿地生态补偿机制

2018年8月，天津市财政局、林业局制定了《天津市湿地生态补偿资金管理办法（试行）》，规范天津市湿地生态补偿资金管理，提高资金使用效益。本办法所称天津市湿地生态补偿资金是指由市财政预算安排的用于天津市七里海、北大港、大黄堡、团泊四个湿地自然保护区核心区、缓冲区实施退耕还湿、退渔还湿工程流转集体土地的补偿资金。补偿资金管理和使用，应当遵循科学合理、安全规范、公开透明、注重实效的原则，坚持保护与补偿相统一，促进建立完善天津市湿地生态补偿机制。

办法规定了湿地生态补偿资金的补偿范围和标准。补偿范围：对七里海、北大港、大黄堡、团泊四个湿地自然保护区核心区、缓冲区实施退耕还湿、

退渔还湿工程，流转集体土地所发生的费用支出给予补偿。补偿资金严禁用于发放行政管理人员的工资、津贴、奖金及福利；不得用于出国（境）、考察、接待及购置交通工具等行政管理支出；不得用于楼堂馆所、办公用房建设等支出；不得用于对个人的非生态环境保护性的补贴、补助、奖励等。补偿标准：对符合补偿条件的集体土地流转，市财政按照每亩每年500元的标准进行补偿。土地流转费用高于500元的，超出部分由所属地区政府筹措解决。补偿标准根据天津市经济社会发展水平和土地流转成本定期进行调整。

办法规定了湿地生态补偿资金的预算安排和资金拨付，补偿资金纳入市财政预算管理，有关区人民政府于每年9月30日前，完成对本区下年度流转集体土地统计测算工作，向市林业局提出下年度补偿资金申请，抄送市财政局。有关区政府申请补偿资金时，要上报资金申请报告，附资金申请汇总表、资金申请明细表、土地流转协议复印件、区国土部门审核土地流转面积证明材料。有关区政府负责编制本区湿地生态补偿资金使用情况报告，于预算年度的9月30日前，以正式文件报市林业局、市财政局备案，作为市级补偿资金结算、预算绩效管理和监督检查的重要依据。

办法还规定了湿地生态补偿资金的资金管理和监督等。各区湿地管理部门具体负责做好补偿资金的申请、审核、汇总等工作。对补偿资金申报全过程涉及的申请文件、表格、合同协议、国土部门证明、照片等资料进行系统整理和集中保存，并会同各乡镇政府对土地流转和补偿基本情况在村委会公示栏进行5个工作日的公示。市林业局负责对各区补偿资金的申请、审核、公示及使用等情况进行检查，并会同市财政局按有关规定组织开展绩效评价，评价结果与补偿标准调整等事项挂钩。补偿资金申报、使用管理过程中，存在弄虚作假或挤占、挪用、滞留资金等财政违法行为的，对相关单位及个人，按照《预算法》和《财政违法行为处罚处分条例》进行处罚，情节严重的追究法律责任。

4.8 矿产资源补偿

甘肃省建立矿山环境治理恢复基金。2018 年 1 月，甘肃制定出台了《甘肃省矿产资源权益金制度改革实施方案》，督促企业落实矿山地质环境治理恢复责任，取消矿山地质环境治理恢复保证金制度，建立矿山地质环境治理恢复基金，并制定矿山地质环境治理恢复基金管理办法。方案规定，甘肃推进矿业权出让制度改革。加快推进矿业权竞争性出让，严格限制矿业权协议出让范围，合理调整矿业权审批权限，强化出让监管服务，建立符合市场经济要求和矿业规律的矿业权出让制度。进一步优化矿业权交易平台，规范矿业权招标、拍卖、挂牌等市场化出让方式，积极推进矿业权网上交易。为此，甘肃制定了矿业权出让收益征收管理实施办法。在矿业权出让环节，将探矿权采矿权价款调整为矿业权出让收益，纳入一般公共预算管理，统筹用于地质调查和矿山生态保护修复等方面支出。

福建省取消矿山生态环境恢复治理保证金制度。2018 年 2 月，福建省国土资源厅等三部门联合下发《关于退还矿山生态环境恢复治理保证金有关事项的通知》，决定建立矿山地质环境治理恢复基金，取消福建省矿山生态环境恢复治理保证金制度，通知明确，从 2018 年 1 月 9 日起，福建省矿山企业不再缴存矿山生态环境恢复治理保证金。已设立矿山生态环境恢复治理保证金专户的按程序取消。省级缴存的矿山生态环境恢复治理保证金（含本息）及其台账，经清算后一次性转至县级，由县级国土资源部门会同财政部门按分类处置的工作要求予以退还、处理。对按规定不予返还的矿山生态环境恢复治理保证金统一缴入国库，纳入预算管理，专项统筹用于矿山地质环境治理。凡由于矿山生态环境恢复治理保证金缴存事宜被列入福建省矿政“黑名单”的，一次性从矿政“黑名单”中移出。

山东省建立矿山地质环境治理恢复基金制度。2018年6月，为贯彻国务院矿产资源权益金改革方案，落实企业矿山环境治理恢复责任，山东省取消矿山地质环境治理恢复保证金，建立矿山地质环境治理恢复基金制度。对已设立的保证金专户，按照保证金管理的不同方式，分类按程序取消。保证金取消后，企业应将退还和提取的保证金转存为基金，用于地质环境治理恢复。今后，矿山企业需在其银行账户中设立基金账户，筹集治理恢复资金，由企业自主使用，对其在矿产资源勘查、开采活动中造成的矿山地质环境问题边生产、边治理。矿山企业的基金提取、使用及矿山地质环境保护与治理恢复方案的执行情况需进行公示。

陕西省规范矿山环境治理与土地复垦基金使用。2018年7月，为规范矿山地质环境治理恢复与土地复垦基金提取、使用和监管，保障矿山地质环境治理恢复与土地复垦经费，陕西省制定了《陕西省矿山地质环境治理恢复与土地复垦基金实施办法》。办法规定，矿山企业提取矿山地质环境治理恢复与土地复垦基金，不再单独缴存矿山地质环境治理恢复保证金与土地复垦费。基金按照“企业提取、政府监管、确保需要、规范使用”的原则进行管理。各级国土资源、环境保护主管部门应引导矿山企业坚持“在保护中开发、在开发中保护”“节约优先、保护优先、自然恢复为主”的方针，统筹山水林田湖草系统治理，实施开发式治理（包括生态农业、旅游、养殖、矿山公园等），促进生态文明建设及当地经济和产业发展。基金使用范围主要包括：因矿山建设和开采引发、加剧的矿山崩塌、滑坡，泥石流，地面塌陷及裂缝，地形地貌景观与含水层破坏，地表建、构筑物与植被损毁等保护和治理恢复等情况的支出。同时办法规定，对基金提取、使用及治理恢复与土地复垦工作情况按照“双随机、一公开”的方式进行动态监督检查；对于不按该办法进行相应使用的，将其列入矿业权人异常名录或严重违法失信名单，责令其限期整改；逾期不整改或整改不到位的，不予办理采矿许可证的申请、延期、变更、注销，不批准其申请新的建设用地；情节严重的，责令矿业企业退出、关闭；拒不履行生效法律文书确定义务的被执行人，将被纳入失信被执行人名单，依法对其进行失信联合惩戒。

广东强化矿山地质环境治理恢复基金管理。2018 年 7 月，广东省财政厅转发财政部　国土资源部　环境保护部《关于取消矿山地质环境治理恢复保证金建立矿山地质环境治理恢复基金的指导意见》（简称《指导意见》），并结合广东省实际，提出以下意见：一是取消矿山企业保证金制度。县级以上国土资源主管部门应会同同级财政主管部门，按照《指导意见》要求对原已设立的保证金账户组织清理，并将清理情况通知有关矿山企业；二是加强矿山地质环境治理恢复基金管理。保证金转为基金后，矿山企业原承担的矿山地质环境治理恢复责任不变。矿山企业应按照《指导意见》及企业会计准则相关规定设立、计提及使用矿山地质环境治理恢复基金，并将年度矿山地质环境保护与治理恢复方案执行情况、矿山地质环境监测点建设以及基金计提和使用等情况上报。

4.9 环境空气质量生态补偿

山东省环境空气质量生态补偿制度成效显著。山东省于 2014 年制定了《山东省环境空气质量生态补偿暂行办法》，并于 2015 年进行修改，在全国率先建立了环境空气质量生态补偿制度。办法规定，以各设区的市 $PM_{2.5}$、PM_{10}、SO_2、NO_2 季度平均浓度同比变化情况为考核指标，建立考核奖惩和生态补偿机制。$PM_{2.5}$、PM_{10}、SO_2、NO_2 四类污染物考核权重分别为 60%、15%、15%、10%。根据考核结果，空气质量同比改善的市，省向市进行补偿；空气质量同比恶化的市，市向省缴纳补偿资金，资金补偿结果一季度一清算，并在全省范围进行通报。办法还对各设区的补偿资金计算公式进行了规定并要求各市获得的生态补偿资金，可统筹用于辖区内改善大气环境质量的项目支出。在 2018 年公布的 2016 年环境空气质量生态补偿资金绩效评价报告中显示：山东省 2016 年度空气质量生态补偿资金预算总额为 13 164 万元，涉及山东省辖区内 17 个市，共计安排 158 个项目。印发实施《山东省环境空气质量生态补偿暂行办法》三年来，调动了各级党委、政府治理大气污染的积极性和主动性，大气环境质量持续改善，起到了“四两拨千斤”的作用。2016 年，山东省全省 $PM_{2.5}$、PM_{10}、SO_2、NO_2 平均浓度同比分别下降 13.2%、8.4%、22.2%、7.3%，空气质量优良天数比例同比增加 8.4 个百分点，达到 56.9%；威海市率先达到国家空气质量二级标准，填补了山东省无达标城市的空白。

安徽省推进实施环境空气质量生态补偿。2018 年 7 月，安徽省人民政府办公厅为进一步落实各市人民政府对本行政区域环境空气质量的管理职责，强化环境空气质量目标管理，促进全省环境空气质量改善，根据《中华人民共和国环境保护法》《中华人民共和国大气污染防治法》等法律法规，制定《安徽省环境空气质量生态补偿暂行办法》，用于生态补偿的资金实行省、市分级筹集。按照“将生态环境质量逐年改善作为区域发展的约束性要求”和“谁保护、谁受益，谁污染、谁付费”的原则，以各设区市的细颗粒物（$PM_{2.5}$）和可吸入颗粒物（PM_{10}）平均浓度季度同比变化情况为考核指标，建立考核奖惩和生态补偿机制。$PM_{2.5}$ 和 PM_{10} 的污染物考核权重分别为 75%和 25%。大气污染物考核数据采用省级环境监测部门提供的各设区市的城市环境空气质量自动监测数据，自动监测数据每月通过省环境保护部门官方网站发布。对各设区市实行季度考核，每季度根据考核结果确定生态补偿资金额度，年底统一清算。同时，还规定了环境空气质量生态补偿资金计算方法、评判标准等。各设区市应制定生态补偿资金使用方案，加强资金管理，提高使用绩效。生态补偿资金使用方案报省财政部门、省生态环境部门备案。省生态环境部门、省财政部门按季公布各市空气质量状况及生态补偿情况，接受社会监督。

湖北省建立健全环境空气质量生态补偿机制。2018 年 11 月，湖北省人民政府为深入贯彻落实党中央和省委、省政府关于加快生态文明制度建设的总体要求，建立健全环境空气质量生态补偿机制，促进环境空气质量持续改善，根据《省人民政府办公厅关于建立健全生态保护补偿机制的实施意见》（鄂政办发〔2018〕1 号）精神，制定《湖北省环境空气质量生态补偿暂行办法》。办法所称环境空气质量生态补偿资金是指依据考核对象环境空气质量同比变化情况用于生态补偿的资金。按照“谁保护、谁受益，谁污染、谁付费”的原则建立环境空气质量考核奖惩和生态补偿机制，对环境空气质量改善的地方安排生态补偿资金，对环境空气质量恶化的地方扣缴生态补偿资金，扣缴的资金用于补偿空气质量改善的地方，不足部分由省级统筹安排，逐步实现奖惩平衡。本办法所指考核对象是各市、州、直管市、神农架林区，县（市、区）及比照财政省管县体制管理的区（含武当山特区）。其中，空气质量监测数据已经纳入市（州）本级的县（市、区）不再纳入考核范围。环境空气质量生态补偿考核指标为 PM_{10}、$PM_{2.5}$。其中，市（州）考核 PM_{10} 和 $PM_{2.5}$；县（市、区）2017 年考核 PM_{10}，2018 年及以后考核 PM_{10} 和 $PM_{2.5}$。考核数据采用经审核确认的环境空气质量自动监测数据。同时，还规定了环境空气质量生态补偿资金计算方法、评判标准等。各市（州）可参照制定或修订本地环境空气质量生态补偿办法。

5

环境权益交易

5.1 自然资源产权

健全自然资源资产产权制度是生态文明建设改革重点任务。党的十九大以来，新的自然资源部已组建，将统一行使全民所有自然资源资产所有者等职责，但目前我国自然资源资产管理体制尚未建立，相关改革仍处于试点阶段。自然资源资产产权制度，是推进生态文明建设和绿色发展的一项基本制度，关系自然资源资产的开发、利用、保护等各方面，需要从理论和实践两方面加深认识和不断探索。党的十八届三中全会决定提出要“健全国家自然资源资产管理体制，统一行使全民所有自然资源资产所有者职责”，这是健全自然资源资产产权制度的一项重大改革，也是建立系统完备的生态文明制度体系的内在要求。《生态文明体制改革总体方案》中提出，要构建归属清晰、权责明确、监管有效的自然资源资产产权的制度。重点解决所有者不到位，特别是国有自然资源资产所有者不到位的情况。

自然资源部积极推动自然资源统一确权登记试点。自然资源确权登记工作是推动自然资源资产产权制度改革的基础环节，而健全自然资源资产产权制度是我国生态文明制度建设的重要内容。2018 年 7 月 6 日，自然资源部等 7 部委在北京召开了自然资源统一确权登记试点工作评估验收会，部分省（区、市）自然资源统一确权登记试点工作已顺利通过了评估验收。经过一年多的探索，我国自然资源统一确权登记试点取得积极进展。截至 2018 年 10 月底，12 个省份、32 个试点区域共划定自然资源登记单元 1 191 个，确权登记总面积 186 727 km^2，并重点探索了国家公园、湿地、水流、探明储量矿产资源等确权登记试点。各试点地区以不动产登记为基础，以划清全民所有和集体所有之间的边界，划清全民所有、不同层级政府行使所有权的边界，划清不同集体所有者的边界，划清不同类型自然资源的边界等“四个边界”为核心任务，以支撑山水林田湖草整体保护、系统修复、综合治理为目标，按要求完成了资源权属调查、登记单元划定，确权登记、数据库建设等主体工作，探索出了一套行之有效的自然资源统一确权登记工作流程、技术方法和标准规范。2018 年年底开始，将在全国全面铺开、分阶段推进重点区域自然资源确权登记，计划利用 5 年时间完成对国家和各省重点建设的国家公园、自然保护区、各类自然公园（风景名胜区、湿地公园、自然遗产、地质公园等）等自然保护地的自然资源统一确权登记，同时对大江大河大湖、重要湿地、国有重点林区、重要草原草甸等具有完整生态功能的全民所有单项自然资源开展统一确权登记。

甘肃积极健全公共资源产权制度。2018 年 4 月，甘肃省印发《关于创新政府配置资源方式的实施意见》，提出到 2020 年全面建立覆盖各类全民所有自然资源资产的有偿出让制度，严禁无偿或低价出让。意见提出，坚持资源公有、物权法定，明确全省国土空间各类自然资源资产的产权主体；推进确权登记法治化，对水流、森林、山岭、草原、荒地、滩涂等所有自然生态空间统一进行确权登记；除具有重要生态功能及农牧民从事农牧业生产必需的资源外，可推动自然资源资产所有权和使用权相分离，明确自然资源所有权、使用权等产权归属关系和权责，适度扩大使用权的出让、转让、出租、担保、入股等权能。

福建明确提出2020年自然资源产权制度改革路线图。福建省人民政府办公厅于2018年7月6日出台《福建省自然资源产权制度改革实施方案》，确定了改革目标、主要任务，制定了保障措施，以切实发挥自然资源产权制度在促进资源保护和合理利用中的基础作用，为建设“机制活、产业优、百姓富、生态美”的新福建提供重要支撑和保障。方案明确了五大主要任务：一是加快推进自然资源产权登记。全面开展自然资源统一确权登记，加快农村宅基地和集体建设用地使用权确权登记，加快农垦国有土地使用权确权登记发证。二是适度扩大自然资源产权权能。适度扩大土地资源产权权能，适度扩大水资源产权权能，适度扩大矿产资源产权权能，适度扩大森林资源产权权能，适度扩大海域海岛资源产权权能。三是建立健全自然资源产权交易市场。建立健全自然资源产权交易平台，完善自然资源产权交易机制。四是加强自然资源产权保护。明确各类自然资源产权主体权利，发挥行政部门处理自然资源权属纠纷的专业优势，探索对受到生态限制的自然资源产权进行合理补偿的机制。五是强化自然资源产权行使监管。加强和完善协同监管，提高自然资源产权行使监管的技术水平。

厦门推进建立统一的自然资源产权交易平台。2018年11月14日，厦门市出台《厦门市自然资源产权制度改革实施方案》，确定完成自然资源产权登记、适度扩大土地资源、水资源、矿产资源、森林资源、海域海岛资源产权权能五项主要任务，推进自然资源产权制度改革。厦门还要建立健全自然资源产权交易平台。各自然资源管理部门应根据不同类型自然资源的产权要素性质、流转范围和交易需要，结合厦门市完善建设用地使用权转让、出租、抵押二级市场试点的实际，将交易市场的交易范围扩大到所有自然资源产权交易，建立全市统一的自然资源产权交易平台，并与福建省公共资源交易电子公共服务平台和福建省公共资源交易电子行政监督平台对接，或通过厦门市公共资源交易电子数据交换系统，与省公共资源交易电子公共服务平台对接，实现统一基本信息发布、统一 CA 认证和电子签章、统一交易主体信用、统一电子化行政监管与配套服务。

5.2 排污权交易进展

鼓励发展排污权交易二级市场。2018 年 1 月 3 日，环境保护部办公厅印发《2018 年生态环境保护总体思路和总体工作安排的初步考虑》（环办厅〔2018〕1 号），在“深化环保领域改革”部分提出要进一步推进排污权交易试点工作，同时要全面停止政府预留和出让排污权，鼓励发展二级市场，即由过去的总量控制下的排污权有偿使用和交易试点，转向固定污染源排污许可制下的政府无偿出让排污权交易试点。

国家排污权有偿使用和交易试点工作基本完成。财政部、原环境保护部、国家发展和改革委员会先后批复江苏、浙江、天津、湖北、湖南、山西、内蒙古、重庆、河北、陕西、河南 11 个省（区、市）及青岛市开展试点，按照《关于进一步推进排污权有偿使用和交易试点工作的指导意见》（国办发〔2014〕38 号）（简称《指导意见》）的要求，到 2018 年，

11 个试点省（区、市）由浅到深、由点到面，稳步推进排污权有偿使用和交易工作，总体上取得了初步成效。各地出台了地方规范性文件，在制度建设、平台搭建、技术攻关、政策创新等方面开展了大量实践，配套建设了机构和平台，开展了初始排污确权，基本明确了排污权初始价格，部分开展了有偿使用，试点推进过程中还涌现了刷卡排污、排污权抵押贷款等创新做法。

排污权有偿使用和交易制度建设不断深化。除上述 12 个国家批复的试点省（区、市）外，另有 16 个省（区、市）自行开展了排污权有偿使用和交易试点，其中大多数试点地区选取火电、钢铁、水泥、造纸、印染等重点行业作为交易行业，浙江、重庆等部分地区扩展到全行业范围；在污染因子的范围上，近一半的试点地区选取纳入“十二五”国家约束性总量指标的四项主要污染物（即 SO_2、NO_x、COD 和 NH_3-N）作为交易的污染因子，另有部分地区结合当地实际的污染特征进行了扩展，如山西和甘肃兰州增加了烟粉尘，湖南将重金属纳入交易试点范围，广东顺德因其臭氧污染突出而将挥发性有机污染物（VOCs）纳入交易试点范围。截至 2018 年 8 月，一级市场征收排污权有偿使用费累计 117.7 亿元，二级市场累计交易金额 72.3 亿元。

排污权有偿使用和交易制度建设逐渐完善。在地方性法规或规章层面，全国有 18 个省（区、市）对试点工作做出了明确规定，其中专门针对排污权有偿使用和交易政策制定发布的管理办法、指导意见等文件 30 多份。在规范性文件层面，各试点省份共发布了 300 多份排污权有偿使用和交易实施方案、实施细则以及相关技术文件。

试点省份积极探索排污权抵押贷款、排污权租赁、刷卡排污等与绿色

金融紧密结合新形式。江苏、浙江、山西、河北、陕西等省份开展了刷卡排污管理，浙江、湖南、重庆、河北、山西、内蒙古、陕西等省份开展了排污权抵押贷款，河南、陕西开展了总量预算管理及总量控制指标前置，湖北建立健全网格化环境监督体系，湖南使用环保专项资金实施排污权储备、实行“以购代补”的污染治理资金下达模式等多项政策创新，重庆建立了排污交易稽核制度等，充分体现了排污权交易作为市场经济手段的灵活性。

试点省份基本都成立了排污权交易管理机构。浙江、内蒙古、河北、山西、重庆、湖南 6 省（区、市）编委批准设立了交易管理中心；江苏、陕西两省环保厅成立了专门的交易管理机构；湖北依托排污权交易所开展交易管理；河南和陕西在环境保护厅下成立了排污权交易领导小组。大多数省份已经开发了集数据审核、指标申购、交易管理、交易买卖、信息发布于一体的交易管理平台及电子竞价平台。内蒙古还建设完成了交易综合管理、储备综合管理、电子竞拍、价格测算、现场核查作业、水容量核算等多个配套排污权交易平台的综合性管理系统。

试点地区排污交易形式多样。陕西、内蒙古等大部分省份开展的是政府—企业层面的新建企业交易，原则上还属于一级市场；重庆等地区存在少量企业间的二级市场交易，但不活跃；浙江二级市场交易开展较早，相对活跃；山西有 65%的交易发生在企业与企业之间。总体来看，试点取得阶段性成效，环境资源有价和有偿使用理念被试点省份的社会和企业逐步接受；有力推动了污染减排，初步体现了环境容量价值，大部分试点省份污染源管理能力明显增强，企业融资渠道也得以拓宽。

部分批复试点省（区）的排污权交易情况见表 5-1。

表 5-1 部分批复试点省（区）的排污权交易情况

试点省（区）	交易市场	交易方式	交易规模
湖北	一级市场、二级市场	公开竞价、协议转让	1.8 亿元（截至 2018 年 4 月）
内蒙古	一级市场	竞价交易	2.47 亿元（截至 2018 年 7 月）
山西	一级市场、二级市场	竞价交易、协商交易	26.1 亿元（截至 2018 年 5 月）
陕西	一级市场	定额出让、竞价交易、协商交易	11.18 亿元（截至 2018 年 6 月）
河北	一级市场	协商交易、公开拍卖	2.3 亿元（2017 年 8 月至 2018 年 6 月）

江苏省发文进一步规范主要污染物排污权有偿使用和交易行为。2018 年 8 月 3 日，江苏省环境保护厅发布《江苏省排污权有偿使用和交易实施细则（试行）（征求意见稿）》，按照实施细则，2019 年江苏省将全面实行排污权交易，各个设区市不仅可以在本市进行排污权交易，还可以跨市买卖排污权。在排污权交易中，跨市交易必须由省环保厅指导，重点排污企业和重点管控区域的交易还将戴上"紧箍咒"——未完成上年度总量减排任务、上年度环境质量达不到改善要求的县（市、区），当年度不得受让本行政区域外的相应污染因子排污权；火电企业（包括其他行业自备电厂，不含热电联产机组供热部分）、钢铁企业原则上不得与其他行业企业进行涉及大气污染物的排污权交易；生活污水集中处理、工业废水集中处理不纳入排污权有偿使用和交易范围；禁止从太湖流域外向流域内转让水污染物排污权。江苏省将设立排污权交易平台，所有参加交易的企业必须在平台完成登记，企业产生的富余排污权将被省环保厅立即冻结，在交易前不得再使用。

专栏 5-1　排污权交易试点实践积极推进

国家批复的试点地区在制度体系、法规的建设以及政策试点的深度与广度上都达到了较高的水平，进展也更为显著。

浙江省试点工作走在全国前列。排污权政策体系在全国试点中最全，全省共出台 181 个政策文件；省市县三级排污权交易机构基本建成，全省共 27 个排污权交易管理机构；试点范围已实现三个“全覆盖”，即区域全覆盖、四项主要污染物全覆盖和重点工业排污单位全覆盖；有偿使用和交易数额全国第一，全省排污权有偿使用和交易金额达 92 亿元，在全国试点省份中遥遥领先；创新模式丰富多样，开创了排污权租赁，开拓了排污权抵押贷款。

山西省排污权交易进展显著。2018 年 5 月全省共完成排污权交易 86 宗，成交金额 2 046 万元，涉及 SO_2 130 t，COD 26 t，NH_3-N 4 t，NO_x 790 t，烟尘 43 t，工业粉尘 334 t。全省 2018 年累计完成排污权交易 315 宗，总成交金额 12 075 万元，累计成交 SO_2 1 765 t，COD 98 t，NH_3-N 13 t，NO_x 3 951 t，烟尘 700 t，工业粉尘 1 099 t。

陕西全面开展排污权有偿使用和交易。截至 2018 年 6 月底，陕西省累计完成排污权交易 80 余场次，成交总额 11.18 亿元。全省新改扩建项目新增排污量全部通过排污权交易取得，实现新增排污量排污权有偿使用全覆盖。截至 2018 年 6 月，通过收储方式关闭造纸、氮肥、皂素企业 33 家，共收储 SO_2 5 182.48 t、NO_x 763.24 t、COD 12 313.36 t、NH_3-N 669.4 t，下达收储资金 1.8 亿元。有效解决了造纸、氮肥、皂素行业对渭河及汉丹江水质的污染威胁，确保渭河变清及汉丹江流域水质安全。同时为新项目、好项目腾出排污空间，有效实现区域内新老排污指标平衡及替代削减。

福建省积极探索创新排污权交易制度，以市场化手段促进环境治理、产业转型。福建省从 2014 年自行开展排污权有偿使用和交易试点工作，2017 年起全面推行，始终坚持“全省一盘棋”，出台了 8 个配套管理办法和 13

个指导文件，形成了“成体系、全覆盖、多层次、常更新”的排污权政策体系，营造了公开透明、资讯对称的排污权交易环境。近年来，福建排污权交易市场快速增长，二级市场交易活跃，截至 2018 年 8 月底，共举行了 81 场排污权集中竞价交易，交易金额逾 10 亿元，累计 2 163 家企业参与交易，总成交 5 698 笔。其中企业间自主成交超 6 亿元，占比 65.09%，位居全国前列，在全国形成了一定的示范效应。目前，COD、NH_3-N、SO_2、NO_x 四项交易指标市场均价，分别为 1.1 万元/（t·a）、1.4 万元/（t·a）、8 800 元/（t·a）、7 100 元/（t·a），分别比试点初期增长 7%、33%、79%、60%，参与交易企业合计出让相关指标 3.32 万 t，获利超 4 亿元，环境资源价值初步体现。

湖南省排污权的市场化交易有效地调动利用社会闲置资源，也保障了企业新建项目的落地。湖南省排污权交易已成为省公共资源交易中心组建以来进场的第六大类项目（其他五大类分别是工程建设、政府采购、土地矿产、医药、国有产权项目），2018 年以来出现了爆发式增长。2018 年前三季度，全省完成排污权交易数 312 个，交易额同比增长 38 倍。2018 年，长沙市首例企业间排污权自主交易成交，在长沙市环境资源交易所的指导与监督下，长沙市企业之间的首例排污权点对点交易顺利成交。

厦门深化排污权交易制度改革助力高质量发展。2018 年 5 月，《厦门市排污权储备和交易管理工作手册》出台，排污权交易与环评审批、总量控制、排污许可等制度正展开全面衔接，排污权有偿使用收入的使用和管理制度进一步健全，相关工作业务流程也进一步规范。2018 年 10 月 13 日，市政府修订《厦门市排污权有偿使用和交易管理办法》（厦府〔2018〕276 号），进一步明确排污权交易、排污权划转、储备排污权出让的原则和规定，并将小微排放项目纳入储备排污权出让范围。截至 2018 年 9 月底，244 家企业通过交易平台取得所需排污权指标，合计成交金额 6 662.47 万元；储备排污权共出让保障 194 个项目建设，其中 8 个为市重点项目，186 个为小微排放项目。

哈尔滨市自发开展排污交易工作试点。哈尔滨市排污权交易额突破

5 000 万元。哈尔滨市排污权交易工作起步于 2009 年，是黑龙江省四个排污权交易试点城市之一。目前，哈尔滨市已成功引进了北京环境交易所，构建哈尔滨市排污权交易平台，推动出台了《哈尔滨市重点污染物排放总量控制条例》和《哈尔滨市总量指标交易办法》，为排污权交易提供法律支撑。同时，创新排污权核定与交易方式，激励排污单位深度治理，改善环境质量。近 10 年来，共完成交易 600 余笔，交易额突破 5 000 余万元。截至 2018 年 9 月，交易额已经突破 1 000 万元，成为黑龙江省排污权交易排头兵，交易能力和水平位列全国前列，为哈尔滨市控制新项目增量、促进现有项目减量，改善环境质量做出了重要贡献。

5.3 碳排放权交易进展

建立全国碳排放权交易市场是用市场机制控制温室气体排放的重大的制度创新。2010 年，我国正式提出实行碳排放交易制度；2011 年 11 月确认了 7 个试点省市；2013 年 6 月，国内首个碳排放权交易平台在深圳启动；2017 年 12 月，正式印发《全国碳排放权交易市场建设方案（发电行业）》，标志着全国统一碳排放交易市场成立。总体来看，试点工作情况较好，到 2018 年 12 月为止成交量达到 2.7 亿 t CO_2，成交金额超过了 60 亿元。2018 年，碳排放权交易试点工作情况较好，在开展碳交易试点的地区，试点范围内碳排放总量和强度实现了双降，碳市场确实发挥了对控制温室气体排放、促进地方低碳发展的作用。

5.3.1 多举措加快全国碳排放权交易市场建设

碳排放交易相关政策相继出台引导碳排放市场规范、快速发展。试点省市为推动碳市场的顶层设计和地方实践积累了丰富的经验教训，并且为完善全国碳交易发展的关键要素，如立法、配额分配、排放检测、报告核查和履约机制等提供了有力的支持。2018 年碳排放交易政策见表 5-2。

表 5-2 2018 年碳排放交易政策

时间	政策措施	颁布单位	看点
2018 年 1 月	《湖北省 2017 年碳排放权配额分配方案》	湖北省政府	确定 344 家企业作为 2017 年纳入碳排放配额管理的企业，涉及电力、钢铁、水泥、化工等 15 个行业，确定 2017 年碳排放配额总量为 2.57 亿 t
2018 年 1 月	《关于碳排放权交易管理条例立法的建议》	全国工商联新能源商会低碳减排专委会	应尽快出台《碳排放权交易管理条例》，以立法的形式确定碳排放权交易的制度目标，对排放许可、分配、交易管理、交易双方的权利义务、法律责任等做出规定
2018 年 3 月	《关于开展本市纳入碳排放配额管理的企业 2017 年度碳排放报告工作的通知》	上海市发改委	各纳入本市碳排放配额管理的企业应于 2018 年 3 月 31 日前完成 2017 年度碳排放报告的编制和报送工作
2018 年 4 月	《四川省落实〈全国碳排放权交易市场建设方案（发电行业）〉工作方案》	四川省政府	明确 2018 年优化升级四川省碳交易平台，确保与全国碳市场数据报送系统、注册登记系统、交易系统和结算系统以及全国公共资源交易平台顺利对接。研究制定碳排放权交易管理办法；2019 年，组织发电行业重点排放单位参与配额模拟交易，提升企业等各类主体参与全国碳交易的能力和管理水平。完善碳市场管理制度和支撑体系：2020 年及以后，组织发电行业重点排放单位参与配额现货交易。根据国家统一安排，推动交易范围逐步扩大至其他高耗能、高污染和资源性行业，丰富交易品种和交易方式

时间	政策措施	颁布单位	看点
2018 年 7 月	《广东省 2018 年度碳排放配额分配实施方案》	广东省发改委	2018 年度纳入碳排放管理和交易范围的行业企业分别是电力、水泥、钢铁、石化、造纸和民航六个行业企业，确定 2018 年度碳配额总量为 4.22 亿 t，其中，控排企业配额 3.99 亿 t，储备配额 0.23 亿 t，储备配额包括新建项目企业有偿配额和市场调节配额

5.3.2 全国碳排放交易市场稳步建立

（1）交易量

我国碳排放交易量累计接近 8 亿 t（2013—2018 年）。湖北碳排放交易所交易量达到 3.3 亿 t，占比高达 42.14%；其次是上海碳排放交易所，交易量为 1.9 亿 t，占比 24.51%；福建碳排放交易所、天津碳排放交易所以及重庆碳排放交易所截至 2018 年 12 月的交易量还相对较小，合计占比不足 5%（图 5-1）。

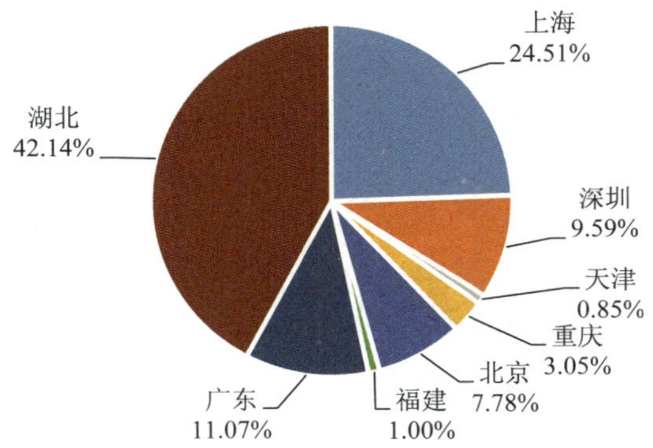

图 5-1　2013—2018 年全国碳排放交易量区域分布情况

数据来源：中国碳排放交易网站，http: //k.tanjiaoyi.com/。

交易量最多的为广东碳排放交易所。2018 年，广东碳排放交易所交易量达 987.5 万 t，占比高达 35.52%；第二是湖北碳排放交易所，达 890.76 万 t，占比 32.04%；第三为北京碳排放交易所，达 987.5 万 t，占比 11.02%；往后依次为上海碳排放交易所（235.70 万 t、占比 8.48%）、福建碳排放交易所（210.00 万 t、占比 7.55%）、深圳碳排放交易所（124.06 万 t、占比 4.46%），重庆碳排放交易所和天津碳排放交易所交易量很少，仅占 0.94%和 0.003%（图 5-2）。

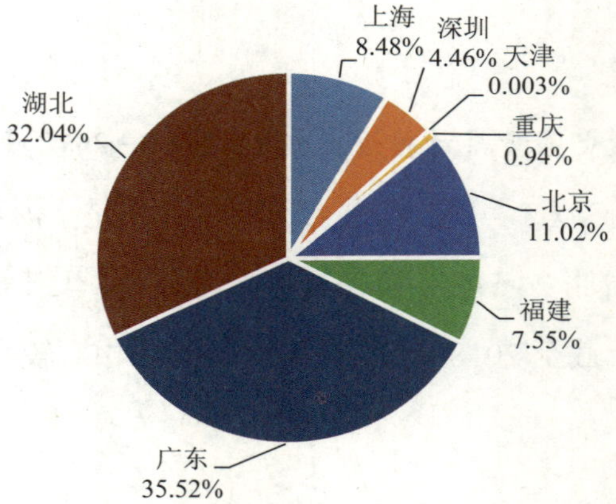

图 5-2　2018 年全国碳排放交易量区域分布情况

数据来源：中国碳排放交易网站，http: //k.tanjiaoyi.com/。

（2）交易额

我国碳排放交易额累计超过 110 亿元。湖北碳排放交易所交易额占比高达 66.51%，占据主要贡献；其次是深圳碳排放交易所，交易额占比 13.34%；福建碳排放交易所、天津碳排放交易所以及重庆碳排放交易所截至 2018 年 12 月的交易额占比相对较小，分别为 1.31%、0.66%和 2.32%（图 5-3）。

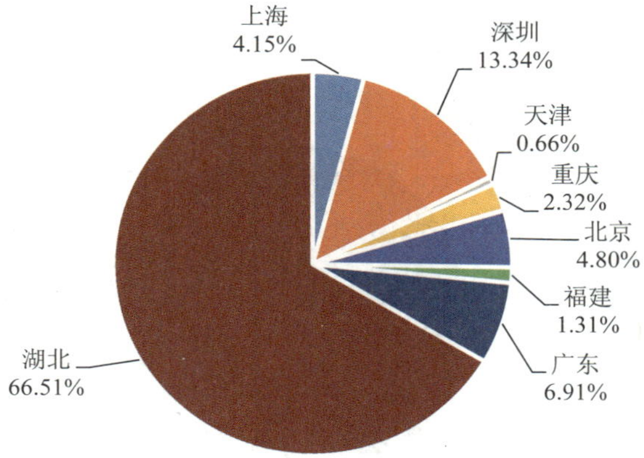

图 5-3 2013—2018 年全国碳排放交易额区域分布情况

数据来源：中国碳排放交易网站，http: //k.tanjiaoyi.com/。

各地碳排放交易情况相差较大。2018 年，广东碳排放交易所和湖北碳排放交易所的交易额不相上下，广东碳排放交易所达 21 875.75 万元，占比 28.817%，湖北碳排放交易所达 20 011.39 万元，占比 26.361%；第三为北京碳排放交易所 17 724.15 万元，占比 23.348%；往后依次为上海碳排放交易所 8 840.23 万元，占比 11.645%，福建碳排放交易所 3 903.48 万元，占比 5.142%，深圳碳排放交易所 3 445.08 万元，占比 4.538%，重庆碳排放交易所和天津碳排放交易所交易额很少，仅占 0.149%和 0.001%（图 5-4）。

（3）交易价格

碳排放交易价格地域差异性较大。2013—2018 年分区域碳排放交易平均价格为 14.4 元/t，其中湖北、深圳、福建的交易价格高于全国平均水平，而其余 5 个地区的交易价格低于全国平均水平，其中最低的是上海，仅为 2.44 元/t（图 5-5）。价格出现较大差异的主要原因在于在试点期市场不确定因素较多。

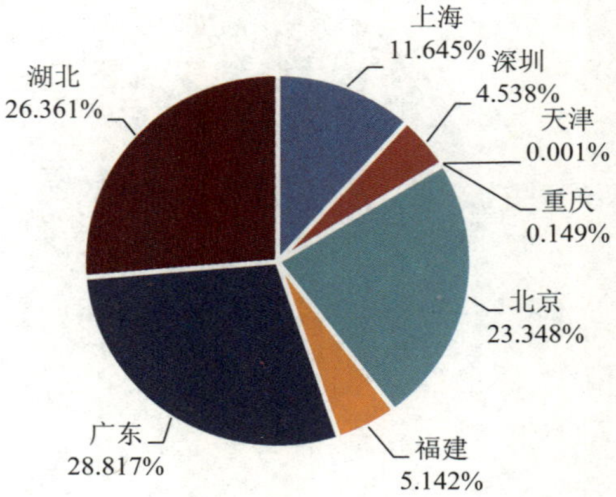

图 5-4　2018 年全国碳排放交易额区域分布情况

数据来源：中国碳排放交易网站 http：//k.tanjiaoyi.com/。

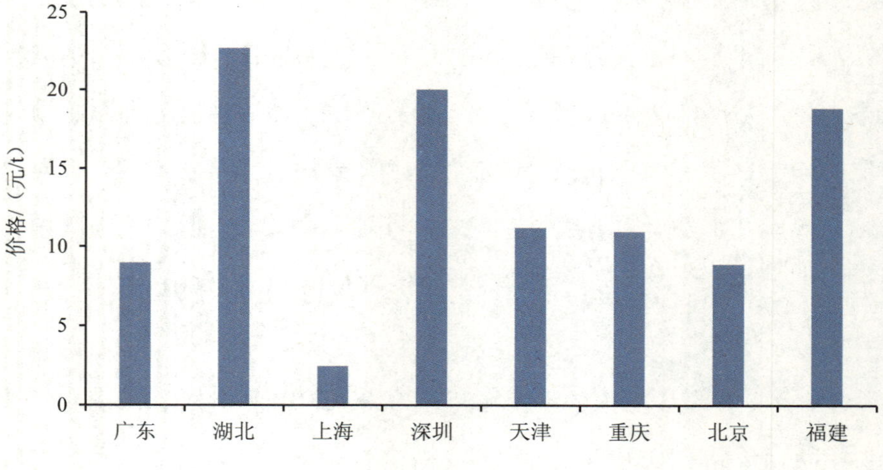

图 5-5　2013—2018 年碳排放交易价格区域对比情况

数据来源：中国碳排放交易网站，http：//k.tanjiaoyi.com/。

北京碳排放交易价格居高。对比过去几年的累计可以看出，除了交易量较小的天津和重庆，2018 年其余几个交易所的价格基本保持在 23 元/t 左右，其中最高的是北京碳排放交易所，达到 52.72 元/t（图 5-6）。

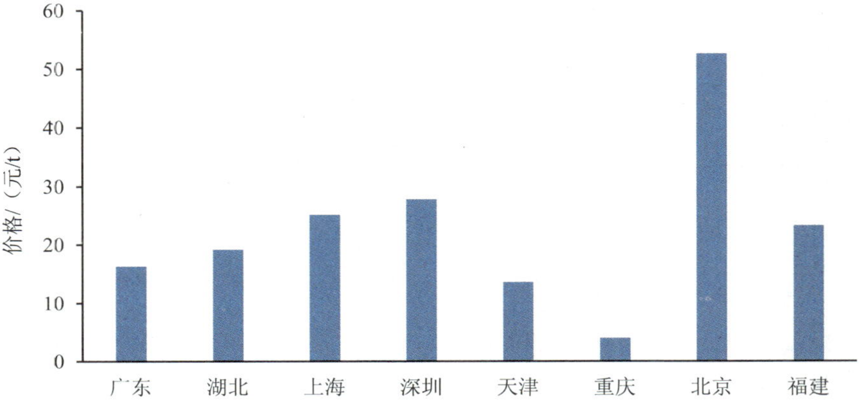

图 5-6　2018 年碳排放交易价格区域对比情况

数据来源：中国碳排放交易网站，http: //k.tanjiaoyi.com/。

5.3.3　碳交易试点成果显著

统一碳市场从电力行业先行启动。2017 年 12 月 19 日，覆盖全国的统一碳市场正式启动，统一的碳市场从部分数据基础较好的行业即电力行业先行启动。针对电力市场的建设，北京电力交易中心、广州电力交易中心和各省级电力交易中心已全部完成组建，成立了全国电力交易机构联盟。山西、甘肃、山东、浙江等 8 家省级现货市场试点工作稳步推进，预计 2019 年上半年进入试运行。截至 2018 年 7 月底，电力交易平台累计注册市场主体 6.8 万家，其中发电企业 2.77 万家，电力用户 3.74 万家，售电公司 2 916

家，多元化市场主体参与市场交易，初步形成多买多卖的竞争市场格局。从市场规模来看，市场化的交易电量规模也是逐年扩大，2017 年已经超过 20%，占总用电量的 20%；2018 年前 9 个月市场交易电量已经突破 1.1 万亿 kW·h，同比增长 33.5%。2018 年市场化交易电量已经超过了 30%，因此 2018 年年底市场化交易电量将会超过 35%。市场化交易电量的扩大，也就意味着未来电力市场建设需要更进一步成熟、交易品种也需要更进一步丰富，为市场主体提供更多很好的交易服务。经过 5 年试点以及 1 年全国性交易，2018 年碳排放权交易试点工作情况较好，在开展碳交易试点的地区，试点范围内碳排放总量和强度实现了双降，碳市场确实发挥了对控制温室气体排放、促进地方低碳发展的作用。

专栏 5-2　碳交易试点进展情况

广东： 广东省于 2012 年纳入全国碳排放交易试点，2013 年年底正式启动运行碳市场，并于 2018 年 6 月 20 日顺利完成第五个履约年度的配额清剿履约工作，履约率已连续四年达 100%。在 2017—2018 履约年度，配额成交量 1 889 万 t，配额成交金额 2.4 亿元，国家核证自愿减排量（CCER）成交 188 万 t，省级碳普惠核证减排量（PHCER）成交 64 万 t，是国内首个配额现货交易额突破 15 亿元大关的试点碳市场，单日配额线上挂牌交易量 62.1 万 t，创 2017—2018 年履约年度国内最高纪录，CCER 累计成交量 2 874 万 t，居全国次席。

北京： 北京碳市场于 2013 年 11 月 28 日正式开市，2018 年累计成交碳配额 894.73 万 t，同比增长 18.83%，累计成交量超过 5 093 万 t，成交额达 11.8 亿元，助力北京市万元地区生产总值二氧化碳排放量呈现持续下降态势。

全国七个试点碳市场中，北京碳配额占4.3%，成交量占19%，成交额占20%，成交量、成交额和交易活跃程度都居前列。截至2018年年底，北京碳市场累计申请开户机构已有943家，其中履约机构占绝大多数。年二氧化碳直接排放与间接排放总量5 000 t（含）以上的单位，都会被强制纳入碳排放交易的履约机构。在个人碳普惠领域，2018年1月环交所推出了“绿行者—绿色出行奖励平台”，通过市场化方式调动银行、保险公司等金融和商业机构，对市民自愿绿色出行给予经济激励。

天津：2018年1月31日，天津排放权交易所正式增资扩股，引入蚂蚁金服旗下全资公司上海云鑫创业投资为战略投资者。天津排放权交易所由中国石油、天津产权交易中心于2008年共同出资建立，是天津开展排污权交易、碳排放权交易等方面试点工作的交易机构。根据增资协议，该交易所注册资本将由1亿元增至1.78亿元。

5.3.4 国内多地开始尝试林业碳汇交易

国内多地尝试林业碳汇交易。把林业生态产品商品化、货币化、市场化，通过市场交易实现生态建设产业化是林业生态建设的发展方向，是林业生态建设增强自身造血功能，实现健康、可持续发展的重要途径。国家高度重视林业在应对气候变化中的特殊地位和作用，明确提出要“大力增加森林碳汇”，到2030年森林蓄积量要增加到45亿 m^3。2018年11月21日，国家林业和草原局办公室关于印发《2017年林业和草原应对气候变化政策与行动白皮书》的通知（办生字〔2018〕186号）提出积极组织培训指导，有效助推林业碳汇项目建设。目前，国内多地已经开始尝试林业碳汇交易项目开发。在现有碳交易试点中，广东、重庆、北京和福建都鼓励林业碳汇自愿减排项目，2013年10月以来，我国林业碳汇备案项目就有

100 多个，分布在吉林、广东、黑龙江、湖南等 10 多个省份，具体包括广西的全球首个清洁发展机制（CDM）林业碳汇项目、广东长隆的全国首个 CCER 碳汇造林项目、浙江安吉的全国首个竹林经营碳汇项目等。

专栏 5-3 地方林业碳汇交易进展

河北承德林业碳汇交易步入正轨，京承碳汇交易达 10.5 万 t。河北省承德塞罕坝机械林场在北京环境交易所与北京兰诺世纪科技有限公司完成首笔 3.6 万 t 的造林碳汇交易，这标志着塞罕坝林业生态产品实现市场化。目前，承德市现有林地面积 3 417 万亩，森林覆盖率达 57.67%。保守计算，每年可吸收 CO_2 1 810 万 t，释放 O_2 810 万 t。全市已累计实现京冀碳汇交易 10.5 万 t，所得收益达 254.14 万元。

山东省首个林业碳汇生态补偿项目落地南部山区。2018 年 12 月 28 日，南部山区管委会与济南产业发展投资集团旗下平台山东产发低碳环保科技有限公司现场签约，标志着山东省首个林业碳汇生态补偿项目正式启动。林业碳汇赋予了南部山区 10 余万亩林地资源全新的开发利用价值，经初步计算，南部山区碳汇林在 20 年计入期内可创造经济效益超 2 000 万元。

四川是全国首批林业碳汇项目试点省份，也是全国森林碳汇发展优先布局区。诺华川西南林业碳汇、社区和生物多样性项目是我国首个与外资企业直接合作的林业碳汇项目，也是目前四川省最大的林业碳汇项目，项目共涉及甘洛、越西、昭觉、美姑和雷波 5 个县及马鞍山、申果庄和麻咪泽 3 个大熊猫自然保护区，包括 17 个乡镇 26 个行政村，受益村民中有 97%的人口为少数民族。2011—2018 年，当地居民在 4 095.4 hm^2 的土地上，栽植和补植冷杉、云杉、华山松等各类苗木约 2 100 万株。项目预期将在未来 30 年内吸收大气中 120 万 t CO_2。依托该项目，2018 年，四川又配套启动了森林碳汇产业扶贫技术集成与示范项目，为助推精准扶贫、奔康致富探寻出了新的途径。

5.4 水权交易

落实中央水权改革有关决策部署，水利部于 2014 年在宁夏、内蒙古、广东、河南、甘肃、江西、湖北 7 个省（区）部署开展了水权试点工作。截至 2018 年 12 月，7 个试点地区按照批复的水权试点方案要求，总体上完成了水权改革的目标和任务，积累了宝贵经验。

基本探明了可交易水权的范围和类型。一是区域水权交易方面，可交易水权应当限定在区域用水总量控制指标、江河水量分配或跨流域调水水量分配完成后，行政区域之间节约或结余的水量。例如，河南省已开展的省内南水北调水权交易就是平顶山市等地区结余的水量。二是取水权交易方面，可交易水权的确定需要根据取水权取得方式的不同而有所区别。其中，直接向政府申请取水许可无偿取得的取水权，可交易水权应当严格按照国务院第 460 号令的规定，限定在通过节水措施节约的水资源，如内蒙古转让给工业企业的取水权，就是灌区通过节水改造节约出的水资源；通过水权交易有偿取得的取水权，则没有此类限制。三是灌溉用水户水权交易方面，可交易水权的确定需要根据交易对象而有所区别。其中，将农业水权跨行业转让给工业的，可交易水权需要限定于通过节水措施节约的水资源，如宁夏中宁县转让给中宁电厂的 219 万 m^3 水权，就是将舟塔乡通过农业节水改造和种植结构调整节约出的水资源；而灌区内农业用水户之间的水权交易，则没有此类限制。

建立政府建议价与市场协议价相结合的水权交易定价机制。例如，河南省开展水权试点初期，平顶山市和新密市对交易价格反复协商，但由于缺少参考，新密市担心交易价格过高，而平顶山市则担心交易价格过低。

在这种情况下，河南省水利厅及时制定出台了《关于南水北调水量交易价格的指导意见》，明确了水权交易建议参考价，为双方顺利达成意向协议奠定了重要基础；后来的几宗交易也均以该建议参考价为基础进行协商。

5.4.1 水权交易制度改革稳步进行

国家不断推动水权交易制度改革。2018 年 2 月，水利部、国家发展和改革委员会、财政部联合印发《关于水资源有偿使用制度改革的意见》，要求全面落实最严格水资源管理制度，有效推进水资源有偿使用制度改革，并进一步对水权确权登记、水权交易等方面的工作提出了具体要求。

地方积极推进水权交易制度改革。2018 年 11 月 5 日，潍坊市坊子区人民政府印发《坊子区水权交易管理实施办法（暂行）》（坊水发〔2018〕15 号），明确水权交易的管理细则。2018 年 11 月 14 日，厦门市人民政府办公厅发布《厦门市自然资源产权制度改革实施方案》（厦府办〔2018〕209 号），提出贯彻落实水资源的产权权能机制。严格贯彻落实取水许可制度，确认取水户的水资源使用权；开展用水总量控制指标分配，配合推进九龙江流域地区间、流域间、流域上下游的区域水权交易。2018 年 11 月 18 日，博尔塔拉蒙古自治州人民政府印发《自治州水权交易体系建设方案》（博州政办发〔2018〕98 号），建立健全水权交易体系，实现水资源使用权通过市场机制在地区间、流域间、流域上下游、行业间、用水户间流转，促进水资源节约、保护和优化配置。

5.4.2 水权交易市场进入新阶段

建立水权交易平台为水权交易提供支撑。为推动开展水权交易，水利部于2016年成立中国水权交易所，发挥了国家水权交易平台的引领和示范作用。内蒙古、河南、宁夏等试点地区也搭建了地方水权收储和交易平台，积极发挥其在水权收储和水权交易方面的作用。截至2018年10月31日，平台促成88单水权交易，累计实现交易水量27.6亿 m^3（表5-3），实现了区域水权交易、取水权交易、灌溉用水户水权交易三种交易形式的全覆盖。通过协议交易、公开竞价、政府回购等方式，探索出水权交易新模式。

表5-3　中国水权交易所公布的水权交易情况

交易种类	交易笔数	成交水量/万 m^3
区域水权/取水权交易	75	275 212.8
灌溉用水户水权交易	13	757.95
总计	88	275 970.75

推进市场发挥水资源配置功能。中国水权交易所达成交易的水量相对于全国水资源的使用量而言仅占极微小的一部分，截至2018年10月31日的88笔交易中，仅有9笔为公开交易，其余79笔均为协议转让。因此，目前的水资源分配仍然主要依靠行政手段，在微观配置层面尤为明显，水资源在微观层面的计划用水、节约用水等都依靠行政手段。市场在水资源配置中发挥作用才刚刚起步，尚未推出基于水权的金融产品和融资工具，商品化程度难以提高，水权交易协议转让的案例大多依赖政府撮合进行，但水资源配置管理的模式已由单纯的行政管理向政府与市场两手发力的方向逐渐转变。

5.4.3 水权交易试点取得重要进展

地方水权交易试点取得重要进展。水利部选取内蒙古、甘肃、河南、广东、宁夏等省区开展水权交易试点，河北、新疆、北京等地区也在积极探索开展水权交易。目前这些试点基本完成，无论是二级市场的培育，还是一级市场的培育，都已经积累了一些经验。

专栏 5-4　地方水权交易实践情况

宁夏首次通过市场机制完成水权转换。2018 年宁夏引黄灌区第一笔水权交易协议在唐徕渠灌域达成。2018 年 4 月 10 日上午，在宁夏回族自治区水利厅唐徕渠管理处、南梁管理所和贺兰县常信乡水管站相关人员见证下，贺兰县常信乡于祥村农民用水者协会与宁夏蓝湾南美白对虾生态养殖有限公司签订了 2018 年第一笔水权交易协议，本次交易水量 40 万 m^3，交易水费价格为 0.1 元/m^3，转让费 1.98 万元。标志着唐徕渠灌域水权转让（交易）试点工作正式启动，拉开了灌域支渠间水量有偿交易的序幕。

浙江临安率先成功试点制度性山塘水库水权交易。2018 年 12 月 12 日下午，在杭州市临安区板桥镇上田村，全省首批 22 本水权证正式发出。与此同时，东天目村、亭口村分别与一家企业达成山塘使用权转让协议。作为全省第一批确权登记后的水权交易，这两份协议也标志着临安在全省率先成功试点制度性的山塘水库水权交易。梅家坞山塘水资源使用量共计 54.06 万 m^3，此次他们受让了 25.55 万 m^3 水资源的使用权。梅家坞山塘水资源的评估单价为 0.23 元/m^3，年保底价为 58 765 元。

青海省水权改革取得重大进展。2018 年 12 月，青海省水利厅召开了《青海省河流水权确权与水权信息服务平台建设实施方案》验收会。方案以行政区域和流域范围相结合，依据区域用水总量，界定了县级行政区域为河流最小确权单元，确定了各水权确权单元内的可利用水资源量、河流生态需水量等。按照可持续利用、尊重历史用水与现状用水、生态公平等原则，分别将境内自产水和过境水按最小确权单元进行水资源分配，最终确定各河流的取水量。并初步编制了河流水权信息服务平台方案。青海省河流水权确权与水权信息服务平台建设实施方案通过验收，将标志着青海省河流水权确权工作取得重大进展，为快速推进河流水权改革奠定了坚实的基础。

湖南长沙县开展以生态补水为目标的农业水权回购。高桥镇桐仁桥水库实行农业水价综合改革，基础水权部分按 0.04 元/m^3，递增 50 m^3/亩以内加收 0.01 元/m^3，50～100 m^3/亩以内加收 0.02 元/m^3。改革前，桐仁桥水库年平均供水量 1 000 万 m^3，既承担着 3.2 万亩农田灌溉任务，也肩负着长沙县北部 16 万余人的饮用水水源供应责任。改革后，2018 年水库节水量 116 万 m^3，除农业灌溉用水外，还可充分保证饮用水水源供应。

贵州息烽三举措推进水权交易试点探索。目前已编制完成取水泵站的维修改造实施方案，并投入资金 48 万余元组织实施，工程形象进度为 75%；已完成板厂水库灌区农业用水水权确权登记工作，颁发了农业用水取水许可证；委托第三方服务机构编制《息烽县板厂水库灌区和开阳县贵州开磷有限责任公司水权转换交易可行性研究报告》并提交贵阳市水务部门审查。指导息烽县板厂水库灌区管理单位（息烽县下红马水库管理所）作为卖方在贵州省公共资源交易中心公开挂牌，明确交易水量、交易期限和交易价格；贵州开磷有限责任公司作为买方应牌，采取线下协议转让模式达成转让交易协议，同时采取“长期意向”与“短期协议”相结合的水权转换交易动态调整机制确定交易价款、交易总量、交易服务费、交易保证金、双方的义务与权利以及违约责任等事项，并取得贵州省公共资源交易中心出具的水权转换交易鉴证资料。

5.5 用能权交易

国家发展和改革委员会牵头积极推动用能权有偿使用和交易试点工作。《用能权有偿使用和交易制度试点方案》（发改环资〔2016〕1659 号）选择了浙江省、福建省、河南省、四川省开展相关试点工作，标志我国用能权有偿使用和交易试点正式启动。2018 年 2 月 8 日，由国家节能中心、国家发展和改革委员会能源研究所、北京环境交易所联合承担的“国家发展和改革委员会用能权有偿使用和交易试点工作”项目启动会暨工作研讨会在北京举行。该项目主要包括对试点地区进行调研，制定评估方案；制定用能权交易相关标准规范；开展用能权交易交流培训等内容。会议主要就用能权交易试点启动以来的进展情况、用能权交易的难点问题、项目实施计划进行了深入讨论。下一步，国家节能中心、国家发展和改革委员会能源研究所、北京环境交易所三家单位将组建联合工作小组，赴试点地区开展调研培训，并对试点进展进行跟踪评估，完成项目规定的各项任务。

浙江省用能权有偿使用和交易市场正式启动。2016 年 7 月，包括浙江在内的 4 省率先试点开展用能权有偿使用和交易制度试点，截至目前，浙江省试点进展显著：一是 2018 年 8 月省政府办公厅印发《浙江省用能权有偿使用和交易试点工作实施方案》，对全省用能权有偿使用和交易试点工作做出总体部署和安排；二是开发建设用能权有偿使用和交易系统及平台，成功搭建了全省统一的“一平台、三系统”交易信息系统；三是先后出台了非金属矿物制品业、化学原料等 8 个重点行业用能权确权技术规范。2018 年 12 月 26 日，由浙江省发展和改革委员会主办的浙江省用能权有偿使用和交易启动仪式暨节能新技术新产品新装备推介会在杭州举行，标志着浙江省用能权有偿使用和交易市场的正式启动。

专栏 5-5　浙江省用能权有偿使用和交易规定

申购方：2019 年 1 月 1 日起，未取得节能审查意见，单位工业增加值能耗高于全省“十三五”控制目标（0.6 t 标煤/万元）且未纳入高耗能行业缓批限批范围的新建、改建、扩建用能项目。

出让方：2018 年 8 月 21 日后规模以上企业通过淘汰落后产能、压减过剩产能腾出的且未在 2018 年年底前平衡的用能空间；企业通过节能技术改造等方式产生的节能量；行政区域内不低于 20%且不超过 50%的当年新增用能指标。

交易时间：工作日 9：30—11：30，13：30—15：00

交易程序：买卖双方提出用能申购与出让申请—属地节能主管部门进行审核并发布公告—第三方机构进行确权（区域当年新增用能量除外）—开展预交易，并出具预交易文书，公告交易结果—完成履约，新增项目在取得节能审查意见后 1 个月内，买卖双方签订正式交易合同，并完成相关履约。用能指标，由属地节能主管部门在交易履约后完成指标划转。

交易价格：

暂定市场初始阶段用能权交易基准价为 400 元/t 标煤。各地可根据经济社会发展状况、能源“双控”形势、单位工业增加值能耗大小和能耗的稀缺程度来确定价格调整系数。

县区内的交易价格由当地节能主管部门确定，跨县区的交易价格由市级节能主管部门确定。交易价格可在基准价的基础上按一定比例进行浮动，计算公式如下：交易价格$=400\times A\times\frac{B}{0.6}$，其中，$A$ 为节能主管部门的价格调整系数（$0.5\leqslant A\leqslant 2.5$）；$B$ 为新增用能项目节能评估报告、承诺备案表或节能审查意见中的单位工业增加值能耗（t 标煤/万元）。

交易平台：企业在申购和出让项目前，需在浙江省用能权交易平台上在线开户，完成注册登记工作。

浙江省用能权交易市场三阶段：

第一阶段为 2019 年，以处理增量交易为主；

第二阶段在 2020 年进一步拓展交易范围，丰富交易内容，实现存量与增量交易并存；

第三阶段则是到 2020 年年底，设立租赁市场，充分发挥市场在资源配置中的决定性作用。

河南省启动四地用能权交易试点。2018 年 7 月 18 日，河南省人民政府办公厅下发《关于印发河南省用能权有偿使用和交易试点实施方案的通知》（豫政办〔2018〕40 号）（以下简称《方案》），《方案》规定，河南省将建立完善的能源消费报告、审核和核查、用能权指标管理、分配和交易等制度体系。并计划用 2～3 年时间，全面建成要素明晰、交易规范、监管严格、运行良好的用能权交易市场，探索市场化、低成本实现能源消费总量和强度“双控”目标的路径和模式。《方案》确定了河南省的试点范围及交易品种。试点范围为：选择具有一定代表性的郑州市、平顶山市、鹤壁市、济源市开展试点工作，2018 年，将 4 市有色、化工、钢铁、建材等重点行业年耗能 5 000 t 标煤以上的用能企业纳入试点范围；2020 年，根据试点实施效果，逐步将试点范围扩展到全省年耗能 5 000 t 标煤以上的用能单位。根据河南省实际情况，交易对象确定为综合能源消费量，把煤炭作为主要确权因素，严格控制煤炭消费总量。

四川省用能权有偿使用和交易制度试点稳步推进。四川省作为全国用能权有偿使用和交易制度试点地区，按照国家统一部署，积极稳妥有序推进试点各项工作。2018 年 2 月 8 日，四川省用能权有偿使用和交易试点工作领导小组办公室印发《四川省用能权有偿使用和交易试点实施方案》，提出了建立健全“5 大管理制度”、建成“1 库、2 平台、3 系统”、建设“1 个中心”等阶段性工作目标；明确了建立健全初始用能权分配制度，建立健全能源消费报告、审核和核查制度，建立健全交易制度，建立健全履约制度，建立健全监督管理制度 5 项重点任务；列出了加强组织实施、完善政策措施、加大资金支持、加强能力建设、加强宣传引导 5 条保障措施。2018 年 11 月 26 日，四川省发展和改革委员会印发《四川省用能权有偿使用和交易管理暂行办法》（川发改环资规〔2018〕527 号），进一步推动四川省用能权有偿使用和交易试点工作，规范用能权有偿使用和交易管理。

福建省用能权交易市场正式启动。2018 年，福建省进一步健全用能权交易市场制度体系，启动用能权交易市场，相继印发了《福建省用能权交易市场信用评价实施细则（试行）》（闽经信环资〔2018〕15 号）、《福建省用能权指标总量设定和分配办法（试行）》（闽经信环资〔2018〕19 号）、《福建省用能权交易能源消费量报告管理办法（试行）》（闽经信函环资〔2018〕190 号），推动用能权有偿使用和交易制度试点工作的开展。2018 年起，福建省积极扩大试点行业范围，逐步将有色、石化、化工、平板玻璃、钢铁等重点用能行业纳入用能权交易试点范围。2019 年，福建将建成适应省情、要素明晰、制度健全、交易规范、监管严格、运行良好的用能权交易市场。2020 年，福建省将开展试点评估，总结提炼试点经验并加以推广。

厦门将逐步扩大全省用能权交易试点范围。根据《福建省用能权有偿使用和交易试点实施方案》，2017 年厦门市先行将本市火力发电（燃煤和燃气）和水泥制造（包括粉磨站）两行业的用能单位纳入用能权交易试点。2018 年起，厦门市逐步将有色、石化、化工等重点用能行业纳入全省用能权交易试点范围。列入第一批交易的企业名单包括：厦门华夏国际电力发展有限公司、东亚电力厦门有限公司、厦门瑞新热电有限公司、厦门国贸中顺环保能源股份有限公司（含新阳热电、同集热电）、厦门市顺建水泥有限公司、厦门华金龙建材有限公司、厦门美益建材有限公司、厦门鹭特建材有限公司、厦门同安路桥水泥厂。

专栏 5-6　地方自发开展的用能权交易实践

宜昌试水湖北省首单“用能权”交易。2018 年 6 月 5 日，宜昌宣布继启动沿江化工企业“清零”之后，再推改革新举措，在全省率先试水企业“用能权”有偿使用。根据改革方案，凡年用能 1 万 t 标煤以上的新建及改、扩建项目，对超额部分实施有偿申购、差别收费。位于枝江的湖北江升新材料有限公司投建动力电池项目，因新增能源消费超过 1 万 t 标煤“基准线”，公司付 21.6 万元购买超额的 5 273 t 标煤的用能权，成为试点第一单。

江西省自发开展用能权有偿使用和交易探索。《江西省用能权有偿使用和交易制度试点实施方案》中明确了试点目标：2017—2018 年，将江西省水泥、钢铁、陶瓷行业和具有代表性的萍乡市、新余市、鹰潭市等设区市全域的年综合耗能 5 000 t 标煤以上的工业企业纳入试点，火力发电企业自主选择是否纳入试点，逐步建立企业能耗数据报送和核查、初始用能权核定与分配、用能权有偿使用和交易制度体系，搭建交易平台，启动市场交易。2019—2020 年，完善市场要素，健全监管机制，扩大试点行业和区域范围，条件成熟后与其他试点地区对接，力争打造成为全国交易平台。

6 绿色税收

6.1 环境保护税

（1）环境保护税正式开征

环境保护税顺利开征。《中华人民共和国环境保护税法》于2018年1月1日正式实施，为了保障排污费改税平稳过渡，财政部、国家发展和改革委员会、环境保护部及国家海洋局于2018年1月7日发布了《关于停征排污费等行政事业性收费有关事项的通知》，于2018年1月1日起在全国范围内统一停征排污费和海洋工程污水排污费。为保证环境保护税顺利征收，财政部、税务总局和生态环境部于2018年3月30日发布了《关于环境保护税有关问题的通知》（财税〔2018〕23号），明确了应税污染物的计算问题，其中包括大气污染物与水污染物排放量的监测计算、应税水污染物污染当量的计算、应税固体废物排放量计算及纳税申报问题和应税噪声应纳税额的计算。为保障《中华人民共和国环境保护税法》及其实施条例有效实施，三部委于2018年10月25日发布了《关于明确环境保护税应税污染物适用等有关问题的通知》（财税〔2018〕117号），进一步明确了应税污染物适用问题、税收减免的适用范围、应税污染物排放量的监测计算问题，并提出各级税务、生态环境主管部门要加快建设和完善涉税信息共享平台，进一步规范涉税信息交换的数据项、交换频率和数据格式，并提高涉税信息交换的及时性、准确性，保障环境保护税征管工作运转顺畅。

环保税收征管模式有待进一步完善。原排污费由环保部门征收，改征环境保护税后，《环境保护税法》确定了“企业申报、税务征收、环保协同、信息共享”的征管模式。这一征管模式突出了纳税人自主如实申报纳税的义务，明确了税务机关征税的主体责任，并要求环保部门对纳税申报数据资料异常或者纳税人未按照规定期限办理纳税申报的，依法进行技术复核，配合税务机关做好征管工作。环保税在实际征收管理过程中存在一些问题：一是涉税人员能力建设未跟上，新税种开征，纳税人在具体税额计算、纳税申报、减免税优惠等方面不熟悉，同时对基层税务机关人员专业能力也提出了要求；二是环保复核要求不明确，对于纳税申报数据资料异常情况没有界定范围；三是环保部门征管职能要求不明确，环境保护部已于2017年7月与国家税务总局签订《环境保护税征管协作机制备忘录》，明确七大类工作任务职能分工，但在细致层面上还没有进行清楚的界定；四是征缴水平不足，一方面是企业申报数据准确性不足，另一方面是固体废物方面研究不足。针对上述问题，建议环保税改革进程如下：一是加强涉税人员的专业技术培训；二是明确界定“数据异常”标准；三是环保部门充分做好协征分工，明确细化完善环保部门的职责；四是推进开展第三方纳税服务和固体废物征管研究[①]。

2018 年前三季度数据（图 6-1）显示，全国共有 76.4 万户次纳税人顺利完成税款申报，累计申报税额 218.4 亿元，其中减免税额达 68.6 亿元。从应税污染物类型看，对大气污染物征税 135 亿元，占比 89.8%，其中 SO_2、NO_x、一般性粉尘合计占大气污染物应纳税额的 85.7%；对水污染物征税 10.6 亿元，占比 7.2%；对固体废物和噪声征税 4.7 亿元，占比 3.0%。重点污染企业贡献了大部分税收。

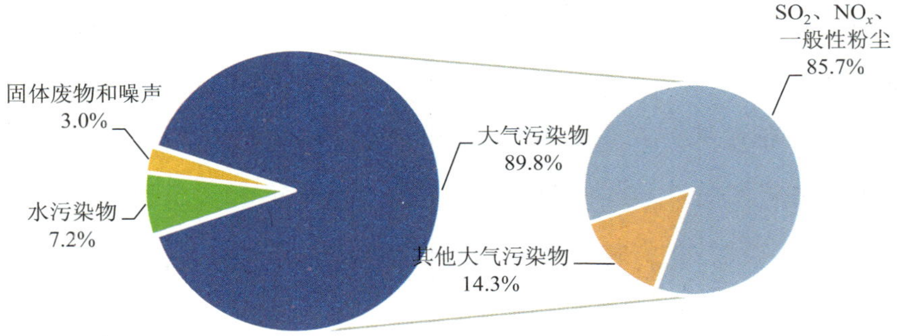

图 6-1　2018 年前三季度环保税中应税污染物占比

（2）环境保护税对企业的影响

环保税减税措施促使企业继续提升环保技术。《环境保护税法》第十三条对于纳税人排放污染物低于国家和地方标准予以减税处理：低于国家和标准的 30%，减除 75%的环境保护税；低于国家和标准的 50%，减除 50%的环境保护税。这一规定对于经济效应的最大化发挥着重要的作用。环境保护税的

① 董战峰，郭治鑫，龙凤. 征管机制不完善、征缴保障弱、环保复核要求不明确 环境保护税征管问题亟待解决[J]. 环境经济，2018（15）：50-53.

减税措施，使企业更关注污染物的排放量，通过减少污染物的排放量来降低对于环境保护税的缴纳。促使企业为了减税去更新生产技术，使用更为清洁的能源来投入生产。这一规定表现出国家对低污染企业的鼓励，可以刺激低污染企业去寻求更低的环境保护税费继续加大环境保护措施，更新环保技术，从而推动环境、企业各方经济利益的最大化。

开征环保税提高企业治污效率。通过对城乡生活污水集中处理场所实行达标排放免税政策，促进企业由过去直接向环境排放水污染物改为入城市管网排放，提高污水集中处理效率。2018 年前三季度数据显示，享受达标排放免税优惠的城乡污水处理厂、垃圾处理厂累计免税 27.3 亿元，占减免税总额的 40%。

开征环保税鼓励企业节能减排。开征环保税后，企业自觉地采取清洁能源、节约能源等方式减少污染物的排放，对资源采取充分的利用，形成资源循环利用方式，把污染物的数量降低到最少，以实现污染的减量化。福建省某热电有限公司大气污染物经超低排放环保设施处理后，所排放的 SO_2、NO_x 和烟尘在一年内分别下降 21.05%、4.98%和 29.38%，减免环保税 62.74 万元，税负下降 7.83%。

开征环保税激励企业转型升级。环境保护税自身具有一定的导向功能，不仅能激励企业创新，还能提高企业的竞争力和影响力。企业为了降低税负增加盈利而努力研发新技术，优化产品结构，甚至寻找环保替代品。这些举动都会使创新、技术、环保等因素被调动起来，减少税负相当于在一定程度上降低了产品的生产成本，同时增强了企业的社会责任，提高社会影响力。内蒙古某发电有限公司通过加大投入专项资金对发电机组进行改造，2018 年前三季度，公司同比减少 SO_2 排放 546.1 t、NO_x 620.6 t、烟尘

55.8 t。在税额标准提高的情况下，公司所缴纳环保税较同期排污费减少167.3 万元，降幅达 24.6%。

6.2 其他环境相关税收

（1）资源税

稳步推进资源税改革。我国于 1984 年开征资源税，仅对煤炭、石油、天然气、铁矿石 4 种资源征收资源税，并以资源产品销售额为依据采用“超率累进、从价计征”的征收方式。1994 年国务院颁布了资源税暂行条例，实施从量计征，并将征收范围扩大为石油、天然气、煤炭、其他非金属原矿、黑色金属矿原矿、有色金属矿原矿、盐 7 种，并分别规定了适用的定额税率。2010 年，财政部、国家税务总局发布《新疆原油天然气资源税改革若干问题的规定》，率先在新疆试点实施从价计征改革，税率为 5%。2011 年，调整了原油、天然气的税率，确定从价定率和从量定额的状态。2014 年 10 月，煤炭资源税也纳入从价计征范围，税率为 2%～10%不等。随后，《关于调整原油天然气资源税有关政策的通知》规定将原油、天然气的使用税率由 5%上升至 6%，将矿产资源补偿费费率降为零。2015 年 4 月将稀土、钨、钼等资源也改为从价计征。自 2016 年 7 月起，资源税全面实施改革，对绝大部分应税产品实行从价计征方式，建立了税收与资源价格挂钩的自动调节机制。1997—2017 年，全国累计征收资源税 9 325 亿元，总体呈增长趋势，年均增长 15.9%。其中 2015 年、2016 年的资源税收入均出现下降趋势，自资源税全面实施改革后，2017 年资源税收入共 1 353 亿元，较上年增长 42.3%，占地方税收收入的 1.9%，较 2016 年的 1%资源税收入比重明显增大。

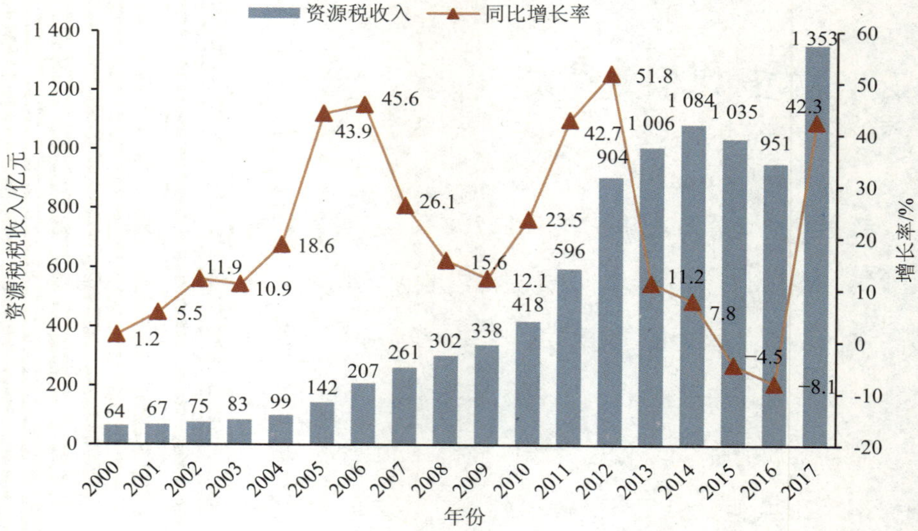

图 6-2 历年资源税收收入及同比增长

数据来源：历年中国统计年鉴。

资源税法草案提请审议。为了进一步规范资源税征收管理、优化纳税服务、防范涉税风险，国家税务总局于 2018 年 3 月 30 日发布《资源税征收管理规程》（国家税务总局公告　2018 年第 13 号），自 2018 年 7 月 1 日起实施。2018 年 12 月 23 日，《中华人民共和国资源税法（草案）》首次提请十三届全国人大常委会第七次会议审议，常委会委员普遍认为资源税法草案总体可行，可按照税制平移思路将《中华人民共和国资源税暂行条例》上升为法律。资源税法共计规定 164 项税目，授权地方层面列举名称的税目也纳入在内，对于地热、石灰岩、其他黏土、砂石、矿泉水、天然卤水 6 个税目可以选择实行从价计征或从量计征。资源税法还增设了税收优惠政策，对开采原油以及在油田范围内运输原油过程中用于加热的原油、天然气，以及煤炭开采企业因安全生产需要抽采的煤成（层）气免征资源税；对高含硫天然气和从深水油气田开采的原油、天然气，以及从衰竭期矿山开采的矿产品，减征 30%资源税；对从低丰度油气田开采的原油、天然气，减征 20%资源税。资源税法的制定进一步落实了税收法定的原则，明确了资源税的征收模式，增强了资源税在生态保护方面的功能，对于发挥税收促进合理科学、节约集约开发利用资源和推动绿色发展及运用法治方式推进和规范水资源费改税改革试点具有积极意义。

促进页岩气开发利用。财政部、税务总局于 2018 年 3 月 29 日发布《关于对页岩气减征资源税的通知》（财税〔2018〕26 号），2018 年 4 月 1 日至 2021 年 3 月 31 日，对页岩气资源税（按 6%的规定税率）减征 30%，进一步加快清洁能源的开发利用，增加天然气供给。

（2）企业所得税

鼓励发展国内原油期货市场。为了进一步发展国内原油期货市场，扩大石油交易主体，降低石油价格大幅度波动的负面影响，财政部、税务总局、证监会于 2018 年 3 月 13 日发布《关于支持原油等货物期货市场对外开放税收政策的通知》（财税〔2018〕21 号），规定对在中国境内未设立机构、场所的，或者虽设立机构、场所但取得的所得与其所设机构、场所没有实际联系的境外机构投资者（包括境外经纪机构），从事中国境内原油期货交易取得的所得（不含实物交割所得），暂不征收企业所得税；对境外经纪机构在境外为境外投资者提供中国境内原油期货经纪业务取得的佣金所得，不属于来源于中国境内的劳务所得，不征收企业所得税。并自原油期货对外开放之日起，对境外个人投资者投资中国境内原油期货取得的所得，三年内暂免征收个人所得税。

促进推动服务贸易创新发展。为进一步推动服务贸易创新发展、优化外贸结构，财政部、税务总局、商务部、科技部以及国家发展和改革委员会于 2018 年 5 月 19 日发布《关于将服务贸易创新发展试点地区技术先进型服务企业所得税政策推广至全国实施的通知》（财税〔2018〕44 号），自 2018 年 1 月 1 日起，对满足《技术先进型服务业务领域范围（服务贸易类）》业务范围的企业减征 15%的企业所得税。此次减按 15%的税率征收，优惠力度非常大，因为现行的企业所得税的标准税率是 25%。这意味着相关企业所得税的降幅达到 40%，对于这些服务型企业的转型升级和创新发展有极大好处。2018 年 1—4 月，中国服务贸易延续高增长之势，服务进出口总额达到 16 653.5 亿元，同比增长 11.9%，其中出口 5 526.1 亿元，增长 13%，进口 11 127.4 亿元，增长 11.4%，逆差 5 601.3 亿元。中国服务贸易规模位居世界第二。

（3）进出口税收优惠政策

保障清洁能源天然气供给。为保障国家能源安全，缓解天然气进口企业巨额亏损，财政部、海关总署、国家税务总局于 2011 年发布《关于对 2011—2020 年期间进口天然气及 2010 年年底前“中亚气”项目进口天然气按比例返还进口环节增值税有关问题的通知》（财关税〔2011〕39 号）。政策明确，2011 年 1 月 1 日至 2020 年 12 月 31 日，在经国家准许的进口天然气项目进口天然气价格高于国家天然气销售定价的情况下，进口天然气增值税按进口气价和国内销售价格倒挂比例实行增值税先征后返政策。三部委于 2018 年 5 月 22 日、10 月 17 日先后发布《关于调整天然气进口税收优惠政策有关问题的通知》，新增加天津液化天然气项目、浙江舟山液化天然气项目享受优惠政策。

减轻环保企业进口大型设备税收负担。2018 年 11 月 14 日，财政部、国家发展和改革委员会、工业和信息化部、海关总署、税务总局、能源局印发《关于调整重大技术装备进口税收政策有关目录的通知》(财关税〔2018〕42 号)、《国家支持发展的重大技术装备和产品目录（2018 年修订)》和《重大技术装备和产品进口关键零部件、原材料商品目录（2018 年修订)》，自 2019 年 1 月 1 日起执行，对符合规定条件的国内企业为生产本通知所列装备或产品而确有必要进口所列商品，免征关税和进口环节增值税。《国家支持发展的重大技术装备和产品目录（2018 年修订)》中包括大型环保及资源综合利用设备共 9 项，其中新增大气污染治理设备 3 项，固体废物处理设备和资源综合利用设备各一项。

（4）车船税和车辆购置税

鼓励使用新能源汽车。车船税和车辆购置税的课税对象都是汽车所有人，车船税是地方税，每年计征，从 2012 年起按排量征收。车辆购置税只在购车时一次性缴纳，按车款的 10%征收。2018 年 7 月 10 日，财政部、税务总局、工业和信息化部与交通运输部联合发布《关于节能新能源车船享受车船税优惠政策的通知》(财税〔2018〕74 号)，提出将对节能汽车减半征收车船税，对新能源车船免征车船税。2017 年 12 月 26 日，财政部、税务总局、工业和信息化部、科技部发布《关于免征新能源汽车车辆购置税的公告》(财政部公告 2017 年第 172 号)，2018 年 1 月 1 日至 2020 年 12 月 31 日，对购置的新能源汽车免征车辆购置税。截至 2018 年 12 月底，工业和信息化部与国家税务总局已联合发布《享受车船税减免优惠的节约能源使用新能源汽车车型目录》至第六批，《免征车辆购置税的新能源汽车车型目录》至第二十二批。

（5）成品油消费税

强化成品油消费税征收管理。成品油消费税是指消费者在消费汽油、柴油、石脑油、溶剂油、航空煤油、润滑油、燃料油 7 种成品油时交纳的消费税。2009 年我国对成品油消费税进行了一揽子改革，取消了公路养路费等 6 项收费，提高成品油消费税税率，改革后汽油消费税单位税额为 1 元/L，柴油为 0.8 元/L。为了促进环境治理和节能减排，财政部和国家税务总局于 2015 年 1 月 12 日发布《关于继续提高成品油消费税的通知》（财税〔2015〕11 号），于 2015 年 1 月 13 日起，汽油、石脑油、溶剂油和润滑油的消费税单位税额提高到 1.52 元/L，柴油、航空煤油和燃料油的消费税单位税额提高到 1.2 元/L（其中航空煤油继续暂缓征收）。国家税务总局于 2018 年 1 月 2 日发布《关于成品油消费税征收管理有关问题的公告》（国家税务总局公告　2018 年第 1 号），明确了所有成品油发票均须通过增值税发票管理新系统中成品油发票开具模块开具，对如何开具成品油发票、纳税申报表调整以及纳税申报实行比对的主要内容和关于具体问题衔接的有关规定进行了详细的阐释。此公告的发布，有利于加强成品油消费税的征收管理，实现生产、批发、零售的全流程税收监控管理。

专栏 6-1　强化税收激励环境污染第三方治理

2014 年 12 月 27 日，国务院发布了《关于推进环境污染第三方治理的意见》（国办发〔2014〕69 号），其中第十八条提出："加大财税支持力度。对符合条件的第三方治理项目给予中央资金支持，有条件的地区也要对第三方治理项目投资和运营给予补贴或奖励。积极探索以市场化的基金运作等方式引导社会资本投入，健全多元化投入机制。研究明确第三方治理税收优惠政策。”环境保护部于 2017 年 8 月 9 日发布了《关于推进环境污染第三方治理的实施意见》（环规财函〔2017〕172 号），其中第十二条提出：“鼓励地方设立绿色发展基金，积极引入社会资本，为第三方治理项目提供融资支持。探索引入第三方支付机制，依环境绩效付费，保障排污单位和第三方治理单位权益。”上述两文件发布以来，虽有提及要研究明确第三方治理税收优惠政策，但是目前进度缓慢。

排污企业若要自行解决污染治理问题，那么其治污费用就可计入企业生产成本无须纳税。若将污染治理委托给第三方治理公司，则需要向其支付相应治理服务费用，同时第三方治理公司需要缴纳各项税负。总体来看，全社会污染治理的成本将会上升。特别是发电企业的脱硫项目，实行第三方治理（即特许经营）后，还涉及双重征税问题，即电网企业将 0.015 元/（kW·h）脱硫电价支付给电厂须纳税，电厂再将此电价支付给脱硫企业又须纳税一次[①]。不利于第三方治理模式的推行，也限制了环境治理服务企业的发展。

为充分调动第三方治理企业的积极性，建议建立多样的税收优惠政策。一是对于从事第三方治理的环境服务企业所得税可以参照公共污水等处理方法，采用“三免三减半”优惠政策等。二是对于环境服务企业承担的第三方治理项目，对其应征的增值税实施即征即退政策。环境服务企业从事第三方治理所得收入单独核算，其所得税按减 15%征收。对于环境治理设施，免征房产税和土地使用税。三是对承担第三方治理且污染物稳定达标的环境服务企业可实行环保电价政策，对采用第三方治理的排污企业实行优惠电价政策。

① 骆建华. 环境污染第三方治理的发展及完善建议[J]. 环境保护，2014，42（20）：16-19.

7

绿色金融政策

7.1 绿色金融发展态势强劲

绿色金融是推动绿色低碳发展和生态文明建设的重要力量。2018 年，我国在绿色金融领域取得了诸多进展，绿色金融在各领域实现稳步增长。绿色金融的市场需求、实践创新和政策支撑、绿色金融产品与服务创新发展、国际合作等方面取得了积极的进展，总体发展态势强劲。

宏观政策为绿色金融的持久理性发展提供了强有力的保障。中国人民银行、证券基金业协会分别出台政策支持绿色信贷评价制度和借贷担保制度的完善，为绿色信贷业务的扩大和绿色资产的担保提供了政策保障。五大绿色金融改革创新试验区全力推进绿色金融的创新实践，采取各类灵活有效的措施形成特色鲜明、成效显著的绿色金融实践“样板”。生态建设和环境保护类 PPP 项目总体发展态势向好，更多项目实现理性落地。全国碳排放权交易市场全面启动，在制度设计上不断创新发展，各试点地区依然保持良好的发展态势。

产品与服务的日益丰富为绿色金融发展提供了有效途径。绿色信贷市场长期保持稳步增长，2013—2017 年，节能环保项目的信贷规模从 9 613.1 亿元下降至 7 619.05 亿元，新能源项目的信贷规模则从 5 294.5 亿元上升至 9 375.08 亿元。绿色债券市场发展势头强劲，2016 年至 2018 年 11 月，各类绿色债券的总规模为 6 077.49 亿元，其中，17.09%的资金用于清洁能源，15.85%的资金用于清洁交通，14.15%的资金用于污染防治；绿色保险持续平稳推进，《环境污染强制责任保险管理办法（草案）》审核通过，为环境污染责任保险的加快推进提供了政策支持，深圳等地积极探索和实践各类创新的绿色保险产品；绿色发展基金与绿色资产支持票据实践活跃，各地积极探索特色鲜明的绿色发展基金，公交客票收益权绿色资产支持票据等不断涌现。

国际合作与交流为提高绿色金融的国际影响创造了机会。绿色金融再次写入二十国集团（G20）领导人峰会研究成果之中，由中方主导完成的《2018 年 G20 可持续金融综合报告》得到了世界各国的认同，为推动全球可持续发展提供了重要的发展理念。中英研究机构共同发布“一带一路”绿色投资原则，将低碳和可持续发展议题纳入“一带一路”倡议。保尔森基金会成立绿色金融中心，中国与世界各国的绿色金融国际合作与交流更加频繁。

7.2 绿色金融与产品日益丰富

绿色信贷市场长期保持稳步增长。总体上来看，中国的绿色信贷规模呈现持续扩大的趋势，2013 年 6 月末，中国的绿色信贷规模为 48 526.84 亿元，而到 2017 年 6 月末，绿色信贷规模达到 82 956.63 亿元，增加了 70.95%（图 7-1）。中国绿色信贷涵盖了众多领域，总体上包含节能环保服务信贷和战略新兴产业信贷。节能环保服务信贷中，主要包括绿色农业开发项目、绿色林业开发项目、工业节能节水环保项目、自然保护与生态修复项目、资源循环利用项目、垃圾处理及污染防治项目、可再生能源及清洁能源项目、农村及城市水项目、建筑节能及绿色建筑项目、绿色交通运输项目、节能环保项目和境外项目。这些项目中，绿色交通运输项目和可再生能源及清洁能源修复项目所占的比重较大。

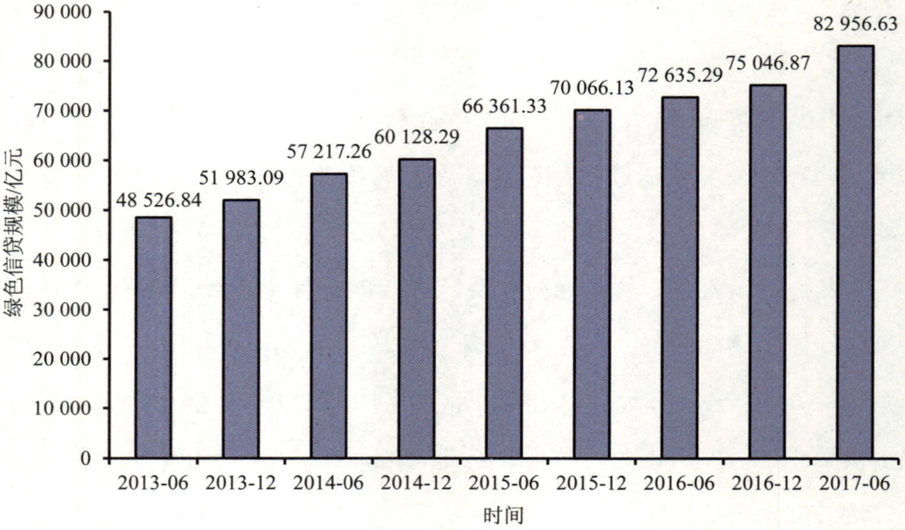

图 7-1　2013—2017 年我国 21 家主要银行机构绿色信贷余额情况

注：由于 2017 年年底的数据尚未公布，仅统计至 2017 年 6 月底，下同。
数据来源：中国银行保险监督管理委员会官网。

绿色债券市场长期深入推进。由图 7-2 可知，2018 年 1—11 月，我国债券市场的发行期数总计 109 期，其中，3 月、4 月、8 月和 11 月的发行期数较多，分别为 15 期、15 期、17 期和 23 期，1 月和 2 月的发行期数较少，仅分别为 3 期和 1 期。从发行规模来看，2018 年 1—11 月的累计发行规模为 1 963.09 亿元，其中，发行规模最大的主要为 10 月和 11 月，分别发行 418.28 亿元和 644.56 亿元，分别占 1—11 月发行总额的 21.31%和 32.83%；而 1 月、2 月和 6 月的发行规模较小，仅分别为 24.45 亿元（约占 1.25%）、20 亿元（1.02%）和 73.8 亿元（3.76%）。

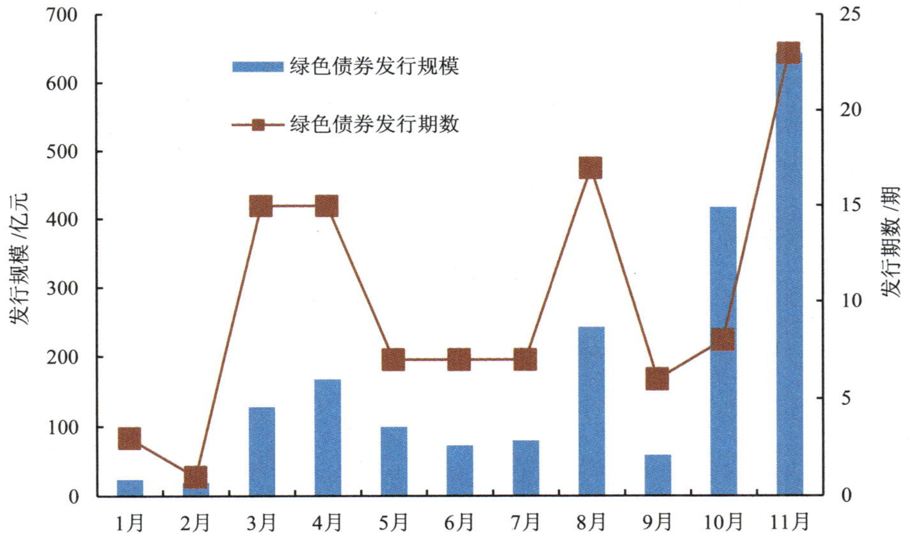

图 7-2　2018 年 1—11 月我国绿色债券发行情况

注：由于 2018 年 12 月的数据尚未公布，此处未能统计在其中，下同。
数据来源：联合资信评估有限公司。

绿色保险持续平稳发展。2018 年 5 月 7 日，生态环境部审议并原则通过《环境污染强制责任保险管理办法（草案）》，对环境污染强制责任保险的定义、适应范围、监管机构做出了明确界定，并进一步明确了强制投保范围、保险责任范围、承保、投保方式、风险评估与排查、赔偿责任、罚款责任等。地方层面，1 月，江西保监局与江西省政府金融办、中国人民银行南昌中心支行、赣江新区管委会联合印发《赣江新区绿色保险创新试验区建设方案》，内容包括完善绿色保险组织体系，建设绿色保险产业园，建立绿色保险产品创新实验室和产品项目库；拓展绿色保险服务内容，推行环境污染强制责任保险试点等。2 月，厦门市出台《关于促进厦门市保险行业发展绿色金融的意见》，明确了保费补贴、风险补偿、创新奖励等方面的财政扶持政策。9 月 27 日，深圳市福田区政府、深圳保监局、平安产险深圳分公司、深圳经济特区金融学会绿色金融专业委员会，共同启动绿色保险的创新险种——绿色卫士装修污染责任险，成为国内首个承保室内空气环境污染的产品。

绿色发展基金实践活跃。2018 年 6 月，山东省成立绿色发展基金，由山东发展投资集团发起设立，基金总规模为 100 亿元，将综合运用亚洲开发银行、法国开发署、德国复兴信贷银行、绿色气候基金等国家主权贷款资金，吸引社会资本共同参与。7 月，中国华融旗下华融天泽投资有限公司与江苏省政府投资基金共同发起设立江苏省生态环保发展基金，基金总规模为 800 亿元，成为江苏省唯一一只专注于生态环保的基金。7 月，甘肃省确定设立目标总规模 2 000 亿元的甘肃省绿色生态产业发展基金，全力支持十大生态产业发展。10 月，经贵州省人民政府批复同意，贵州省经信委会同国家发展和改革委员会、省财政厅联合印发《贵州省工业及省属国有企业绿色发展基金方案》，组建贵州省工业及省属国有企业绿色发展基金，初步设立基金总规模为 300 亿元。

7.3 环境信用体系建设不断探索实践

部分地区探索建立重点单位的环保信用评价机制。2018 年 4 月，河南省环境保护厅印发《河南省排污单位环保信用评价管理办法(征求意见稿)》(简称《办法》)和《河南省排污单位环保信用评价指标及评分标准(征求意见稿)》(简称《标准》)。从《办法》的参评范围来看，主要包括行政区域内的重点排污单位，其他自愿参加环保信用评价且纳入各级环保部门监督管理的排污单位；从评价指标及评价等级来看，共设定包括污染防治、环境管理、社会影响、信用激励4类23项指标在内的评价指标和评价等级；从评价程序来看，主要包括确定参评单位、排污单位录入环境信息、县(区)环保局审核并补充录入环境信息、省辖市环保局复核并补充录入环境信息、省环保厅复核并补充录入环境信息、公示初次评价结果、发布初次评价结果；从动态调整来看，要求排污单位建立环保信用维护机制，主动关注和查询自身的环保信用记录，实时掌握自身环境信用状况，并对存在的问题进行有针对性的整改；从联合激励和惩戒机制来看，由环保部门、发改部门、财政部门以及金融机构等共同应用评价结果，并实施惩戒。从《标准》来看，排污单位的环保信用评价指标细致，包括大气及水污染物达标排放、污染源自动在线监测等在内的23项指标，每一项评价指标都对应一定的评分内容和分值。5月，山东省环保厅印发《山东省企业环境信用评价办法》，采用年度记分制，如表7-1所示，当年无记分记录的企业为环境信用绿标企业，以绿牌标识；当年有记分记录、累计记分11分以下的企业为环境信用黄标企业，以黄牌标识；当年累计记分12分以上的企业为环境信用红标企业，以红牌标识。

表 7-1　山东省企业环境违法违规行为记分标准（2018 版）

序号	环境违法违规行为处理类别		记分值
1	警告		1
2	责令改正或者限期改正		1
3	罚款	罚款不足 5 万元	1
		罚款 5 万元以上不足 20 万元	2
		罚款 20 万元以上不足 40 万元	3
		罚款 40 万元以上不足 60 万元	4
		罚款 60 万元以上	6
4	责令停止建设	登记表类建设项目	3
		报告表类建设项目	6
		报告书类建设项目	12
5	责令限制生产		6
6	责令停产整治		12
7	实施查封、扣押		6
8	没收违法所得、没收非法财物		6
9	暂扣许可证或者其他具有许可性质的证件		6
10	吊销许可证或者其他具有许可性质的证件		12
11	移送适用行政拘留的环境违法案件		12
12	移送涉嫌环境犯罪案件		12
13	签订生态环境损害赔偿合同书后拒不履行赔偿义务的		6
14	列入企业环境强制责任保险投保范围而拒不投保的		3

资料来源：山东省生态环境厅。

各省（直辖市、自治区）不断探索创新环境信用的惩戒管理制度。2018 年 11 月起，江西省开始对企业、事业单位和其他经营生产者实施环境保护“红（黄）牌”警示管理制度，被列入“红（黄）牌”警示的排污单位，其环境信用评价等级将下调一级。根据规定，若排污单位排放水污染物或大气污染物，超过国家或地方污染排放标准且被依法实施行政处罚；排放水主要污染物或大气主要污染物，超过总量控制指标且依法被实施行政处罚的，都将被列入环保“黄牌”警示。若排污单位被环保主管部门报经有批准权的人民政府责令停业、关闭；已受到环保“黄牌”警示，拒不整改或整改不到位的，则将被列入环保“红牌”警示。被列入“红（黄）牌”警示的排污单位，其环境信用评价等级将下调一级，环保行政主管部门将会把其列为重点检查对象，加大执法和监测频次。2018 年 4 月，河北省发布《河北省企业环境信用评价管理办法（试行）》，对国家级、省级、市级重点监控企业，污染物超标或者超总量排放的企业，发生过重大、特大环境污染事件的企业以及被环保主管部门挂牌督办的企业等重点单位推行环境信用等级制度，设立绿、黄、红、黑 4 级环境信用等级。对环境信用黄标企业，环保部门应当督促其完善内部环境管理机制，改进环境行为；对环境信用红标企业，环保部门应当适当增加现场检查频次，限制其参加环保评先评优活动；对环境信用黑标企业，环保部门应当将其列入重点监管对象。建立记分核销机制，对企业不同环境违法违规行为，分次采取环境行政处罚处理措施的，分别记分；对企业某一环境违法违规行为，采取两种以上环境行政处罚处理措施的，按照记分值最高的类别进行记分。

8 环境市场政策

8.1 环境污染第三方治理

加强第三方治理实践的引导和落实。2018 年 1 月 29 日—2 月 2 日，国家发展和改革委员会联合环境保护部、住房和城乡建设部相关司局，中咨公司及有关专家，对河北省、江苏省、湖北省、贵州省、大连市、宁波市等地试点进行现场调研，深入挖掘总结试点好经验、好做法，对持续推进第三方治理工作提出明确要求。7 月 25 日，农业农村部出台《关于深入推进生态环境保护工作的意见》，要求构建多元环保投入制度体系，培育新型市场主体，推动农业农村污染第三方治理。8 月，生态环境部环境保护对外合作中心、中国环境科学研究院、中国循环经济协会向各省、自治区、直辖市及计划单列市、新疆生产建设兵团环保厅（局）印送工业园区环境污染第三方治理典型案例（第一批），推荐了 6 个典型案例，供各地参考借鉴，如表 8-1 所示。

表 8-1　工业园区环境污染第三方治理典型案例（第一批）

序号	工业园区环境污染第三方治理典型案例	特点
1	江苏南大环保科技有限公司东沿海经济开发区环保顾问式服务平台	市场化契约关系；顾问式环保服务；常态化环保巡查；集约化监测采购
2	凯天环境工程有限公司衡水工业新区环境污染第三方治理试点	阶梯水价模式；可视化“一厂一管”；综合化环境监控
3	广东中联兴环保科技有限公司青海省西宁经济技术开发区有毒有害气体预警体系建设项目	多用户环境风险预警监测；全过程环保管家服务
4	上海化学工业区升达废料处理有限公司上海化学工业区联合异氰酸酯项目的危险废物管理服务	照付不议商务模式；蒸汽/冷凝水循环化利用；安全可靠的长期运营管理服务
5	上海化学工业区中法水务发展有限公司上海化学工业区污水厂污水处理	多方参与的市场化运营模式；先进的污水处理理念；长期稳定达标
6	光大水务运营（新沂）有限公司新沂市经济开发区化工废水第三方治理 PPP 项目	先进的自主知识产权污水处理技术工艺；定制化的污水管控措施；典型的污水处理计价收费模式

多地积极推进第三方治理和实践。如表 8-2 所示，2018 年江西、上海等地颁布实施第三方治理相关政策，推进第三方治理实践。江西印发《江西省推进环境污染第三方治理工作实施细则》，从推进环境公用设施投资第三方治理市场化、建立和完善第三方治理机制、培育和发展第三方治理市场等方面，对江西省第三方治理工作进行安排。上海市静安区推广第三方治理餐饮油烟模式，区环保局通过购买第三方服务，由社会第三方机构对大型餐饮企业定期安排专业人员进行现场巡检，查看饮食服务业单位污染源状况及相应环保设施运行状况，并作相应记录。对有违规现象的，指导

和督促业主整改，并为企业环保治理工作提供指导。河北省衡水市高新区实行第三方打包治理，实现“环保管家”有效管理。截至 2018 年 6 月 8 日，衡水高新区环境污染第三方治理项目总投资已超过 3 亿元，在有效降低污染治理成本及政府投资成本的基础上，达到了较好的环境治理效果。

表 8-2　2018 年地方第三方治理政策制定和实践情况

时间	政策范围	政策出台
4 月 3 日	江西省	《江西省推进环境污染第三方治理工作实施细则》
5 月 22 日	上海市	上海市静安区推广第三方治理餐饮油烟模式
6 月 8 日	衡水市	第三方打包治理　“环保管家”真正管到位

环境污染治理第三方模式仍有待完善。第一，法规体系有待进一步完善。第三方治污企业的市场法律准入机制不健全，市场监管法律规制不足，排污企业和治污企业责任承担不均[①]。由于缺乏相关配套法规，相关方的责任边界、处罚对象、处罚措施等缺乏法律依据，易导致排污企业和第三方治理企业相互推诿责任。第二，利用税收优惠政策可以有力地促进第三方治理市场更好地发展，提高第三方治理企业的积极性。现有涉环保企业所得税抵免政策主要针对节能环保专用设备和节能环保项目。对于从事委托运营服务的环境污染治理第三方企业，收入来源主要是委托方的支出，尚未有专门针对此类企业实行税收优惠的政策。现有税收政策有待进一步调整。[②]第三，融资渠道有待进一步拓宽。环境服务公司要负责治理设施的投资建设，这就涉及项目融资问题。由于治理设施附着于工业企业的主体设

①华梅. 环境污染第三方治理法律规制不足[J]. 法制博览，2017（11）：225.

② 董战峰，龙凤. 创新税收优惠政策助推环境污染第三方治理[J]. 环境经济研究，2018（4）：168-176.

施之中，其所占土地的使用权也属于企业，作为第三方的环境服务公司不能将设施及土地作为抵押品进行贷款。同时，企业项目能否将企业间签订服务合同中的收费权作为质押品获得银行贷款，尚不明确。环境服务公司的融资障碍也是推行第三方治理模式需要重点解决的问题。[①]目前我国仅对国家鼓励发展的第三方治理重大项目，在贷款额度、贷款利率、还贷条件等方面给予优惠，但数量众多的小规模环境污染第三方治理项目，享受不到贷款优惠政策。同时，节能减排收益权和排污权质押融资模式难以落地，未给企业带来更大的融资空间。第四，运营服务有待进一步规范。目前从事环境污染第三方治理的企业仍以中小企业为主，总体规模小、技术实力和研发创新能力不强、服务水平、专业技术能力参差不齐，大型企业尤其是综合实力较强、治污能力突出的龙头型企业比较缺乏，主要原因是环境污染治理的运营服务没有明确的技术标准，对第三方治理企业的选择和管理缺乏相关依据。未来环境污染第三方治理仍需在健全法律法规体系、完善配套支持政策、加强技术支撑能力建设、加大第三方治理模式推广力度等方面予以加强和完善。

8.2 PPP 项目推广

继续推进 PPP 法制化、规范化发展。习近平总书记在全国生态环境保护大会上指出，“要充分运用市场化手段，完善资源环境价格机制，采取多种方式支持 PPP 项目”。中共中央　国务院《关于全面加强生态环境保护　坚决打好污染防治攻坚战的意见》提出，“采用直接投资、投资补助、运营补贴等方式，规范支持政府和社会资本合作项目”。2018 年 2 月，财政部在前

① 骆建华. 环境污染第三方治理的发展及完善建议[J]. 环境保护，2014，42（20）：16-19.

三批示范项目取得积极成效的基础上，公布第四批 PPP 示范项目，涉及投资额 7 588 亿元，开展项目示范、打造样板工程，在规范中引领 PPP 稳步发展。6 月，云南省财政厅下发《云南省政府和社会资本合作（PPP）工作综合考评暂行办法》，对省级行业主管部门和州（市）、省直管县 PPP 工作进行综合考评，推进全省 PPP 项目规范运作。同一时间段，深圳市发改委、财政委联合印发 PPP 项目实施细则，进一步规范 PPP 项目实施细则，促进了 PPP 范式有序发展。11 月，文化和旅游部、财政部联合下发《关于在文化领域推广政府和社会资本合作模式的指导意见》，明确提出鼓励社会需求稳定、具有可经营性、能够实现按效付费、公共属性较强的文化项目采用 PPP 模式。

地方政府全面推进 PPP 项目激发发展新活力。各地充分贯彻落实国务院办公厅《关于进一步激发民间有效投资活力促进经济持续健康发展的指导意见》，该意见要求，积极鼓励民间资本规范有序参与基础设施项目建设，促进政府和社会资本合作（PPP）模式发展。2018 年 7 月，陕西省政府和社会资本合作（PPP）网络平台上线运行，主要面向社会公众宣传政府和社会资本合作中的有关政策、法规和工作动态，介绍 PPP 项目操作流程、经典案例和示范项目先进经验，提供政府和社会资本合作项目、专家、咨询机构、社会资本机构四类数据库查询。10 月，青海省组建传统基础设施 PPP 中心，先后举办 PPP 实务、PPP 项目资产证券化、存量资产 PPP 模式盘活等培训班，累计培训 3 000 余人次，有效服务指导项目单位提升政策执行能力水平。12 月，江苏省在全国率先推出 PPP 项目全生命周期法律顾问制度，以规范财政部门 PPP 项目全生命周期管理，防范化解 PPP 项目全生命周期各类现实和潜在风险。根据制度要求，法律顾问应当就 PPP 项目识别阶段、准备阶段、采购阶段、执行阶段、移交阶段的 43 条重点事项发表建议和法律意见。

全国 PPP 市场清库整顿工作完成后逐渐回温。自 2017 年 11 月 10 日，财政部印发《关于规范政府和社会资本合作（PPP）综合信息平台项目库管理的通知》（财办金〔2017〕92 号）之日起，至 2018 年 12 月 31 日，财政部 PPP 综合信息平台项目管理库减少项目共计 2 137 项，储备清单减少项目共计 4 217 项。根据图 8-1，对比 2014—2018 年 PPP 成交及落地情况，2015—2017 年 PPP 成交规模高速增长，并在 2017 年达到峰值。2015—2016 年落地率相对较高，受到 PPP 清库影响，2017 年的落地率相对降低。截至 2018 年 12 月 31 日，全口径统计下 PPP 市场共成交 2 513 个项目，总投资规模为 3.16 万亿元。图 8-2 显示了 2018 年 1—12 月 PPP 项目成交规模及数量情况：从第二季度起，受到 PPP 清库整顿工作影响，PPP 市场成交规模大幅下降，第三季度仍在低位；清库整顿工作完成之后，第四季度 PPP 市场逐渐回温，并在年末达到了一个新的高峰。

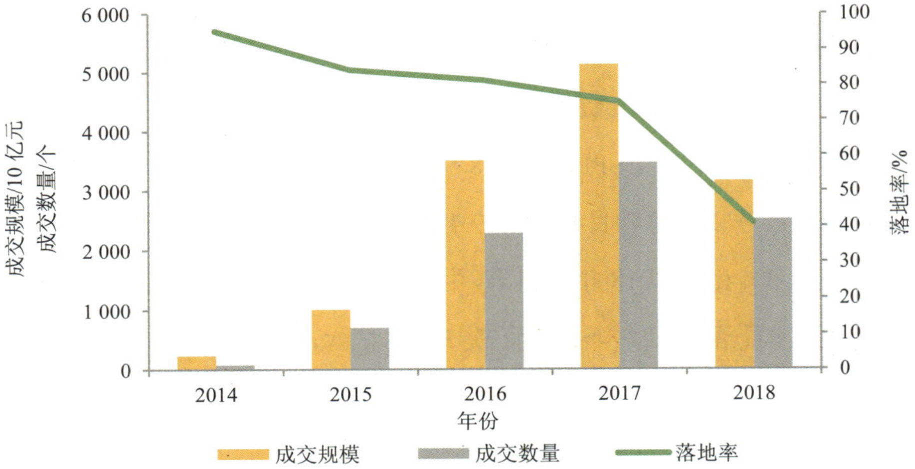

图 8-1 历年 PPP 项目成交以及落地情况

注：由于 2018 年刚刚结束，故 2018 年落地率仅作参考使用。

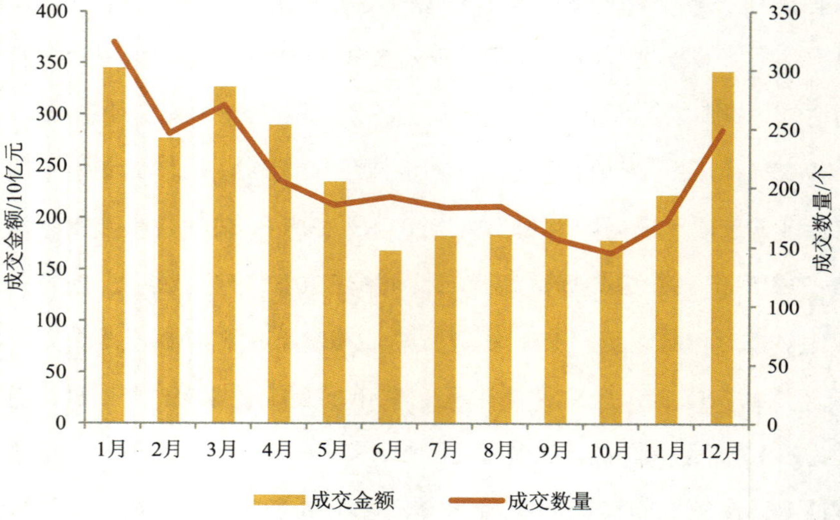

图 8-2　2018 年全国 PPP 项目成交情况

数据来源：2018 年 PPP 项目年报。

生态建设和环境保护 PPP 项目数额大、落地率高，绿色低碳项目备受重视。根据全国政府和社会资本合作（PPP）综合信息平台项目管理库数据，截至 2018 年 12 月，全国 PPP 项目 8 556 个，生态建设和环境保护项目已达 808 个，占项目库总项目数量的 9.44%，仅次于市政工程、交通运输位居第三（图 8-3）。截至 2018 年 9 月末，生态建设和环境保护的二级行业中，综合治理类项目落地 421 个、投资额 3 135 亿元，分别占生态建设和环境保护类落地项目总数和投资额的 84.2%和 90.0%。管理库中绿色低碳项目①

① 由于公共交通、供排水、生态建设和环境保护、水利建设、可再生能源、教育、科技、文化、养老、医疗、林业、旅游等多个领域 PPP 项目都具有推动经济结构绿色低碳化的作用，因此绿色低碳项目按照该口径进行统计。

4 519 个、投资额 4.4 万亿元，占同口径全国总数的比重分别为 54.5%、36.0%（图 8-4）。

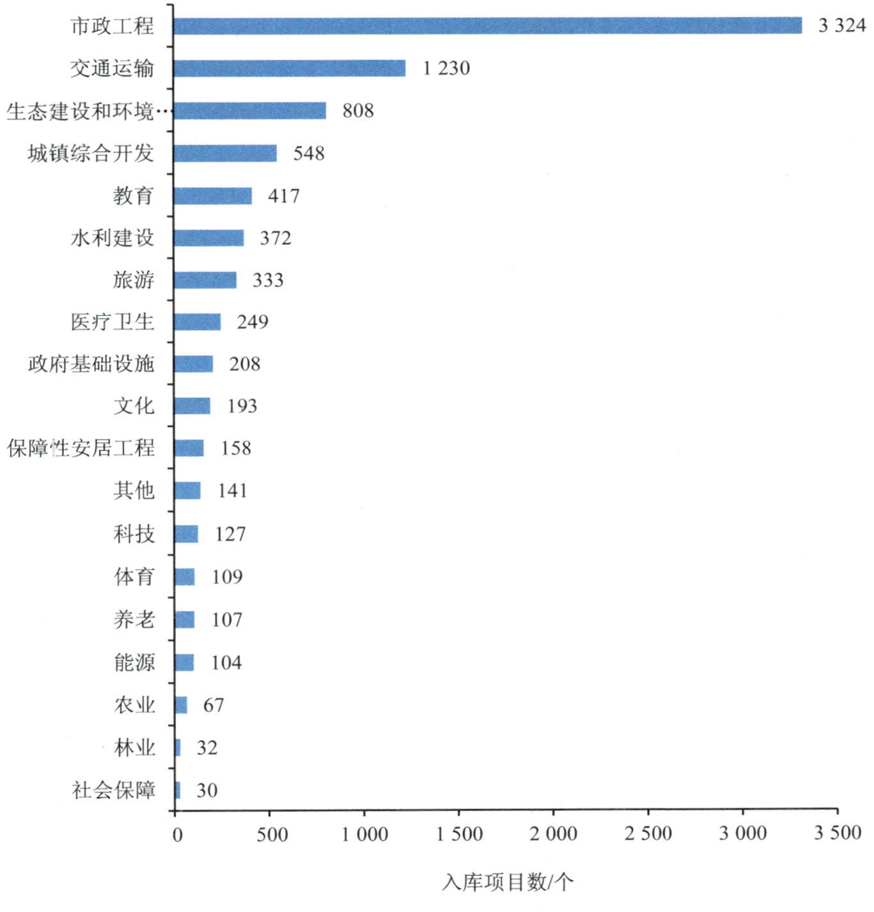

图 8-3　PPP 综合信息平台项目管理库入库项目个数与行业分布情况

（截至 2018 年 11 月）

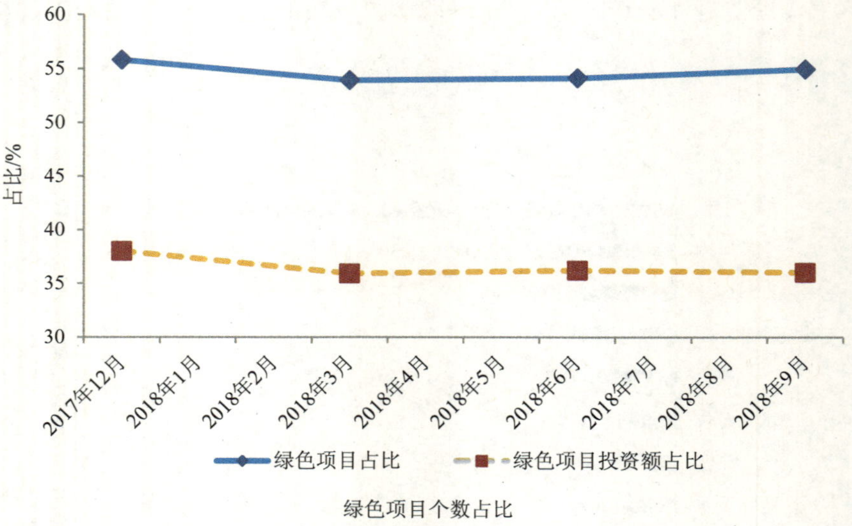

图 8-4　PPP 综合信息平台项目管理库绿色低碳项目个数和投资额变动趋势

地方污水、垃圾处理项目全面实施 PPP 模式。《关于政府参与的污水、垃圾处理项目全面实施 PPP 模式的通知》（财建〔2017〕455 号）要求政府参与的污水处理项目要全面应用 PPP 模式。截至 2018 年 5 月底，污水处理行业 PPP 项目数量和投资总量已占生态环境保护 PPP 项目的 36%和 17%，占全部入库 PPP 项目的 8.4%和 1.9%。地方典型实践层面：2018 年 4 月，遂宁市政府七届 25 次常务会议通过了《遂宁市城镇污水处理设施全市统一打包建设运营 PPP 项目实施方案》和《遂宁市城乡垃圾处理设施全市统一打包建设运营 PPP 项目实施方案》，标志着社会资本进入市城镇污水处理和城乡垃圾处理工作；5 月，福州市红庙岭厨余垃圾处理厂 PPP 项目正式开工；该项目是福建省首个厨余垃圾处理 PPP 项目，建成后将推动福州市生活垃圾分类收集工作，实现垃圾的无害化、减量化和资源化；10 月，宁波

PPP 模式厨余垃圾处理项目完成主体设备安装，该项目被列入财政部第二批示范项目，也是世界银行在我国的第一个 PPP 模式厨余垃圾处理项目。

污水、垃圾 PPP 项目存在投资回报机制不明晰、入库要求不全面等问题。PPP 项目的投资回报情况是政府研究策划 PPP 项目和制定相关投融资政策的重要内容和依据，是政府与社会资本方谈判博弈的焦点，同时也是社会资本进入该领域的首要条件，是决定 PPP 项目能否顺利实施的关键。但是从实践情况来看，污水、垃圾处理 PPP 项目由于合理投资回报不明晰，导致市场公平竞争方面不同程度地产生一些问题，影响了行业健康有序发展[①]。第一，在缺乏投资回报指标控制的情况下，污水处理项目水价（或是特许经营转让价或服务费）难以科学、客观地核定，从而备受争议的污水处理 PPP 项目低价或天价中标的报道屡见不鲜。第二，近年来发生的恶意低价竞标中标行为，势必为项目后续的实施留下隐患，影响污水、垃圾处理项目的建设、运营水平，破坏市场秩序。第三，环保 PPP 项目对社会资金的吸引力较弱。污水、垃圾 PPP 项目，都是一些公益性或需要政府以及相关部门扶持才能进行的项目，对于社会资本来讲，没有稳定的现金流的支撑作用，势必对社会资本所依托的企业与单位造成不利的影响，而且在社会大背景之下，人们普遍对投资少、见效快的项目内容更加感兴趣，进而形成一种社会资本投入没有吸引力，相关项目建设很难突破资金的难题[②]。第四，对于生态环境 PPP 项目的入库，尽管有了“两评一案”的要求，但并未要求办理建设用地规划许可证、建设工程规划许可证。环保企业投标

① 逯元堂，赵云皓，卢静，等. 基于 278 个项目的全国污水处理 PPP 项目投资回报研究[R]. 重要环境决策参考，2018，14（12）.

② 杨云程，郑雪梅，刘晓磊. 环保领域应用 PPP 存在的问题与对策研究[J]. 绿色环保建材，2018（12）：38-39.

拿到项目后，需要花费至少一年的时间办理这两个许可证。在这个过程中，由于证照不齐全，银行无法对项目放贷，环保企业被迫通过短期融资过渡，从而对资金链造成较大压力。

8.3 “环境医院”治理模式

涌现宜兴“环境医院”等治理模式。宜兴是我国环保企业集聚地，40多年来形成了 1 700 多家环保企业、3 000 多家环保配套企业的环保产业集群，拥有 10 万环保产业从业人员，水处理市场份额占到全国的 40%以上。在经济“新常态”思维下，宜兴探索“环境医院”治理模式，将企业与人才、技术与资本进行深度融合，建立一站式综合服务，形成一个技术集成、分工明确、能够为区域环境治理提供从咨询、会诊、系统解决方案到实施、设备供应、技术研发、投融资服务、示范推广的全套环境综合服务，能够解决各种“环境疑难杂症”的产业服务模式。随着环境医院理念的逐步推广，环境医院进行环境治理的同时，也担当起培育地方环保产业的大任。承德市借环境医院之力，共议产业规划，并吸引宜兴环保大企业在当地落户、先进技术到当地孵化。下一步承德市将复制宜兴环境医院模式，成立分院，开始周边区域治理。

江苏省湛清打造“专科环境医院”。湛清“专科环境医院”的思路，是指由专业“诊疗团队”针对特定工业领域的生产工艺、产污特点、处理需求等进行深入诊断分析，在此基础上整合多项技术综合处理。对于现有技术不适用的情况，交由研发团队开发新技术；“研发团队”根据诊疗团队提出的技术需求，进行精准的技术开发以提高效率降低成本，并整合高校、兄弟企业中的研发资源进行协同技术开发。在“专科环境医院的模式”下，湛清环保对每一行业的不同环节进行诊断，建立各行业配套解决方案，使整个工业废水领域规范化、程序化，形成行业废水处理模式化，这样，企业只要提供需求，便有成熟的服务团队入厂诊断，对症治疗。

嘉兴市开设“环境医院”为企业环境管理提供专业化第三方服务。2018年6月，嘉兴市首家大型环境医院——同济嘉兴环境医院揭牌，以嘉兴同济环境研究院为载体，依托同济大学环境学科资源优势，聚焦嘉兴，通过线上和线下平台，由环保领域专家组成的“医生”团队，对环境问题提供咨询、诊断、方案编制、技术研发等服务的第三方综合型公益平台，并配合工程实施和设备供应等服务商，提供一站式解决方案。环境医院的目标是解决区域环保难题、引培高新环保技术、提升环境管理效率、创新环境治理模式。工作内容主要包括专家义诊、专场对接、专题论坛及专项研究。

专栏 8-1　同济嘉兴环境医院四大优势

同济嘉兴环境医院的四大优势包括专家库、优质环保企业、线上平台、线下平台。

专家库：汇集了以同济大学为核心的环境领域专家资源，包括水、大气、土壤、固体废物、噪声、辐射、环境管理、环境应急、环境政策等方向专家110余位。

优质环保企业：来自同济环保产业联盟和嘉兴环保产业园，为嘉兴环境保护工作提供全方位和一站式技术支撑。目前，涉及臭气废气治理、污水治理、固体废物处理、环境监测、生态修复等领域的企业共计70余家。

线上平台：依托大数据、云计算技术为基础架构，应用移动互联网新理念，打造服务环保企业、连接环保专家和供应商的高端综合服务平台。以环保宣传和会员入驻为基本功能，推广环保知识、推送环保服务项目、提供环境专业咨询、发布政府相关政策法规、推荐环保领域专家等为主要功能。逐步建立会员价值体系，提供会员在线服务能力，将线下撮合逐步转换为线上自动对接、线上结算为主的运营模式，大大提高对接效率、缩减沟通成本。

线下平台：以嘉兴同济环境研究院为载体构建环境体检中心，设立环境咨询、生态规划、水污染防治、大气污染防治、土壤生态修复、固体废物处置与资源化利用、环境应急8大科室。

9

环境与贸易政策

9.1 积极参与世界贸易组织（WTO）框架下相关工作

第七次对华贸易政策审议顺利完成。中国作为WTO重要成员之一，贸易政策及其变动广受WTO其他成员的关注，WTO对中国的贸易政策审议起始于2006年。2018年7月11—13日，WTO对我国进行了第七次贸易政策审议。WTO对中国的贸易政策审议备受关注，审议会前，来自WTO的42个成员提出了涉及中国宏观经济和贸易政策方方面面的1 963个书面问题。审议会上，共有70个成员发言，他们对中国过去两年的贸易政策进行了评价。审议期间，生态环境部圆满解答了美国、欧盟、加拿大、日本、俄罗斯等14个成员就涉及禁止进口固体废物、大气污染治理、气候变化等环境政策方面的问题，在多边贸易体制场合宣传我国环境管理政策。

专栏 9-1 对华贸易政策审议环境议题关注点

中国作为WTO重要成员之一，贸易政策及其变动广受WTO其他成员的关注。WTO对中国的贸易政策审议起始于2006年。通过分析各成员对中国提出的贸易政策审议环境问题，可以发现各成员在环境领域对我国提出的主要关注点有以下几方面。

一是贸易政策框架中的环境政策。贸易对于环境的影响已经被证明并开始量化评估，利用政策手段来规制贸易从而达到扩大贸易对环境的正面影响、降低贸易对环境的负面影响已成为全球共识，随着环境意识的觉醒以及环境与贸易的联系日益紧密，环境政策逐步成为贸易政策框架的重要组成部分，广受WTO成员关注。因此在对华贸易政策审议中中国与贸易相关环境政策制定的主体、流程以及中国环境法律、法规、措施的变动等与贸易政策框架相关的议题都是WTO各成员关注点。

二是与环境相关的贸易政策。减少对环境的破坏、避免对不可再生资源的过度开采、履行多边环境协定义务一直以来是各成员制定贸易限制措施的重要理由，但是往往成员采取相应的贸易限制措施（如进出口许可、进出口配额以及进出口关税等）时，其出发点不仅考虑环境保护，而且也考虑产业利益，影响了自由贸易，因此尽管WTO贸易政策审议本身并不对成员的贸易措施进行评论，但是各成员可以就审议成员的做法提出关注以及批评。基于上述机制，中国与环境相关的贸易政策在对华贸易政策审议中受到WTO秘书处、WTO成员的广泛关注，如2012年对华贸易政策审议中广受关注的稀土等原材料贸易限制措施。

三是与环境相关的产业政策。环保产业以及环境服务业作为中国重点培育的战略新兴产业，一方面，将加大政策倾斜力度，环保产业及环境服务业的竞争优势将逐步凸显，体现在贸易上则表现为比较优势的提升；另一方面，产业之间是相互关联的，某一产业的迅速发展势必会带动相关上下游产业的发展，因而中国环保产业及环境服务业产业政策的变动也是WTO成员的关注点。

四是环境标准。环境标准属于技术性贸易壁垒（TBT）范畴，WTO成员之所以关注环境标准，一方面是担心中国降低环境标准从而成为提升其产业竞争力的途径，另一方面也担心环境标准成为中国设置贸易壁垒的手段，因此在对华贸易政策审议中成员会从合规性、必要性等方面对中国的环境标准进行审议。

除上述四个方面外，资源环境税、节能减排、重点生态区转移支付、政府采购、节能产品、环境标志认证也都是对华贸易政策审议中各成员重点关注的对象。

资料来源：WTO贸易政策审议机制中的环境议题。

对其他成员贸易政策审议工作取得进展。截至2018年12月底，中国先后参与了250余次贸易政策审议活动，涉及107个国家和地区，涵盖了中国主要的贸易伙伴，如美国、欧盟（欧共体）、日本、韩国、澳大利亚、加拿大等。其中参与对美国贸易政策审议8次、对欧盟（欧共体）贸易政策审议8次、对日本贸易政策审议8次、对韩国贸易政策审议4次、对澳大利亚贸易政策审议4次、对加拿大贸易政策审议4次等。通过对这些国家和地区的贸易政策审议，了解了这些国家和地区贸易政策的变化，并对其进行评议，为破除贸易壁垒以及推动我国企业和资本“走出去”发挥了积极作用。

9.2 双边自由贸易协定取得新进展

独立环境章节纳入中国–新加坡自贸区升级《议定书》。中新自贸协定升级议定书对原自贸协定进行了修订，环境议题是当前国际自贸协定和投资规则领域的新议题。中新自贸协定于 2008 年 10 月签署，2009 年 1 月 1 日起实施。经过 8 轮谈判，于 2018 年 10 月正式结束谈判。2018 年 11 月 12 日，双方在新加坡签署升级议定书。环境章节纳入《议定书》是双方打造高标准自贸协定的重要体现，也将有助于促进双方在推动贸易、投资发展的同时加强环境保护，促进可持续发展。在中新自贸协定升级议定书设立独立的环境与贸易章节中，双方重申各自拥有确定其环保水平、环境发展优先领域，以及制定或修改其环境法律和政策的主权权利，将努力确保这些法律和政策有助于并鼓励高水平的环境保护，并有效实施这些法律和政策。双方承诺不通过降低环境保护水平鼓励贸易和投资，并同意环境标准不得用于贸易保护主义目的。双方承诺有效实施双方均为缔约方的多边环境协定，并在适当的时候就有关环境问题进行磋商与合作，同时通过现有双边协定，在有共同利益的领域开展并适时深化合作。此外，为加强联系推动环境与贸易章节的实施，双方还专门设立了联络点。

9.3 严控“洋垃圾”进口

禁止“洋垃圾”入境制度稳步推进。2018 年 3 月 26 日，通过《关于全面落实〈禁止洋垃圾入境推进固体废物进口管理制度改革实施方案〉2018—2020 年行动方案》《进口固体废物加工利用企业环境违法问题专项督查行动方案（2018 年）》，行动方案的实施，更加明确“洋垃圾”管控目标。11 月 29 日，禁止洋垃圾入境推进固体废物进口管理制度改革部际协调小组第一次全体会议在北京召开，会议审议并原则通过《禁止洋垃圾入境推进固体废物进口管理制度改革 2019 年工作计划》等有关文件。12 月

21日，生态环境部、商务部、国家发展和改革委员会、海关总署联合印发《关于调整〈进口废物管理目录〉的公告》（2018年　第68号），将废钢铁、铜废碎料、铝废碎料等8个品种固体废物从《非限制进口类可用作原料的固体废物目录》调入《限制进口类可用作原料的固体废物目录》。

海关和环保采取专项行动打击进口固体废物行为。海关部署开展“蓝天2018”打击“洋垃圾”走私专项行动，2018年先后实施了5轮次集中打击，同时推进“大地女神”国际执法合作，共立案侦办废物走私犯罪案件481起，查证涉案废物155.1万t，同比增长68%、78%，查获涉案废物23.17万t。2018年8月30日至9月3日，生态环境部开展第一阶段进口固体废物专项督察行动，对浙江、山东、广东等地10家企业进行现场督察，现场检查发现10家企业共存在12个环境违法问题，督察组将所有问题交办地方依法进行处理，并建议对其中6个问题（5家企业）立案处罚。开展进口固体废物加工利用企业环境违法问题专项督察行动，是大力发展循环经济、推动企业守法经营的有效抓手。

“洋垃圾”进口得到有效遏制。禁止“洋垃圾”入境政策实施一年后，全国固体废物进口总量2 263万t，同比减少46.5%，其中限制进口类固体废物进口量同比减少51.5%。“洋垃圾”禁令期间，相关企业可能都要面临洗牌，产业结构升级优化，大的企业需要进行产业结构调整，“小散乱”的企业可能难以生存。再生塑料行业中相当一部分企业属于技术含量低、产业集聚度低、污染防治水平低的“小散乱”企业。这些企业易受波及，如今多数处于停产状态。“洋垃圾”被禁止之后，再生行业的原材料供给缺口需要依靠国内“土垃圾”补足，就会倒逼国内的“土垃圾”做好后端处理，再进一步倒逼前端的居民社区垃圾分类工作。

10

环境资源价值核算政策

10.1 自然资源资产负债表试点

自然资源统一确权登记试点取得积极进展。截至 2018 年 11 月，我国 12 个省份、32 个自然资源统一确权登记试点区域共划定自然资源登记单元 1 191 个，确权登记总面积 186 727 km^2，并重点探索了国家公园、湿地、水流、探明储量矿产资源等确权登记试点。各试点地区以不动产登记为基础，以划清全民所有和集体所有之间的边界，划清全民所有、不同层级政府行使所有权的边界，划清不同集体所有者的边界，划清不同类型自然资源的边界等“四个边界”为核心任务，以支撑山水林田湖草整体保护、系统修复、综合治理为目标，按要求完成了资源权属调查、登记单元划定，确权登记、数据库建设等主体工作，探索出了一套行之有效的自然资源统一确权登记工作流程、技术方法和标准规范。

自然资源资产负债表试点工作积极推进。2018 年 1 月，国家统计局、自然资源部、农业农村部等 6 部委将安吉县纳入自然资源资产负债表编制试点，为全国4个试点县之一。2月14日，召开了赤水市自然资源资产负债表编制试点工作动员会，制定《赤水市第二轮编制自然资源资产负债表试点工作实施方案》和《赤水市自然资源资产负债表编制试点工作部门协调机制暂行办法》。4月19日，福建省南平市圆满完成国家生态文明试验区首批改革成果复制推广自然资源资产负债表编制试点工作。7月2日，浙江省湖州市政府印发《全面推开编制自然资源资产负债表工作方案》，在总结编制自然资源资产负债表国家试点经验基础上，进一步推进全市自然资源资产负债表编制工作，为制定完善生态文明绩效评价考核和责任追究制度夯实基础。10月，云南省丘北县人民政府印发《关于开展编制自然资源资产负债表试点工作的通知》（丘政办发〔2018〕302 号），对编制自然资源资产负债表试点工作进行全面安排部署。10月31日，承德市采用自然资源资产负债核算技术和资产评估方法，向社会亮出了一套由总表、分类表和扩展表以及辅助表构成的承德自然资源资产清单，形成了自然资源资产负债表编制的“承德模式”，成为全国首家向社会亮出自然资源资产“家底”的地级城市。

10.2 绿色GDP核算

绿色GDP 3.0核算是基于对现行经济核算体系的有益补充而非否定。遵从SEEA框架体系，自2006年以来，以环境保护部环境规划院为主的课题组持续开展绿色GDP研究，定量核算我国经济发展的生态环境代价，完成了2004—2017年共14年的年度环境经济核算报告，有力地推动了我国绿色国民经济核算体系研究。2006—2014年为绿色GDP1.0核算研究，主要扣除了经济系统增长的资源环境代价。2015 年环境保护部启动了绿色

GDP2.0 版本，开展了生态系统生产总值（GEP）的核算，从生态系统的角度考虑，单独把生态系统给经济系统提供的福祉全部进行核算，但未把生态系统和经济系统完全地纳入同一核算体系中。2016 年，启动绿色 GDP 3.0 核算研究，在考虑环境退化成本和生态破坏损失的基础上开展环境质量改善效益和生态系统生产总值核算，构建了经济生态生产总值（GEEP）综合核算体系。该核算体系把“绿水青山”和“金山银山”统一到一个框架体系下，是一个有增有减、有经济有生态的综合指标，纠正了以前只考虑人类经济贡献或生态贡献的片面性。

2017 年经济生态生产总值（GEEP）为 132.98 万亿元[①]。GEEP 是在 GDP 的基础上，扣减了人类经济生产活动的生态环境成本，增加了生态系统给经济系统提供的生态福祉的一种新的经济生态核算。经核算，2017 年，我国 GEEP 是 132.98 万亿元，比 2016 年增加 4.8%。其中，GDP 为 84.7 万亿元，生态破坏成本为 0.69 万亿元，污染损失成本为 2.21 万亿元，生态环境成本比 2016 年增加了 2.9%。生态系统生态调节服务为 51.2 万亿元，比 2016 年下降 0.46%。生态系统调节服务对 GEEP 的贡献大，占比为 38.5%；生态系统破坏成本和环境退化成本占比约为 2.2%。从相对量来看，2017 年我国单位面积 GEEP 为 1 383.7 万元/km^2，人均 GEEP 为 9.6 万元，是人均 GDP 的 1.6 倍。西藏、青海、内蒙古和黑龙江等省份是我国人均 GEEP 最高的省份，人均 GEEP 都超过 20 万元。这四个省份的人均 GEEP 是其人均 GDP 的倍数都超过了 4.8 倍以上，尤其是西藏和青海，其人均 GEEP 是人均 GDP 的倍数都超过了 10 倍以上。除黑龙江外，其他三个省份都分布

① 於方，马国霞，彭菲，等. 中国经济生态生产总值核算研究报告 2017[R]. 重要环境决策参考，2019，2（15）.

在我国西部地区，属于地广人稀、生态功能突出，但生态环境脆弱敏感的地区。

10.3 生态环境损害赔偿

加快完善生态环境损害赔偿制度。2015 年 11 月，中共中央办公厅、国务院办公厅印发《生态环境损害赔偿制度改革试点方案》，部署生态环境损害赔偿制度改革工作。2017 年 8 月，中共中央办公厅、国务院办公厅印发《生态环境损害赔偿制度改革方案》（简称《改革方案》），要求自 2018 年 1 月 1 日起，在全国试行生态环境损害赔偿制度。各级地方政府严格贯彻落实《改革方案》要求，积极发布生态环境损害赔偿制度改革实施方案以及相关配套文件，探索建立生态环境损害的修复和赔偿制度，破解“企业污染、环境损害、政府买单”的困局。以江苏省为例，10 月，江苏省集中推出《江苏省生态环境损害事件报告办法（试行）》等 7 部文件，联同《江苏省高级人民法院关于生态环境损害赔偿诉讼案件的审理指南》一起，构成了独具江苏特色的生态环境损害赔偿“1+7+1”制度体系（表 10-1），为《江苏省生态环境损害赔偿制度改革实施方案》的落地实施提供了坚实支撑。

表 10-1 江苏特色的生态环境损害赔偿“1+7+1”制度体系

序号	配套文件
1	《江苏省生态环境损害赔偿制度改革实施方案》
2	《江苏省生态环境损害事件报告办法（试行）》
3	《江苏省生态环境损害鉴定评估管理办法（试行）》
4	《江苏省生态环境损害赔偿磋商办法（试行）》

序号	配套文件
5	《江苏省生态环境损害赔偿起诉规则（试行）》
6	《江苏省生态环境损害赔偿资金管理办法（试行）》
7	《江苏省生态环境损害修复管理办法（试行）》
8	《江苏省生态环境损害赔偿信息公开办法（试行）》
9	《江苏省高级人民法院关于生态环境损害赔偿诉讼案件的审理指南》

积极推进生态环境损害赔偿诉讼。2018 年是《生态环境损害赔偿制度改革方案》实施的第一年，地方政府加大环境损害的查处力度，生态环境损害赔偿诉讼正式开启“官告民”模式。部分典型案件及进展如表 10-2 所示，其中，福建、浙江、江苏等省份均有了成功结案的第一例案件。3 月，厦门同安区法院向“汀溪水库饮用水水源保护区交通事故导致水污染事故索赔案”双方当事人送达民事调解书，赔偿责任人同日支付了全额赔偿款 75 万元，标志着福建省第一例以政府为原告的生态环境损害赔偿案件正式结案。8 月，浙江省龙游县环保局与福建绿益新环保产业开发有限公司就“绿益新公司回收的桶装废液运至龙游县域非法倾倒导致生态环境损害赔偿”一案达成协议，绿益新公司一次性支付给龙游县环保局赔偿款 78 万余元，为浙江省第一例正式结案的生态环境损害赔偿案件。12 月 4 日，江苏省人民政府诉安徽海德化工科技有限公司生态损害赔偿一案正式结案，安徽海德化工科技有限公司在提供有效担保的前提下分批支付赔偿款 5 482.85 万元。从实践看，造成生态环境损害的行为大多同时具有既违反国家法律法规，又损害生态环境和他人合法权益等行政或者刑事违法以及民事违法等双重属性。

表 10-2　2018 年典型生态环境损害赔偿诉讼案件及进展

时间	身份	案件名称	案件进展
3 月	福建省	同安区环保分局提起的“汀溪水库饮用水水源保护区交通事故导致水污染事故索赔案”	赔偿责任人支付全额赔偿款 75 万元
6 月	山东省	省环保厅诉山东天一环保科技投资有限公司环境污染损害赔偿纠纷案	提起诉讼
6 月	山东省	省环保厅诉山东金诚重油化工有限公司、山东弘聚新能源有限公司非法倾倒危险废物致害	一审已经开庭，但尚未裁判
8 月	浙江省	浙江省龙游县环保局与福建绿益新环保产业开发有限公司就“绿益新公司回收的桶装废液运至龙游县域非法倾倒导致生态环境损害赔偿”一案	绿益新公司一次性支付给龙游县环保局赔偿款 78 万余元
8 月	深圳市	麦某培非法占用农用地案刑事附带民事公益诉讼案	提起诉讼
12 月	江苏省	江苏省人民政府诉安徽海德化工科技有限公司生态损害赔偿	安徽海德化工科技有限公司在提供有效担保的前提下分批支付赔偿款 5 482.85 万元

生态环境损害赔偿诉讼制度体系有待进一步完善。生态环境损害法律责任包括行政处罚、刑事责任追究和损害赔偿责任。各项责任制度均在探索如何消除“违法成本低，守法成本高”的污染和生态破坏问题，但是各责任制度之间却缺乏有效的衔接，出现了责任人实际承担能力不足，影响受损生态环境得到及时有效修复的情况。针对损害赔偿、行政处罚和刑事追究的法律责任在建设完善过程中缺乏统筹考虑的问题进行梳理和分析，

提出相关立法意见[1]：第一，在立法层面加强生态环境损害法律责任的制度设计，统筹和衔接各项法律责任，保证受损的生态环境得到及时、有效的修复；第二，立足现行司法制度实际，积极推进生态环境损害案件的集中管辖，探索“先民后刑”的司法案件审理顺位，保障生态环境损害赔偿和修复责任的有效落实；第三，在生态环境大部制改革的基础上，做好环境行政执法和生态环境损害赔偿的内部协调，加强生态环境损害赔偿与自然资源部门行政执法的配合，强化生态环境损害赔偿和司法的衔接与联动机制，促进生态环境损害案件的办理。

① 於方，田超，齐霁，等. 生态环境损害责任的统筹与衔接制度研究[R]. 重要环境决策参考，2018，14（20）.

11 行业环境经济政策

11.1 深化《环境保护综合名录》研究与应用

发布新一版环境保护综合名录。2018 年 2 月，环境保护部发布《环境保护综合名录（2017 年版），并向国家发展和改革委员会、财政部、商务部、中国人民银行等 14 个部门印送了《环境保护综合名录（2017 年版）》（简称综合名录），同时向社会全文公开。此次发布的综合名录包含两部分：一是“高污染、高环境风险”产品（简称“双高”产品）名录（图 11-1），包括 885 项“双高”产品；二是环境保护重点设备名录（图 11-2），包括 72 项设备。其中，“双高”产品包含 50 余种生产过程中产生大量污染物（如 SO_2、NO_x、COD、NH_3-N）的产品，40 多种产生大量挥发性有机污染物（VOCs）的产品，200 余种涉重金属污染的产品，570 余种高环境风险产品。综合名录从全生命周期角度提出这些“双高”产品，为政府部门、企业、社会组织和公众参与环境治理工作，提供了科学有效的参考。

环境保护综合名录

（2017 年版）

一、“高污染、高环境风险”产品名录（2017 年版）

序号	特性	产品		行业	
		产品名称	产品代码	行业名称	行业代码
1	GHW[1]	瓦斯天然气（富瓦斯矿井瓦斯抽采工艺除外[2]）	0704000000[3]	天然气开采	0720[4]
2	GHW/GHF	离子型稀土精矿	0903990000	稀土金属矿采选	0932
3	GHW	石棉（闪石类石棉）	1007990000	石棉、云母矿采选	1091
4	GHW	鳞片状天然石墨	1009010100	石墨、滑石采选	1092
5	GHW	淀粉糖（双酶法工艺除外）	131204xx	淀粉及淀粉制品制造	1391
6	GHW	味精（浓缩等电工艺除外）	1406010000	味精制造	1461

图 11-1　环境保护综合名录（2017 年版）“双高”产品名录节选

二、环境保护重点设备名录（2017 年版）

（一）环境监测设备

序号	设备名称	性能参数	应用领域
1	在线固定污染源排放烟气连续监测仪	符合《固定污染源烟气排放连续监测系统技术要求及检测方法（试行）》（HJ/T 76-2007）要求。含尘量测量范围 0～200～2000mg/m³；精度±2%；气体污染物 SO_2/NO_x 测量范围 0～250～2500mg/m³；CO 为 0～500～5000mg/m³；气体污染物测量精度±1%满量程；流速测量范围 0～35m/s；流速测量精度±0.2m/s；温度 0～200℃，精度±1℃；湿度 0～20%，精度±2%满量程。	大气污染源监测
2	化学需氧量水质在线自动监测仪	铬法：符合《环境保护产品技术要求化学需氧量（COD_{Cr}）水质在线自动检测仪》（HJ/T 377-2007）要求。测量时间小于 60min，最小量程范围 0-2000 mg/L，重复性小于±10%，零点漂移±5%，量程漂移±10%。 锰法：符合《高锰酸钾指数水质自动分析仪技术要求》（HJ/T 100-2003）标准的要求。测量时间小于 60min，最小量程范围 0-20 mg/L，重复性小于±10%，零点漂移±5%，量程漂移±5%。	水质污染监测
3	氨氮水质自动分析仪	符合《氨氮水质自动分析仪技术要求》（HJ/T 101-2003）要求，测量时间小于 60min。 电极法：最小量程范围 0.05-100 mg/L，重复性小于±5%，零点漂移±5%，量程漂移±5%； 光度法：最小量程范围 0.05-50 mg/L，重复性小于±10%，零点漂移±10%，量程漂移±10%。	水质污染监测
4	总磷水质自动分析仪	符合《总磷水质自动分析仪技术要求（HJ/T 103-2003）要求。测量时间小于 60min，最小量程范围 0-50 mg/L，重复性小于±10%，零点漂移±5%，量程漂移±10%。	水质污染监测
5	总氮水质自动分析仪	符合《总氮水质自动分析仪技术要求》（HJ/T 102-2003）要求。测量时间小于 60min，最小量程范围 0-100 mg/L．重复性小于±10%，零点漂移±5%，量程漂移±10%。	水质污染监测
6	总有机碳水质自动分析仪	符合《总有机碳（TOC）水质自动分析仪技术要求》（HJ/T 104-2003）要求。测量时间小于 60min，最小量程范围 0-100 mg/L，重复性小于±5%，零点漂移±5%，量程漂移±5%，实际水样比对试验小于±10%。	水质污染监测

图 11-2　环境保护综合名录（2017 年版）环保重点设备名录节选

深化环境保护综合名录研究与应用。生态环境部积极会同有关部门，加快建立绿色生产和消费的法律制度和政策导向，建立健全绿色低碳循环发展的经济体系，综合名录与这些工作紧密融合，始终发挥着重要基础保障作用。目前，综合名录已在税收、贸易、金融等领域发挥积极作用。已有多批“双高”产品被先后取消出口退税，禁止加工贸易。经国务院同意，原环境保护部配合财政部制定出台了《环境保护专用设备企业所得税优惠目录（2017 年版）》，包括 24 项环保专用设备，企业购置并实际使用列入《环境保护专用设备企业所得税优惠目录》范围内的环境保护专用设备的，该专用设备投资额的 10%可以从企业当年的应纳税额中抵免；当年不足抵免的，可以在后 5 个纳税年度中结转抵免。许多银行机构根据综合名录，已经采取了差别化的信贷措施。

环境保护综合名录持续助推绿色发展。通过综合名录的指引作用，公众可以更便捷地对产品进行“双高”特性识别，进而有选择性地减少购买“双高”产品，从消费链末端减少“双高”产品的流通，从而倒逼企业绿色转型，解决“劣币驱逐良币”问题。社会组织和公众也可以借助综合名录的专业性指引，不断加强对企业生产经营及排污等行为的监督力度。生态环境部表示接下来将继续提升名录在推进绿色发展中的作用与效果：一是进一步积极开展环境保护综合名录基础研究工作，不断扩大综合名录的覆盖范围，继续将环境影响大、可能造成严重危害的“双高”产品纳入综合名录；二是积极推动综合名录的应用工作，配合相关部门将生态环保要求融入经济管理的各方面和全过程，研究制定推动绿色发展的环境经济政策，建立环境成本合理负担机制，减缓和消除“双高”产品大量生产、出口、消费形成的环境损害和环境隐患，使绿色产品、绿色技术、绿色工艺获得更大的市场空间，为打赢污染防治攻坚战提供坚实的支撑。

11.2 持续推进其他环境保护相关名录的应用

《石化绿色工艺名录（2018 年版）》促石化产业绿色转型。为贯彻落实《关于促进石化产业绿色发展的指导意见》（发改产业〔2017〕2105 号），国家发展和改革委员会、工业和信息化部委托石化联合会开展了《石化绿色工艺名录》的研究和编制工作。经组织业内专家对候选工艺进行评审并公示，形成了《石化绿色工艺名录（2018 年版）》（表 11-1）。经报国家发展和改革委员会、工业和信息化部批准，于 2018 年 10 月 15 日由石化联合会正式发布。《石化绿色工艺名录（2018 年版）》是各有关部门支持石化产业绿色发展的重要依据，有助于引导企业在技术改造、项目建设中积极采用先进绿色工艺技术，推进石化产业转型升级和绿色发展。《石化绿色工艺名录（2018 年版）》将根据行业技术发展和进步情况，进行动态调整。

表 11-1　石化绿色工艺名录（2018 年版）

序号	工艺	序号	工艺
1	半水—二水法/半水法湿法磷酸工艺	2	全封闭高压水淬渣及无二次污染磷泥处理黄磷生产工艺
3	酰胺类除草剂甲叉法生产工艺	4	铬铁碱溶氧化制重铬酸盐工艺
5	吡啶双定向氯化合成法三氯吡啶酚钠（三氯吡啶醇钠）工艺	6	天然气加压非催化法二硫化碳生产工艺
7	吡虫啉中间体 2-氯-5-氯甲基吡啶环合工艺	8	气动流化塔法高锰酸钾生产工艺
9	直接氧化法环氧丙烷/共氧化法环氧丙烷工艺	10	无水氟化铝生产工艺

序号	工艺	序号	工艺
11	甘油法环氧氯丙烷工艺	12	转炉焙烧—热化塔溶浸—列管制硫化钠/薄膜蒸发制硫化钠工艺
13	干法脱氯化氢法生产氯化苯/对二氯苯/1,2,4-三氯苯工艺	14	高热稳定性不溶性硫黄连续法生产工艺
15	苯定向氯化—吸附分离生产间二氯苯/2,4-二氯苯乙酮工艺	16	氯化法钛白粉生产工艺
17	异丁烯/叔丁醇法甲基丙烯酸甲酯生产工艺	18	无汞化（乙烯法/无汞电石法）聚氯乙烯生产工艺
19	环己酮肟气相重排生产己内酰胺工艺	20	微通道自动化生产工艺

出台《产业发展与转移指导目录（2018 年本）》引导产业升级调整。为贯彻落实党中央、国务院关于高质量发展和区域协调发展的决策部署，深入推进产业有序转移和转型升级，工业和信息化部组织有关方面对《产业转移指导目录（2012 年本）》进行了修订，形成《产业发展与转移指导目录（2018 年本）》。与 2012 年本相比，《产业发展与转移指导目录（2018 年本）》（简称《目录》）主要有以下调整：一是增加新兴产业门类，引导产业发展与转移与时俱进。为顺应产业发展新趋势、新特点，在 2012 年本 15 个行业门类基础上增加了智能制造装备、节能环保、新材料、新能源等产业门类，契合了产业转型升级的发展方向，体现了地方、行业发展意愿和诉求。二是增加优先承接地，引导各地突出特色、错位发展。《目录》将优先承接发展产业的承接地细化到具体地区（市、州、盟），一方面指导和推动各省（区、市）将《目录》细化落地，引导各地突出比较优势；另一方面，便于产业转移各方获取更加精准的信息参考。表 11-2 列举了耐火材料产业优先承接发展的城市及相应的耐火材料类型。三是增加引导优化调

整的产业，引导产业发展与转移升级。《目录》引导各地统筹考虑资源环境、发展阶段、市场条件等因素，对现有存量产业提出需要调整退出的产业条目，对未来不宜再承接的产业予以明示，促进地方制造业发展转型升级。四是《目录》名称增加“发展”，引导各地统筹发展与转移的关系，立足全局，全面对标高质量发展要求，统筹考虑发展基础、阶段、潜力等因素，推动工业经济发展由数量规模扩张向质量效益提升转变。

表 11-2　产业发展与转移指导目录（2018 年本）——以耐火材料产业为例

省份	优先承接发展城市	耐火材料类型
四川	眉山市、内江市	玻璃熔窑用高档耐火材料
贵州	贵阳市、遵义市、毕节市、黔南州、黔东南州	耐火材料制品
云南	昆明市	新型不定型耐火材料、耐用节能环保耐火材料
辽宁	营口市、鞍山市	镁系耐火材料及制品、阻燃隔热隔音材料及制品
河南	郑州市、洛阳市、濮阳市	高效隔热材料、高性能耐火材料及制品
湖北	十堰市、荆门市	耐火材料制品
湖南	衡阳市、怀化市、湘潭市	耐火陶瓷制品及节能环保耐火材料

11.3　上市公司环境信息披露

《上市公司环境信息披露评估报告 2016—2017》发布。环境保护部环境规划院编写完成《上市公司环境信息披露评估报告 2016—2017》，对属重点排污单位的上市公司通过定期报告披露环境信息的形式合规性进行了评估，对上市公司披露环境信息的特征与问题进行了识别，并提出完善建议。报告中发现“264 家属重点排污单位的上市公司在定期报告中平均披露环境信息不到法定项数一半，超三分之一上市公司零披露”等重大问题，同时协助环保部政法司向证监会提供了存在“零披露”“不完全披露”等违规情形的上市公司名单，证监会向地方证监局、沪深两个证券交易所转发了名单，并采取相关措施督促上市公司披露环境信息，截至2018年5月20日，共有68家上市公司专门补充发布了环境信息公告。

11.4 节能环保“领跑者”制度的实施进展与地方实践

2017—2018年公共机构能效“领跑者”名单公布。为贯彻落实《国务院关于印发“十三五”节能减排综合工作方案的通知》（国发〔2016〕74号）有关要求，根据《关于2017—2018年节约型公共机构示范单位创建和能效“领跑者”遴选有关工作的通知》（国管节能〔2017〕112号），经各地区、各部门初选推荐和国管局、国家发展和改革委员会、财政部复核验收，完成了2017—2018年公共机构能效“领跑者”遴选工作。在能效“领跑者”遴选工作中，各地区、各部门高度重视，加强业务指导，落实资金支持，严格审核把关，确保了遴选工作质量。184家能效“领跑者”单位持续提升能源资源利用效率，体现了公共机构节约能源资源的先进水平。一是全员节能氛围浓厚。各单位积极组织开展了节能宣传周等宣传活动，出台了鼓励绿色出行、绿色消费的具体措施，强化节能意识，普及节能知识。各学校均开展了面向学生的节能教育或将节能纳入相关课程。171家单位开展了生活垃圾强制分类。节能理念逐步入脑入心，营造了人人有责、人人尽力、人人作为的良好氛围。二是节能管理到位。各单位均明确了节能管理部门，设立了节能管理岗位，完善了管理制度，建立了用能设备台账以及巡查、维护保养记录，对能耗状况进行了定期统计、分析和公示。127 家单位建设了能耗监测系统，152 家单位开展了能源审计，摸清了工作基础，为提升节能管理提供了保障。24 家单位建设了能源管理体系，实现了单位节能管理的标准化、规范化。三是节能改造成效明显。各单位积极筹措资金，积极实施围护结构、供暖、空调、照明等系统绿色化改造。积极推广新能源和可再生能源，154 家单位建设了太阳能光伏或光热系统，28 家单位建设了浅层地热利用系统，142 家单位配备了新能源汽车或建设了充电基础设施。95 家单位探索采用合同能源管理、政府与社会资本合作等市场化方式，引入社会资金实施了节能改造。

河北省积极开展环保“领跑者”制度实践。为实施差别化环境政策，加快河北省重点行业绿色转型和高质量发展，根据 2015 年财政部、国家发展和改革委员会、工信部、环境保护部《关于印发〈环保“领跑者”制度实施方案〉的通知》精神，按照《河北省环境保护厅关于支持省重点投资项目建设的实施意见》有关要求，优化河北省投资和营商环境，河北省研究发布了《河北省推行企业环保“领跑者”制度实施方案》，在重点行业实施企业环保“领跑者”制度。以企业自愿为前提，通过提升标准、底线约束、先进带动、制定指标，在广泛征集、遴选的基础上，优选出行业环保“领跑者”企业。以环保“领跑者”企业管理、技术指标为基础，逐步建立符合法律法规的行业标准和团体标准。通过环保“领跑者”制度的实施，政策激励，引导企业实施高水平的节能减排和资源环境效率目标，以及实施绿色供应链、绿色产品认证，在行业内树立绿色低碳和节能减排对标标杆，引领行业高质量绿色发展。对于取得环保“领跑者”荣誉的企业，可享有如下支持政策：①各市按照省政府关于优化投资环境，实施差别化、精准化的环境管理政策要求，对于取得环保“领跑者”称号的企业，在重污染天气应急管理期间，在确保符合环境管理要求和达标排放的前提下，可不列入停（建）限产清单。②对于获得环保“领跑者”称号的企业，在其新建、改建、扩建高科技、新技术、低排放项目时，自身可替代总量指标优先用于本企业。市级行政区域内，其他可替代总量指标优先安排环保“领跑者”称号企业建设项目使用。③对环保“领跑者”企业，建立省级“一对一”帮扶工作机制，实施定向帮扶和协调解决相关问题。

北京市组织创建2018年度能效“领跑者”。按照国家发展和改革委员会《关于印发能效“领跑者”制度实施方案的通知》以及《关于印发〈北京市能效领跑者试点实施方案（2016—2020年）〉的通知》要求，为进一步提升全市能效水平和节能管理水平，北京市发改委组织开展2018年度能效“领跑者”创建工作。2018年6月起，组织了发电、供热等行业单位自愿申报和创建2018年度北京市能效“领跑者”。经专家评审、复核和公示，大唐国际发电股份有限公司高井热电厂等10家单位被评为2018年度北京市能效“领跑者”（表11-3）。

表11-3　2018年度北京市能效“领跑者”单位名单

序号	行业	单位名称
1	燃气发电	大唐国际发电股份有限公司高井热电厂
2	供热	北京市热力集团
3		北京纵横三北热力科技有限公司
4	宾馆饭店	北京新华联丽景湾酒店有限公司
5		北京永兴花园饭店

序号	行业	单位名称
6	文法财经大学	对外经济贸易大学
7		北京物资学院
8	理工综合大学	北方工业大学
9		北京林业大学
10	医院	首都医科大学附属北京友谊医院

上海市环保“领跑者”制度实践。为落实国务院办公厅《2014—2015年节能减排低碳发展行动方案》、国家发展和改革委员会《关于印发能效“领跑者”制度实施方案的通知》和上海市《关于开展能效对标及创建能效“领跑者”制度实施方案的通知》等文件要求，持续提高本市工业领域能源利用效率，上海市制定发布了《2018年度上海市工业和通信业领域开展能效对标及创建能效“领跑者”活动实施方案》，开展能效对标及创建能效“领跑者”活动，旨在通过实施能效对标和“领跑者”的创建工作，树立行业标杆，强化企业节能意识，宣传典型经验，促使企业不断挖掘节能潜力，提升整体能效水平。表11-4为上海市工业和通信业领域能效“领跑者”评分标准。

表11-4 上海市工业和通信业领域能效“领跑者”评分标准

序号	指标名称	评价内容	分值	标准分
1 能效水平项（70分）				
1.1	单耗水平	考察单耗指标是否达到了先进水平以及优于先进水平的程度		70
		优于国家和本市能耗限额先进值10%及以上（含）	70	
		优于国家和本市能耗限额先进值8%（含）	65	

<table>
<tr><th>序号</th><th>指标名称</th><th colspan="2">评价内容</th><th>分值</th><th>标准分</th></tr>
<tr><td rowspan="4">1.1</td><td rowspan="4">单耗水平</td><td colspan="2">优于国家和本市能耗限额先进值 6%（含）</td><td>60</td><td rowspan="4"></td></tr>
<tr><td colspan="2">优于国家和本市能耗限额先进值 4%（含）</td><td>55</td></tr>
<tr><td colspan="2">优于国家和本市能耗限额先进值 2%（含）</td><td>50</td></tr>
<tr><td colspan="2">达到能耗限额标准先进值（注：对于既涉及国标又涉及地标的，以先进的为评价依据）</td><td>45</td></tr>
<tr><td colspan="6">2 节能措施项（30 分）</td></tr>
<tr><td colspan="6">（未通过能源管理体系认证的，按照第 2.1～2.3 项进行评价；通过能源管理体系认证的，第 2.1～2.3 项得满分，共 10 分）</td></tr>
<tr><td rowspan="9">2.1</td><td rowspan="9">能源管理制度及规章制度体系</td><td colspan="2">1）制定完备的能源管理规章制度，且充分体现国家节能法律法规和地方节能政策</td><td>0.4</td><td rowspan="9">3</td></tr>
<tr><td colspan="2">2）制定生产环节节能操作规范，日常用能行为规范</td><td>0.4</td></tr>
<tr><td colspan="2">3）建立能耗计量和统计规范等相关管理规范</td><td>0.4</td></tr>
<tr><td colspan="2">4）建立内部定期用能情况汇报及信息交流制度</td><td>0.3</td></tr>
<tr><td colspan="2">5）建立相应能源管理方面的文件记录和文档管理制度</td><td>0.3</td></tr>
<tr><td colspan="2">6）适时对政策、规章制度等进行必要的调整和改进</td><td>0.3</td></tr>
<tr><td colspan="2">7）通过公司网站、内部通告等公布企业的能源管理规章制度</td><td>0.3</td></tr>
<tr><td colspan="2">8）建立能源管理政策和制度规范执行情况的监督机制</td><td>0.3</td></tr>
<tr><td colspan="2">9）近三年内未发生重大安全、环境事故</td><td>0.3</td></tr>
<tr><td rowspan="3">2.2</td><td rowspan="3">节能目标责任制和节能规划计划</td><td rowspan="3">1)节能目标责任制建设</td><td>建立年度节能目标责任制，有明确的节能目标</td><td>0.5</td><td rowspan="3">4</td></tr>
<tr><td>将节能目标进行合理分解</td><td>0.5</td></tr>
<tr><td>为完成节能目标，有具体的措施、工作计划和资金保障</td><td>0.5</td></tr>
</table>

序号	指标名称	评价内容		分值	标准分
2.2	节能目标责任制和节能规划计划	1）节能目标责任制建设	定期开展节能目标完成情况考评	0.5	
			完成政府下达的节能量目标任务和节能考核指标的	1	
		2）节能规划计划	根据《企业节能规划编制通则》（GB/T 25329—2010），编制了节能规划	0.5	
			节能规划和计划建立在对未来能耗总量及单耗水平趋势进行分析的基础上	0.5	
2.3	能源管理人员的配备、管理、绩效考核及培训	1）建立有效的能源管理领导制度和工作体系		0.5	3
		2）节能工作机制实际有效运行		0.5	
		3）能源管理机构、岗位（负责人）按要求进行备案		0.5	
		4）能管人员具备专业技术能力、定期接受专业培训		0.5	
		5）建立了节能奖惩制度		1	
2.4	收集分析用能情况，挖掘节能潜力	1）建立能源统计台账		0.5	3
		2）编制年度能源消费综合平衡表，进行电、热、水平衡等综合分析		0.5	
		3）掌握本单位各项设施、运行系统和用能设备的用能参数及能效状况，建立相关系统或设备、设施的能源档案		0.5	
		4）能效诊断和节能挖潜	按照《企业能源审计技术通则》（GB/T 17166—1997）开展全面能源审计	1	
			根据能源审计和能效诊断结果，制定并落实节能整改措施	0.5	

<table>
<tr><th>序号</th><th>指标名称</th><th colspan="2">评价内容</th><th>分值</th><th>标准分</th></tr>
<tr><td rowspan="9">2.5</td><td rowspan="9">用能计量、监测和报告</td><td colspan="2">1）能源计量满足《用能单位能源计量器具配备和管理通则》（GB/T 17167—2006）等国家相关标准要求</td><td>0.5</td><td rowspan="9">5</td></tr>
<tr><td rowspan="2">2)能源在线监测系统建设</td><td>已经建成或正在开展能耗在线实时监测系统</td><td>0.5</td></tr>
<tr><td>已经建成或正在建设能源管理中心</td><td>0.5</td></tr>
<tr><td colspan="2">3）动态监测主要产品能效指标</td><td>1</td></tr>
<tr><td colspan="2">4） 定期对相关部门节能工作进行评估</td><td>0.3</td></tr>
<tr><td rowspan="2">5)能源利用状况报告和节能月报</td><td>按要求报送年度能源利用状况报告</td><td>1</td></tr>
<tr><td>按要求报送节能月报</td><td>1</td></tr>
<tr><td colspan="2">6）对年度能源管理工作进行总结和下年度节能工作进行部署</td><td>0.2</td></tr>
<tr><td colspan="2"></td><td></td></tr>
<tr><td rowspan="8">2.6</td><td rowspan="8">采用先进节能技术措施和高效设备</td><td colspan="2">1）设计开发新产品、新服务、设备采购及更换时充分考虑节能与提高能效</td><td>0.2</td><td rowspan="8">5</td></tr>
<tr><td colspan="2">2）至少实施过 2 项节能技术</td><td>0.2</td></tr>
<tr><td colspan="2">3）实现对主要生产过程、主要用能设备的用能进行优化</td><td>0.2</td></tr>
<tr><td colspan="2">4）实施用电负荷控制与优化，减少最高负荷</td><td>0.2</td></tr>
<tr><td colspan="2">5）主要产品单耗（工序）比上年度下降</td><td>0.2</td></tr>
<tr><td rowspan="3">6）综合节能率</td><td>证明本单位采取的各项节能措施取得了相应的节能效果。（综合节能率=产生的总节能量/该期本单位的总能耗，电力行业参考先进水平节能率幅度考评）</td><td></td></tr>
<tr><td>综合节能率大于 10%（含）（先进水平按 4.0%）</td><td>2</td></tr>
<tr><td>综合节能率大于 8%（含）（先进水平按 3.5%）</td><td>1.6</td></tr>
</table>

序号	指标名称	评价内容		分值	标准分
2.6	采用先进节能技术措施和高效设备	6）综合节能率	综合节能率大于 6%（含）（先进水平按 3.0%）	1.2	
			综合节能率大于 4%（含）（先进水平按 2.5%）	0.8	
			综合节能率大于 3%（含）（先进水平按 2.0%）	0.5	
			综合节能率大于 2%（含）（先进水平按 1.5%）	0.3	
			综合节能率小于 2%（含）（先进水平按 1.0%）	0	
		7）节能投资力度	证明本单位每年在节能和提高能效方面有一定的资金投入。以上一年度节能投资额与本单位各项投资总额之比为依据衡量（投资包括企业自筹、外部融资或通过合同能源管理模式等）		
			节能投资比例高于 10.0%（含）	1	
			节能投资比例高于 8.0%（含）	0.8	
			节能投资比例高于 6.0%（含）	0.5	
			节能投资比例高于 4.0%（含）	0.3	
			节能投资比例低于 4.0%（含）	0	
		8）节能投资效益	证明本单位的节能投资产生了一定的经济效益。以节能投资回报率衡量（节能投资回报率=上一年度节约的能源成本/上一年度节能投资总额）		
			节能投资回报率高于 40.0%（含）	1	
			节能投资回报率高于 30.0%（含）	0.8	
			节能投资回报率高于 20.0%（含）	0.5	
			节能投资回报率高于 10.0%（含）	0.3	
			节能投资回报率低于 10.0%（含）	0	

序号	指标名称	评价内容		分值	标准分
2.7	执行节能法律法规及有关规定	1）执行节能评估审查制度		0.5	2
		2）落实落后产能、设备（产品）的淘汰制度，未使用落后的用能设备和产品		0.5	
		3）执行节能法律法规其他有关规定，并完成国家或本市要求的节能减排方面的其他各专项工作		1	
2.8	对标管理活动	1）现状分析	成立对标活动小组，明确职责及分工	0.2	5
			对对标指标进行分析，编写对标指标调研分析报告	0.3	
		2）选定标杆	将主要产品单耗（工序）或主要生产装置先进水平作为标杆对象	0.5	
		3）对标分析	对对标指标进行分析，并建立对标指标三级指标体系	0.2	
			与确立的标杆值比对，找出差距，并对存在问题进行分析	0.3	
		4）对标基础	明确对标指标计算范围、完善对标指标基础计量工作	0.2	
			建立对标指标统计体系，定期监测及分析能效对标指标	0.3	
		5）对标实践	按照对标活动要求，制定具体详细的能效对标活动实施方案	0.5	
			对标实施方案对达到标杆值的保障率达到 100%，1 分；60%以上的，0.5 分；60%以下的，不得分	1	

序号	指标名称	评价内容		分值	标准分
2.8	对标管理活动	5）对标实践	每项改进措施落实了具体责任人和有时间节点安排	0.5	
			按照对标实施方案和措施计划，落实改进率100%的，1分，落实改进率60%的，0.5分；60%以下的，不得分	1	

11.5 绿色供应链管理

11.5.1 绿色供应链进入快速发展期

开展供应链创新与应用城市和企业试点。2018年商务部、工业和信息化部、生态环境部、农业农村部、中国人民银行、国家市场监督管理总局、中国银行保险监督管理委员会和中国物流与采购联合会8部门联合印发《商务部等8部门关于开展供应链创新与应用试点的通知》，决定在全国范围内开展供应链创新与应用城市试点和企业试点。以试点为契机，积极探索具有中国特色的供应链发展技术和模式，推动试点城市完善重点产业供应链体系，探索供应链治理新机制新模式，促进经济转型升级；推动试点企业加强与供应链上下游企业的协同和整合，实现产业降本增效、供需匹配和绿色发展。

加快现代绿色供应链体系建设。2018年，财政部、商务部决定开展流通领域现代供应链体系建设，按照“市场主导、政策引导、聚焦链条、协同推进”原则，以城市为载体，聚焦民生消费行业领域。重点围绕供应链“四化”（标准化、智能化、协同化、绿色化），以“五统一”（统一标准体系、统一物流服务、统一采购管理、统一信息采集、统一系统平台）为主要手段，充分发挥“链主”企业的引导辐射作用，供应链服务商的一体化管理作用，加快推动供应链各主体各环节设施设备衔接、数据交互顺畅、资源协同共享，促进资源要素跨区域流动和合理配置，整合供应链、发展产业链、提升价值链，加快发展大市场、大物流、大流通，实现供应链提质增效降本，推动快消品、药品、电商等领域发展分销型供应链。

以绿色设计、绿色工艺、绿色供应链为方向推进绿色制造系统集成。为加快制造强国和网络强国建设，促进工业转型升级，工业和信息化部、财政部发布2018年工业转型升级资金工作指南的通知，联合组织开展2018年工业强基工程实施方案、绿色制造系统集成、工业互联网创新发展工程及智能制造综合标准化与新模式应用等申报工作。在绿色制造系统集成方面，根据《财政部 工业和信息化部关于组织开展绿色制造系统集成工作的通知》（财建〔2016〕797号）要求，重点在机械、电子、化工、食品、纺织、家电、大型成套装备等行业，围绕绿色设计平台建设、绿色关键工艺突破、绿色供应链系统构建三个方向，推进绿色制造系统集成工作。

推动绿色制造体系建设。为贯彻落实《工业绿色发展规划（2016—2020年）》《绿色制造工程实施指南（2016—2020年）》，继续打造绿色制造先进典型，引领相关领域工业绿色转型，根据《工业和信息化部办公厅关于开展绿色制造体系建设的通知》（工信厅节函〔2016〕586号）要求，工业和信息化部2018年公布第二批绿色制造名单，包括绿色工厂208家、绿色设计产品53种、绿色园区22家、绿色供应链管理示范企业4家（表11-5）；并于同年开展第三批绿色制造名单推荐工作。要求各地工信主管部门高度重视绿色制造体系建设工作，加快制定出台本地区支持绿色制造示范的配套政策，加强与相关产业政策的衔接，积极扶持先进绿色典型，充分发挥以点带面的示范作用，引领行业和地区绿色转型。其中绿色供应链管理企业示范申报范围涵盖汽车、航空航天、电子电器、通信、大型成套装备机械、纺织服装、建材等行业中代表性强、影响力大、经营实力雄厚、绿色供应链管理基础好的核心制造企业。

表 11-5　2018 年第二批绿色供应链管理示范企业

	地区	企业名称	第三方评价机构
1	河南	天能集团（河南）能源科技有限公司	瑞和安惠项目管理集团有限公司
2	广东	广东精艺金属股份有限公司	广东省循环经济和资源综合利用协会
3	四川	四川九州电子科技股份有限公司	广州赛宝认证中心服务有限公司
4	青岛	青岛海尔电冰箱有限公司	中国家用电器研究院

深入实施绿色制造和智能制造工程。为贯彻落实中共中央　国务院《关于全面加强生态环境保护　坚决打好污染防治攻坚战的意见》，切实履行工业和通信业生态环境保护职责，2018 年工业和信息化部制定了坚决打好工业和通信业污染防治攻坚战三年行动计划。利用绿色信贷和绿色制造专项建成一批重大项目。建设百家绿色园区、千家绿色工厂，推广万种绿色产品，打造一批绿色供应链企业，推动能源资源利用效率明显提升。加快节能与绿色制造相关标准的制修订工作，2020 年前完成百项绿色标准。开展智能制造基础共性和行业应用标准试验验证，培育一批智能制造系统解决

方案供应商，加大原材料、装备、消费品、电子、民爆等重点行业智能制造推广力度。

积极出台和实施绿色供应链标准。为加快推进工业节能与绿色标准体系建设，发挥标准对工业绿色发展的引领支撑作用，工信部节能与综合利用司发布《2018 年度工业节能与绿色标准研究项目公示》，重点支持钢铁、有色金属、石化、化工、建材、机械、汽车、轻工、纺织、电子等行业的工业节能标准（单位产品能耗限额、重点用能设备产品能效、节能技术规范、节能监察、能源计量、能效测试等），绿色制造体系相关评价标准（绿色工厂、绿色设计产品、绿色园区、绿色供应链等），以及节水、资源综合利用等方面的标准。其中拟支持 6 项绿色供应链标准的编制工作：电子电器行业标准最多，为 3 项；石油化工行业 2 项；纺织行业 1 项（表 11-6）。

表 11-6　2018 年拟支持的绿色供应链方向工业节能与绿色标准研究项目

序号	标准名称	所属行业标准归口管理单位
1	轮胎制造业绿色供应链评价技术规范	中国石油和化学工业联合会
2	石油和化工行业绿色供应链管理要求	中国石油和化学工业联合会
3	纺织行业绿色供应链管理规范	中国纺织工业联合会
4	电子信息制造业绿色供应链管理规范	工业和信息化部电子工业标准化研究院
5	光伏企业绿色供应链管理规范	工业和信息化部电子工业标准化研究院
6	绿色供应链管理评价规范——变压器工业	工业和信息化部电子工业标准化研究院

11.5.2 地方积极推进绿色供应链政策探索

河南以绿色供应链管理示范点为抓手绘出绿色制造体系路线图。为推进工业绿色化改造，实现绿色发展，河南省出台了《河南省绿色制造体系建设实施方案（2018—2020 年）》（简称《方案》）。《方案》提出以促进全产业链和产品全生命周期绿色发展为目的，围绕制造业资源能源利用效率和清洁生产水平提升，力争到 2020 年，全省培育创建 100 家省级绿色工厂和 10 家省级绿色园区，开发一批绿色产品，建立若干绿色供应链管理示范点。方案明确在打造绿色供应链方面，发挥核心龙头企业的引领带动作用，带动上下游企业实现绿色发展，构建涵盖采购、生产、营销、回收、物流等环节的绿色供应链。

陕西省以绿色供应链为着力点推进绿色贸易发展。为贯彻落实环保部、外交部、国家发展和改革委员会、商务部《关于推进绿色“一带一路”建设的指导意见》和《陕西省推进建设丝绸之路经济带和 21 世纪海上丝绸之路实施方案（2015—2020 年）》，促进绿色“一带一路”建设，提升绿色发展水平，把陕西省建成西部重要的生态环境屏障，陕西省环保厅、省外事办、省发展改革委、省商务厅联合出台了《陕西省推进绿色“一带一路”建设实施意见》。探索建立环境标志产品互认机制，积极与沿线国家和地区环境标志机构协商、签署互认合作协议。加强绿色供应链管理，以省内龙头企业为依托，推动上下游企业，建立以资源节约、环境友好为导向的采购、生产、营销、回收、物流等环节的绿色供应链。加强与沿线国家和地区绿色供应链建设工作的交流和宣传，形成绿色供应链合作倡议。

四川省通过构建绿色供应链管理体系推动高质量发展。四川省委、省政府高度重视中央环保督察整改工作，成立了省委、省政府主要领导任双组长，有关省领导任副组长，省直相关部门主要负责同志为成员的整改工作领导小组，多次召开省委常委会会议和省政府常务会议进行专题研究和部署，研究制定了《四川省落实中央第五环境保护督察组督察反馈意见整改方案》。明确高质量发展格局初步形成整改目标，从提高环境准入门槛，打好大气、水、土壤污染防治“三大战役”，引导和倒逼企业转型升级等方面入手，大力淘汰落后产能，加快构建绿色供应链产业体系，推动经济高质量发展。

东莞举办第三届中国家居产业绿色供应链论坛。2015 东莞成为环境保护部批准的全国第一个绿色供应链试点示范城市，并列入广东省与环境保护部的省部共建合作示范项目。在中国涂料工业协会、中国家具协会等九大协会的倡导下，2016 年，家居绿色供应链产业联盟在东莞成立，并且把东莞作为中国家居产业绿色供应链论坛的永久性会址，每年举办一届论坛，引导家居产业供应链积极推进绿色发展。在 2016 年的首届中国家居绿色供应链论坛上，发布了绿色供应链东莞指数评价，并将此作为评价企业环境行为的综合性指标；绿色供应链东莞示范中心也在论坛上正式揭牌成立。2017 年召开的第二届中国家居产业绿色供应链论坛，发布了第二批绿色供应链管理试点企业“东莞指数”测试结果，对东莞指数的结构和具体的指标又进行了进一步的优化和提升。从 2018 年开始，东莞市将加大推广东莞指数的宣传力度，通过与宜家家居等大型采购商合作，利用其作为链主企业的引导作用，有效发挥绿色供应链管理的链条作用，带动上下游企业自觉进行绿色升级改造。2018 年的第三届中国家居产业绿色供应链论坛以“绿色发展　共创共赢”为主题，从国家层面探讨中国家居产业绿色供应链的建设和发展，推动家居产业转型升级、绿色发展，发布了13项相关绿色标准；启动广东省企业系统培训“灯塔行动”计划，广东省开始在东莞以外的城市积极推进东莞绿色指数，并且推动了企业系统灯塔培训计划，推动企业加强绿色供应链管理。中国家居绿色供应链论坛连续在东莞举办，“绿色供应链东莞示范中心”“绿色联盟”等机构相继成立，对推动东莞乃至全国家居产业朝着绿色、环保、节能、高效和智能制造的方向发展，起到了积极的促进作用，激励企业通过供需双向选择，推动供应链上下游企业改进环境管理，构建绿色制造体系。表11-7给出了2016—2018年绿色供应链管理试点企业“东莞指数”测试结果。

表11-7　2016—2018年绿色供应链管理试点企业“东莞指数”测试结果

年份	高星级企业
2016	1家五星级的企业和6家四星级的企业
2017	3家五星级的企业和10家四星级的企业
2018	2家宜家家居供应商

11.5.3　企业层面绿色供应链相关政策

苏宁发布绿色全球计划。为推动全球零售行业和品牌厂商广泛采用绿色（生态）设计产品，引领绿色消费升级，苏宁集团积极响应党的十九大的号召，努力发展绿色、低碳、循环的商业模式。2018年苏宁联合工业和信息化部共同召开2018绿色（生态）设计产品苏宁全球首发会，率先发布了绿色（生态）设计产品全球推广计划，旨在充分发挥苏宁全品类供应链与品牌厂商合作渠道优势，在全球范围宣传推广绿色（生态）设计产品、推动民众绿色消费、提升人们美好生活水平。在保护环境的同时，提供让消费者满意的绿色健康产品。

京东绿色供应链“青流计划”升级为集团战略。2018 年 5 月，京东全面升级其“青流计划”，从聚焦绿色物流领域，上升为整个京东集团可持续发展战略，从关注生态环境扩展到人类可持续发展相关的“环境”（planet）、“人文社会”（people）和“经济”（profits）全方位内容。全面升级的“青流计划”更重要的是合作伙伴共同行动，为此京东提出“一个宗旨、三个目标和十项准则”的可持续发展理念，倡议生态链上下游合作伙伴一起联动，以共创美好生活空间、共倡包容人文环境、共促经济科学发展为三大目标，共同建立全球商业社会可持续发展共生生态。

美团外卖启动“青山公益行动”。2017 年 8 月，美团外卖宣布启动外卖行业首个关注环境保护的行动计划——“青山计划”。2017 年 9 月，美团外卖携手中华环境保护基金会（简称环基会）设立“青山基金”，并先期投入 300 万元资金。2018 年 3 月，美团外卖联合环基会启动“青山公益行动”，加入该行动的商家即为“青山商家”，用户每在“青山商家”下一单，该商家将捐出一定金额的善款，汇同美团外卖先期投入“青山基金”的资金，用于公众环保意识宣导、生态扶贫以及环保研究等项目。

饿了么继续推行“蓝色星球”计划。2017 年 9 月 6 日，饿了么发布“蓝色星球”计划，努力推动外卖行业的环保治理。随后，平台在 APP 中上线“无需餐具”备注功能，积极鼓励用户少用一次性餐具。这得到了全国消费者的积极响应。据统计，截至 2018 年 3 月底，仅用了半年时间，饿了么全平台就产生了 1 600 万份备注“无需餐具”订单。其中，单是北京就贡献了 10%订单，相当于使 8 800 棵大树免遭砍伐。2018 年 3 月下旬，饿了么也参与了在北京鸟巢举办的世界自然基金（WWF）主题环保活动，并向全平台商户发出“无需餐具承诺书”的签署邀请。签署承诺书的商户将有机会进入“蓝色星球”环保商户专区，获得流量扶持，但要承诺不向备注“无需餐具”的用户配备餐具。

附　录

附录 1

2018 年国家层面出台的环境经济政策情况汇总表

序号	政策名称	发布部门	发布时间	政策类型
1	关于印发《大气污染防治专项资金管理办法》的通知（财建〔2018〕578 号）	财政部、生态环境部	2018 年 11 月 29 日	环境财政政策
2	财政部关于提前下达新疆生产建设兵团中央补助地方公共文化服务体系建设专项资金 2019 年预算指标的通知（财文〔2018〕128 号）	财政部	2018 年 10 月 31 日	环境财政政策
3	关于下达 2018 年流域上下游横向生态保护补偿机制奖励资金的通知	财政部	2018 年 5 月 25 日	环境财政政策
4	关于下达 2018 年度水污染防治专项资金（第二批）预算的通知	财政部	2018 年 8 月 2 日	环境财政政策
5	关于下达 2018 年度水污染防治专项资金（第三批）预算的通知	财政部	2018 年 10 月 31 日	环境财政政策
6	关于组织申报 2018 年城市黑臭水体治理示范城市的通知	财政部、住房和城乡建设部、生态环境部	2018 年 9 月 19 日	环境财政政策
7	关于中央财政促进长江经济带生态保护修复奖励政策实施方案的通知（财建〔2018〕6 号）	财政部、环境保护部、国家发展和改革委员会、水利部	2018 年 1 月 30 日	环境财政政策

序号	政策名称	发布部门	发布时间	政策类型
8	关于2018年光伏发电有关事项说明的通知（发改能源〔2018〕823号）	国家发展和改革委员会、财政部、国家能源局	2018年10月9日	环境财政政策
9	国家能源局综合司关于梳理“十二五”以来风电、光伏发电项目信息的通知（国能综函新能〔2018〕367号）	国家能源局综合司	2018年9月19日	环境财政政策
10	关于2018年光伏发电有关事项说明的通知（发改能源〔2018〕1459号）	国家发展和改革委员会、财政部、国家能源局	2018年10月9日	环境财政政策
11	关于调整完善新能源汽车推广应用财政补贴政策的通知	财政部	2018年2月13日	环境财政政策
12	关于扩大中央财政支持北方地区冬季清洁取暖城市试点的通知	财政部、生态环境部、住房和城乡建设部、国家能源局	7月24日	环境财政政策
13	关于对第二批中央财政支持北方地区冬季清洁取暖试点城市名单进行公示的通知	国家财政部经建司、生态环境部大气司、住建部建筑节能与科技司、国家能源局电力司	2018年8月27日	环境财政政策
14	关于调整公布第二十一期环境标志产品政府采购清单的通知	财政部、环境保护部	2018年1月30日	环境财政政策
15	关于调整公布第二十二期环境标志产品政府采购清单的通知	财政部、生态环境部	2018年8月2日	环境财政政策
16	关于调整公布第二十三期节能产品政府采购清单的通知	财政部、国家发展和改革委员会	2018年1月26日	环境财政政策
17	关于调整公布第二十四期节能产品政府采购清单的通知	财政部、国家发展和改革委员会	2018年8月10日	环境财政政策
18	关于建立健全长江经济带生态补偿与保护长效机制的指导意见	财政部	2018年2月13日	生态补偿政策

序号	政策名称	发布部门	发布时间	政策类型
19	建立市场化、多元化生态保护补偿机制行动计划	国家发展和改革委员会、财政部、自然资源部、生态环境部、水利部、农业农村部、中国人民银行、市场监管总局、林草局	2018 年 12 月 28 日	生态补偿政策
20	关于水资源有偿使用制度改革的意见	水利部、国家发展和改革委员会、财政部	2018 年 2 月	环境权益政策
21	国家林业和草原局办公室关于印发《2017 年林业和草原应对气候变化政策与行动白皮书》的通知	国家林业和草原局办公室	2018 年 11 月 21 日	环境权益政策
22	银行业存款类金融机构绿色信贷业绩评价方案（试行）	中国人民银行	2018 年 7 月 27 日	绿色金融相关政策
23	关于深入推进生态环境保护工作的意见	农业农村部	2018 年 7 月 25 日	环境污染第三方治理相关政策
24	印送工业园区环境污染第三方治理典型案例（第一批）	生态环境部	2018 年 8 月 30 日	环境污染第三方治理相关政策
25	关于公布第二批绿色制造名单的通知	工业和信息化部办公厅	2018 年 2 月 23 日	绿色供应链相关政策
26	商务部等 8 部门关于开展供应链创新与应用试点的通知	商务部、工业和信息化部、生态环境部、农业农村部、中国人民银行、国家市场监督管理总局、中国银行保险监督管理委员会和中国物流与采购联合会	2018 年 4 月 10 日	绿色供应链相关政策

序号	政策名称	发布部门	发布时间	政策类型
27	关于发布2018年工业转型升级资金工作指南的通知	工业和信息化部办公厅、财政部办公厅	2018年5月24日	绿色供应链相关政策
28	关于开展2018年流通领域现代供应链体系建设的通知	财政部、商务部	2018年5月31日	绿色供应链相关政策
29	关于印发坚决打好工业和通信业污染防治攻坚战三年行动计划的通知	工业和信息化部办公厅	2018年7月23日	绿色供应链相关政策
30	关于推荐第三批绿色制造名单的通知	工业和信息化部办公厅	2018年8月3日	绿色供应链相关政策
31	2018年度工业节能与绿色标准研究项目公示	国家工信部节能与综合利用司	2018年10月25日	绿色供应链相关政策
32	关于公布2017—2018年公共机构能效领跑者名单的通知	国管局、国家发展和改革委员会、财政部	2018年5月14日	行业政策

附录2

2018年地方层面出台的环境经济政策情况汇总表

序号	政策名称	发布部门	发布时间	政策类型
1	关于上海市“十二五”以来光伏项目有关情况的通知	上海市发展和改革委员会	2018年12月25日	环境财政政策
2	关于下达本市2018年节能减排专项资金安排计划（第七批）的通知	上海市发展和改革委员会	2018年12月18日	环境财政政策
3	关于浙江省2018年支持光伏发电应用有关事项的通知	浙江省发改委、省经信委、省财政厅、省物价局、省能源局、省电力公司	2018年9月14日	环境财政政策
4	关于公布北京市分布式光伏发电项目奖励名单（第五批）的通知	北京市发展和改革委员会	2018年3月2日	环境财政政策

序号	政策名称	发布部门	发布时间	政策类型
5	关于公布北京市分布式光伏发电项目奖励名单（第六批）的通知	北京市发展和改革委员会	2018年9月20日	环境财政政策
6	关于印发《顺义区2018年新能源汽车置换补贴实施细则》和《顺义区2018年电动汽车公用充电设施补贴实施细则》的通知	北京顺义区发展和改革委员会	2018年7月4日	环境财政政策
7	关于公示北京市“十二五”以来光伏发电项目有关情况的通知	北京市发展和改革委员会	2018年11月1日	环境财政政策
8	关于印发2018年江西省新能源汽车推广应用奖励办法的通知	江西省新能源汽车推广应用工作协调小组办公室	2018年5月31日	环境财政政策
9	重庆市2018年度新能源汽车推广应用财政补贴政策	重庆市财政局	2018年4月24日	环境财政政策
10	关于做好二〇一八年杭州市光伏发电项目政策兑现有关工作的通知	杭州市经信委、杭州市发改委、杭州市财政局	2018年6月26日	环境财政政策
11	关于开展2018下半年度长沙市分布式光伏发电项目补贴申报的通知	长沙市能源局	2018年10月15日	环境财政政策
12	佛山市南海区环境保护扶持奖励办法	佛山市南海区政府办	2018年10月8日	环境财政政策
13	关于公示2017年佛山市光伏发电项目奖补资金的公告	佛山市发展和改革局	2018年11月26日	环境财政政策
14	开展2017年度光伏产业扶持政策补贴资金兑现工作	合肥市经济和信息化委员会	2018年4月11日	环境财政政策
15	关于支持光伏发电项目接入电网的函	榆林市发展和改革委员会	2018年1月15日	环境财政政策
16	关于推进2018年丰水期风电光伏发电市场化交易的通知	四川省发展和改革委员会、省经信委、国家能源局四川监管办公室、省能源局	2018年5月14日	环境财政政策

序号	政策名称	发布部门	发布时间	政策类型
17	关于印发天津市海洋生态环境保护实施方案的通知	天津市人民政府	2018年7月12日	生态补偿政策
18	关于印发天津市水环境区域补偿办法的通知	天津市人民政府	2018年1月26日	生态补偿政策
19	天津市财政局　天津市林业局关于印发天津市湿地生态补偿资金管理办法（试行）的通知	天津市财政局	2018年7月16日	生态补偿政策
20	关于印发生态环境损害赔偿制度改革实施方案配套文件的通知	江苏省人民政府	2018年10月4日	生态补偿政策
21	关于公开征求《浙江省生态环境损害赔偿资金管理办法（征求意见稿）》意见的通知	浙江省财政厅	2018年8月13日	生态补偿政策
22	关于征求生态环境损害赔偿相关管理办法意见的通知	浙江省环保厅	2018年9月18日	生态补偿政策
23	福建省生态公益林条例	福建省人民政府	2018年7月23日	生态补偿政策
24	关于印发福建省综合性生态保护补偿试行方案的通知	福建省人民政府	2018年3月14日	生态补偿政策
25	关于印发山东省生态环境损害赔偿资金管理办法的通知	山东省财政厅、山东省环境保护厅、山东省高级人民法院、山东省人民检察院、山东省发展和改革委员会	2018年9月17日	生态补偿政策
26	关于健全生态保护补偿机制的实施意见	海南省人民政府	2017年12月25日	生态补偿政策
27	关于印发山西省湿地保护修复制度方案的通知	山西省人民政府	2018年1月22日	生态补偿政策
28	关于印发安徽省环境空气质量生态补偿暂行办法的通知	安徽省人民政府	2018年7月27日	生态补偿政策

序号	政策名称	发布部门	发布时间	政策类型
29	关于印发安徽省地表水断面生态补偿暂行办法的通知	安徽省人民政府	2018年1月10日	生态补偿政策
30	关于建立健全生态保护补偿机制的实施意见	湖北省人民政府	2018年2月12日	生态补偿政策
31	自治区党委办公厅 自治区人民政府办公厅关于印发《广西壮族自治区生态环境损害赔偿制度改革实施方案》的通知	广西壮族自治区党委办公厅 广西自治区人民政府办公厅	2018年6月15日	生态补偿政策
32	湖北省2017年碳排放权配额分配方案	湖北省人民政府	2018年1月	环境权益交易
33	关于制定我省2018—2020年度主要污染物排放权 交易基准价格的通知	河北省物价局	2018年1月4日	环境权益交易
34	关于印发福建省用能权有偿使用和交易试点实施方案的通知	福建省人民政府	2018年1月8日	环境权益交易
35	江西省发展改革委关于印发江西省用能权有偿使用和交易制度试点实施方案的通知	江西省发改委	2018年1月9日	环境权益交易
36	广西壮族自治区人民政府办公厅关于完善集体林权制度的实施意见（桂政办发〔2018〕4号）	广西壮族自治区人民政府	2018年1月14日	环境权益交易
37	关于印发《福建省用能权交易市场信用评价实施细则（试行）》的通知	福建省经济和信息化委员会、福建省发展和改革委员会、福建省国家税务局、福建省地方税务局、福建省工商行政管理局、中国人民银行福州中心支行	2018年1月15日	环境权益交易
38	关于印发《福建省用能权指标总量设定和分配办法（试行）》的通知	福建省经济和信息化委员会	2018年1月17日	环境权益交易

序号	政策名称	发布部门	发布时间	政策类型
39	关于印发甘肃省矿产资源权益金制度改革实施方案的通知	甘肃省人民政府	2018年1月18日	环境权益交易
40	关于调整排污许可证核发权限的通知	河北省人民政府	2018年1月29日	环境权益交易
41	山东省国土资源厅 山东省海洋与渔业厅关于协同推进全省海域海岛不动产统一登记的通知	山东省国土资源厅	2018年2月1日	环境权益交易
42	湖南省财政厅 湖南省地方税务局关于调整我省砂石资源税适用税率的通知	湖南省财政厅	2018年2月1日	环境权益交易
43	山东省国土资源厅 山东省水利厅关于切实加强地热资源保护和开发利用管理的通知	山东省国土资源厅	2018年2月9日	环境权益交易
44	山东省财政厅 山东省农业厅关于印发山东省农村集体产权制度改革资金管理办法的通知	山东省财政厅	2018年2月11日	环境权益交易
45	关于开展本市纳入碳排放配额管理的企业2017年度碳排放报告工作的通知	上海市发展和改革委员会	2018年3月	环境权益交易
46	关于印发政府储备排污权出让交易管理暂行办法（试行）和排污权二级市场交易管理暂行办法（试行）的通知	绍兴滨海新城管委会	2018年3月7日	环境权益交易
47	关于印发《福建省用能权交易能源消费量报告管理办法（试行）》的通知	福建省经济和信息化委员会、福建省统计局、福建省质量技术监督局	2018年3月12日	环境权益交易
48	山东省人民政府办公厅关于进一步完善集体林权制度的通知	山东省人民政府办公厅	2018年3月22日	环境权益交易
49	关于开展跨市域用能权交易的通知	河北省发展和改革委员会	2018年3月28日	环境权益交易

序号	政策名称	发布部门	发布时间	政策类型
50	四川省落实《全国碳排放权交易市场建设方案（发电行业）》工作方案	四川省人民政府	2018年4月	环境权益交易
51	四川省节能减排及应对气候变化工作领导小组办公室关于印发《四川省落实〈全国碳排放权交易市场建设方案（发电行业）〉工作方案》的通知	四川省发改委	2018年4月12日	环境权益交易
52	印发新疆维吾尔自治区关于完善集体林权制度的实施意见的通知	新疆维吾尔自治区人民政府	2018年4月30日	环境权益交易
53	关于完善集体林权制度的实施意见	贵州省人民政府	2018年5月11日	环境权益交易
54	四川省发展和改革委员会　四川省经济和信息化委员会　国家能源局四川监管办公室　四川省能源局关于推进2018年丰水期风电光伏发电市场化交易的通知	四川省发展和改革委员会	2018年5月14日	环境权益交易
55	关于印发《东莞市排污权有偿使用和交易规则（试行）》的通知	东莞市环境保护局	2018年5月15日	环境权益交易
56	甘肃省人民政府办公厅关于开展全省各级各类保护地内矿业权分类处置的意见	甘肃省人民政府	2018年5月28日	环境权益交易
57	天津市人民政府办公厅关于印发天津市碳排放权交易管理暂行办法的通知	天津市人民政府	2018年6月5日	环境权益交易
58	关于印发内蒙古自治区煤炭矿业权出让收益市场基准价的通知	内蒙古自治区国土资源厅	2018年6月8日	环境权益交易
59	山西省国土资源厅关于加强采矿权抵押备案有关工作的通知	山西省国土资源厅	2018年6月25日	环境权益交易

序号	政策名称	发布部门	发布时间	政策类型
60	关于做好本市碳排放交易2017年度履约工作的通知	上海市发展和改革委员会	2018年6月28日	环境权益交易
61	关于印发《海盐县用能权有偿使用和交易实施细则》的通知	海盐县经济和信息化局	2018年6月29日	环境权益交易
62	广东省2018年度碳排放配额分配实施方案	广东省发展和改革委员会	2018年7月	环境权益交易
63	福建省人民政府办公厅关于印发福建省自然资源产权制度改革实施方案的通知	福建省人民政府	2018年7月3日	环境权益交易
64	江西省财政厅 江西省国土资源厅关于印发《江西省矿业权出让收益征收管理实施办法》的通知	江西省国土资源厅	2018年7月18日	环境权益交易
65	河南省人民政府办公厅关于印发河南省用能权有偿使用和交易试点实施方案的通知	河南省人民政府	2018年7月18日	环境权益交易
66	湖北省国土资源厅关于公布湖北省磷矿、煤矿、铁矿、水泥用灰岩矿矿业权出让收益基准价的通知	湖北省国土资源厅	2018年7月23日	环境权益交易
67	云南省国土资源厅关于采矿权出让收益征收有关问题的通知	云南省国土资源厅	2018年7月23日	环境权益交易
68	关于征求《江苏省排污权有偿使用和交易实施细则（试行）》（征求意见稿）意见的通知	江苏省环境保护厅	2018年8月3日	环境权益交易
69	江西省国土资源厅关于印发江西省矿业权出让收益市场基准价的通知	江西省国土资源厅	2018年8月6日	环境权益交易
70	江西省国土资源厅关于农村宅基地和集体建设用地使用权确权登记的指导意见	江西省国土资源厅	2018年8月9日	环境权益交易

序号	政策名称	发布部门	发布时间	政策类型
71	关于上海市碳排放配额有偿竞价发放的公告	上海市发展和改革委员会	2018年8月14日	环境权益交易
72	浙江省人民政府办公厅关于印发浙江省用能权有偿使用和交易试点工作实施方案的通知	浙江省人民政府	2018年8月21日	环境权益交易
73	三明市人民政府办公室关于印发三明市自然资源产权制度改革实施方案的通知	三明市人民政府办公室	2018年8月28日	环境权益交易
74	四川省国土资源厅关于印发《四川省矿业权出让收益征收管理细则》的通知	四川省国土资源厅	2018年9月3日	环境权益交易
75	山东省人民政府办公厅关于印发山东省农村集体产权制度改革试点方案的通知	山东省人民政府办公厅	2018年9月9日	环境权益交易
76	南平市人民政府办公室关于印发南平市自然资源产权制度改革实施方案的通知	南平市人民政府办公室	2018年9月14日	环境权益交易
77	将乐县人民政府办公室关于印发自然资源产权制度改革实施方案的通知	将乐县人民政府办公室	2018年9月18日	环境权益交易
78	广西壮族自治区财政厅 广西壮族自治区国土资源厅关于印发矿业权出让收益征收管理暂行办法的通知	广西壮族自治区财政厅、国土资源厅	2018年10月8日	环境权益交易
79	厦门市人民政府关于印发厦门市排污权有偿使用和交易管理办法的通知	厦门市人民政府	2018年10月13日	环境权益交易
80	关于东营市河口区分布式发电市场化交易试点项目配电价格的批复（鲁价格一发〔2018〕128号）	山东省物价局	2018年10月19日	环境权益交易

序号	政策名称	发布部门	发布时间	政策类型
81	湖南省国土资源厅关于印发《湖南省采矿权出让收益市场基准价》的通知	湖南省国土资源厅	2018 年 10 月 25 日	环境权益交易
82	沙县人民政府办公室关于印发沙县自然资源产权制度改革实施方案的通知	沙县人民政府办公室	2018 年 11 月 1 日	环境权益交易
83	关于印发《坊子区水权交易管理实施办法（暂行）》的通知	坊子区水务局	2018 年 11 月 5 日	环境权益交易
84	厦门市人民政府办公厅关于印发厦门市自然资源产权制度改革实施方案的通知	厦门市人民政府办公厅	2018 年 11 月 14 日	环境权益交易
85	关于印发自治州水权交易体系建设方案的通知	博尔塔拉蒙古自治州人民政府	2018 年 11 月 18 日	环境权益交易
86	关于印发《四川省用能权有偿使用和交易管理暂行办法》的通知	四川省发展和改革委员会	2018 年 11 月 26 日	环境权益交易
87	正镶白旗自然资源产权制度改革实施指导意见（暂行）	正镶白旗国土局	2018 年年底	环境权益交易
88	赣江新区建设绿色金融改革创新试验区实施细则	江西省人民政府	2018年1月2日	绿色金融相关政策
89	广东省广州市建设绿色金融改革创新试验区实施细则	广东省人民政府办公厅	2018年5月5日	绿色金融相关政策
90	河南省排污单位环保信用评价管理办法（征求意见稿）	河南省生态环境厅	2018年4月3日	绿色金融相关政策
91	河南省排污单位环保信用评价指标及评分标准（征求意见稿）	河南省生态环境厅	2018年4月3日	绿色金融相关政策
92	山东省企业环境信用评价办法	山东省生态环境厅	2018年5月22日	绿色金融相关政策
93	新疆维吾尔自治区企业环境信用评价管理办法（试行）	新疆维吾尔自治区生态环境厅	2018年9月10日	绿色金融相关政策

序号	政策名称	发布部门	发布时间	政策类型
94	吉林省企业环境信用评价办法（试行）	吉林省生态环境厅	2018年1月19日	绿色金融相关政策
95	贵州省企业环境信用评价指标体系及评价方法（试行）	贵州省生态环境厅	2018年5月10日	绿色金融相关政策
96	江西省推进环境污染第三方治理工作实施细则	江西省人民政府	2018年4月日	环境污染第三方治理相关政策
97	云南省政府和社会资本合作（PPP）工作综合考评暂行办法	云南省财政厅	2018年6月28日	PPP模式相关政策
98	遂宁市城镇污水处理设施全市统一打包建设运营PPP项目实施方案	遂宁市人民政府	2018年4月17日	PPP模式相关政策
99	遂宁市城乡垃圾处理设施全市统一打包建设运营PPP项目实施方案	遂宁市人民政府	2018年4月17日	PPP模式相关政策
100	赤水市第二轮编制自然资源资产负债表试点工作实施方案	赤水市人民政府	2018年2月14日	自然资源资产负债表相关政策
101	赤水市自然资源资产负债表编制试点工作部门协调机制暂行办法	赤水市人民政府	2018年2月14日	自然资源资产负债表相关政策
102	丘北县人民政府关于开展编制自然资源资产负债表试点工作的通知	丘北县人民政府	2018年10月19日	自然资源资产负债表相关政策
103	生态环境损害赔偿制度改革实施方案	北京市人民政府	2018年7月4日	生态环境损害赔偿相关政策

序号	政策名称	发布部门	发布时间	政策类型
104	生态环境损害赔偿制度改革实施方案	江苏省人民政府	2018年10月4日	生态环境损害赔偿相关政策
105	生态环境损害赔偿制度改革实施方案	四川省人民政府	2018年9月20日	生态环境损害赔偿相关政策
106	生态环境损害赔偿制度改革实施方案	云南省人民政府	2018年9月14日	生态环境损害赔偿相关政策
107	甘肃省生态环境损害赔偿制度改革工作实施方案	甘肃省人民政府	2018年10月11日	生态环境损害赔偿相关政策
108	自治区生态环境损害赔偿制度改革实施方案	新疆维吾尔自治区人民政府	2018年6月18日	生态环境损害赔偿相关政策
109	山东省生态环境损害赔偿制度改革实施方案	山东省人民政府	2018年7月6日	生态环境损害赔偿相关政策
110	广西壮族自治区生态环境损害赔偿制度改革实施方案	广西壮族自治区人民政府	2018年8月2日	生态环境损害赔偿相关政策
111	浙江省生态环境损害赔偿制度改革实施方案	浙江省人民政府	2018年10月10日	生态环境损害赔偿相关政策
112	河南省生态环境损害赔偿制度改革实施方案	河南省人民政府	2018年8月6日	生态环境损害赔偿相关政策
113	内蒙古自治区生态环境损害赔偿制度改革实施方案	内蒙古自治区人民政府	2018年12月21日	生态环境损害赔偿相关政策

序号	政策名称	发布部门	发布时间	政策类型
114	省政府办公厅关于印发生态环境损害赔偿制度改革实施方案配套文件的通知	江苏省人民政府	2018年10月19日	生态环境损害赔偿相关政策
115	江苏省生态环境损害事件报告办法（试行）	江苏省人民政府	2018年10月19日	生态环境损害赔偿相关政策
116	江苏省生态环境损害鉴定评估管理办法（试行）	江苏省人民政府	2018年10月19日	生态环境损害赔偿相关政策
117	江苏省生态环境损害赔偿磋商办法（试行）	江苏省人民政府	2018年10月19日	生态环境损害赔偿相关政策
118	江苏省生态环境损害赔偿起诉规则（试行）	江苏省人民政府	2018年10月19日	生态环境损害赔偿相关政策
119	江苏省生态环境损害赔偿信息公开办法（试行）	江苏省人民政府	2018年10月19日	生态环境损害赔偿相关政策
120	省政府办公厅关于印发生态环境损害赔偿制度改革实施方案配套文件的通知	江苏省人民政府	2018年10月19日	生态环境损害赔偿相关政策
121	江苏省生态环境损害赔偿资金管理办法（试行）	江苏省人民政府	2018年10月19日	生态环境损害赔偿相关政策
122	江苏省生态环境损害赔偿制度改革实施方案	江西省人民政府	2018年12月19日	生态环境损害赔偿相关政策
123	江西省生态环境损害调查办法（试行）	江西省人民政府	2018年12月19日	生态环境损害赔偿相关政策

序号	政策名称	发布部门	发布时间	政策类型
124	江西省生态环境损害赔偿资金管理暂行办法	江西省人民政府	2018 年 12 月 19 日	生态环境损害赔偿相关政策
125	江西省生态环境损害修复监督管理办法（试行））	江西省人民政府	2018 年 12 月 19 日	生态环境损害赔偿相关政策
126	江西省生态环境损害赔偿磋商办法（试行）	江西省人民政府	2018 年 12 月 19 日	生态环境损害赔偿相关政策
127	河南省绿色制造体系建设实施方案（2018—2020 年）	河南省工业和信息化厅	2018年1月31日	绿色供应链相关政策
128	陕西省推进绿色“一带一路”建设实施意见	陕西省环境保护厅、省外事办、省发展改革委、省商务厅	2018年1月31日	绿色供应链相关政策
129	四川省落实中央第五环境保护督察组督察反馈意见整改方案	四川省委、省政府	2018年5月29日	绿色供应链相关政策
130	河北省推行企业环保“领跑者”制度实施方案	河北省环保厅、省财政厅、省发改委、省工信厅	2018年6月7日	行业政策
131	关于创建 2018 年度能效领跑者的通知	北京市发展和改革委员会	2018年6月8日	行业政策
132	关于印发《2018 年度上海市工业和通信业领域开展能效对标及创建能效“领跑者”活动实施方案》的通知	上海市经济和信息化委员会、上海市发展和改革委员会	2018 年 12 月 18 日	行业政策

附录 3

关于《中央财政促进长江经济带生态保护修复奖励政策实施方案》的通知

财建〔2018〕6 号

相关省（区、市）财政厅（局）、环境保护厅（局）、发展改革委、水利厅（局）：

为深入贯彻党的十九大“以共抓大保护、不搞大开发为导向推动长江经济带发展”和中央经济工作会议“推进长江经济带发展要以生态优先、绿色发展为引领”的精神，财政部、环境保护部、发展改革委、水利部研究制定了《中央财政促进长江经济带生态保护修复奖励政策实施方案》，请遵照执行。

附件：《中央财政促进长江经济带生态保护修复奖励政策实施方案》

财政部　环境保护部

发展改革委　水利部

2018 年 1 月 30 日

中央财政促进长江经济带生态保护修复奖励政策实施方案

长江是中华民族的母亲河，是中华民族发展的重要支撑，流域上下游以水为纽带，共生共融、共同发展。党的十九大报告中明确指出，“以共抓大保护、不搞大开发为导向推动长江经济带发展”。习近平总书记强调，推动长江经济带发展必须从中华民族长远利益考虑，走生态优先、绿色发展之路，把修复长江生态环境摆在压倒性位置。2018 年中央经济工作会议进一步明确，“推进长江经济带发展要以生态优先、绿色发展为引领”。贯彻落实党中央、国务院决策部署，财政部、环境保护部、发展改革委、水利部决定以改善生态环境质量为导向，加大政策激励力度，推动长江流域省份共抓大保护。具体实施方案如下：

一、总体要求

（一）指导思想

全面贯彻党的十九大精神，以习近平新时代中国特色社会主义思想为指引，按照党中央、国务院加强生态文明建设的决策部署，积极推动省际省内横向生态保护补偿机制建设，搭建上下联动、合作共治的政策平台，有效调动相关省份参与生态环境保护修复的积极性，落实好相关规划确定的任务，加快推进长江流域生态保护修复工作，促进生态环境质量改善。

（二）工作目标

推动长江流域加快落实相关规划确定的保护和治理任务，促进长江大保护格局尽快形成。力争到 2020 年，长江流域保护和治理的机制进一步完善，全流域生态环境保护取得明显成效。生态系统稳定性得到提升，河湖、湿地生态功能逐步恢复，水源涵养、水土保持等生态功能增强，生物多样性稳步增加，水资源得到有效保护和节约集约利用，干流水质稳中向好，饮用水安全水平持续提升，加快建成和谐长江、健康长江、清洁长江、优美长江。

（三）基本原则

1. 中央引导，地方为主。

中央财政安排奖励资金，充分调动上中下游地方积极性，积极引导地方扎实开展工作。地方政府是流域生态保护修复的实施主体，要积极采取措施，督促企业和居民履行节水、环保责任，加大投入，改善生态环境，增强生态产品供给。

2. 绩效评价，结果导向。

从建立健全体制机制、生态保护修复成效等多个角度，客观全面对长江流域生态治理保护进行绩效评价，并根据评价结果分配资金，突出以改善生态环境质量为核心的保护治理导向。

3. 搭建平台，共抓保护。

推动长江流域相邻省份及省内建立横向生态保护补偿机制，搭建工作和政策平台，推动流域上中下游联防联控和信息共享，联合查处跨界违法行为，建立重大工程项目环评会商、环境污染应急联防机制，深入开展流域水资源保护、水污染防治和生态环境保护等工作。

二、奖励政策主要内容

（一）实施范围和期限

重点对长江经济带 11 个省（市），即四川省、云南省、贵州省、重庆市、湖北省、湖南省、江西省、安徽省、江苏省、浙江省、上海市，实行奖励政策。实施期限为 2018—2020 年。

（二）奖励政策措施

一是对流域内上下游邻近省级政府间协商签订补偿协议、建立起流域横向生态保护补偿机制的给予奖励，鼓励相邻多个省份建立流域横向生态保护补偿机制。二是对省级行政区域内建立流域横向生态保护补偿机制予以奖励。三是对流域保护和治理任务成效突出的省份予以奖励。用于引导地方落实好长江经济带发展规划纲要、水污染防治行动计划、最严格水资源管理制度、长江经济带生态环境保护规划、全国水资源保护规划等确定的任务。

（三）绩效考核体系

建立绩效考核评价体系，全面反映流域所在省份工作开展情况。有关部门按照职责分工对水污染防治行动计划、最严格水资源管理制度等进行考核。适时引入第三方的方式，对地方工作开展情况、资金使用情况进行绩效评价。省级行政区域内的绩效评价，由各省份自行组织开展。

（四）对青海、西藏实行定额补助

考虑到青海省、西藏自治区是长江源头，在长江经济带生态环境保护中担负着重要责任，对其实行适当的定额补助。

三、资金拨付办法

奖励资金安排与绩效评价结果挂钩，先预拨、后清算。

（一）预拨资金

1. 支持建立跨省流域横向生态保护补偿机制。

鼓励流域内邻近的省（市）建立横向生态保护补偿机制，对签订了省级政府间补偿协议建立起机制的，根据流域生态功能重要性、保护治理难度、补偿力度等因素，分年确定中央财政奖励额度，用于协议双方流域保护和治理。

2. 支持建立省（市）内流域横向生态保护补偿机制。

对本行政区域内长江流域相关市（县）已建立横向生态保护补偿机制且机制运行良好的省（市），适当安排奖励资金。

3. 支持完成生态保护修复目标任务。

对长江经济带 11 个省（市），根据各省（市）水生态环境保护和修复治理任务完成情况予以奖励，分为保护性支出和治理性支出，权重分别占 40%、60%，具体测算如下：

预拨某省（市）资金=保护性支出+治理性支出

其中：

保护性支出=［某省（市）下游用水量之和/各省（市）下游省份用水量之和+某省（市）本地水资源总量/各省本地水资源总量之和］×0.5×0.4×支持落实相关规划任务资金总额度

治理性支出=（主要污染物入河削减量系数+主要污染物减排量系数）×0.5×0.6×支持落实相关规划任务资金总额度

（二）清算资金

1. 支持建立跨省（市）流域横向生态保护补偿机制。

一是机制建设。按照“早建早给，早建多给”的原则，鼓励早建机制。同等条件，2018 年建立机制，全额享受奖励资金；2019 年建立机制，享受 80%奖励资金；2020 年建立机制，享受 60%奖励资金。

二是机制运行。根据相关省（市）签订的补偿协议，水质等考核达到目标的，上游省（市）享受预拨资金；部分达到目标的，根据水质水量折算享受预拨资金的额度，适当扣减上游预拨资金；完全未达到目标的，全部扣减上游预拨资金。所扣减的资金用于补偿给签订协议的下游省（市）。

2. 支持建立省（市）内流域横向生态保护补偿机制。

一是机制建设。鼓励早建机制，截至 2020 年年底，省（市）内长江流域相关市（县）60%以上建立起机制的，全额享受奖励资金；40%以上建立起机制的，享受 80%奖励资金；20%以上建立起机制的，享受 60%奖励资金。对 2018 年年底前省（市）内长江流域相关市（县）全部建立机制的，给予超额奖励。

二是机制运行。对补偿机制运行良好，上下游相关市（县）能够形成统一标准、联合执法、定期会商等共抓大保护格局的，足额安排奖励资金；对补偿机制运行状况不畅的，适当扣减奖励资金。

3. 支持完成生态保护修复目标任务。

对长江经济带 11 个省（市），主要依据环境保护部组织开展的水污染防治行动计划考核、水利部组织开展的最严格水资源管理制度考核分数，各占 50%权重。具体办法：

计分在 80 分（含）以上的足额享受奖励资金；

计分在 60（含）～80 分的，按照得分情况适当扣减一定比例的奖励资金，需扣减的奖励资金比例=［80−某省（市）得分］%+20%（如得 79 分，则在扣减 20%奖励资金的基础上，再扣减 1%，共扣减 21%的奖励资金）；

计分低于60分的全部扣减奖励资金。

（三）中央财政资金安排

该项资金通过水污染防治专项资金安排，其支出范围适用《水污染防治专项资金管理办法》（财建〔2016〕864号）相关规定。2017—2020年，中央财政计划安排180亿元，其中2017年30亿元，2018—2020年共计安排150亿元，按照上述预拨、清算办法进行分配。

四、保障措施

（一）建立联合指导协调机制

财政部、环境保护部、国家发展和改革委员会、水利部将根据各自部门职责，强化对机制建设的业务指导，统筹推进相关方案编制、流域生态环境保护与治理、水资源节约保护、奖励资金使用监管等，加强监督考核，及时跟踪大保护工作，强化政策研究，并协调解决出现的新问题，确保工作有序开展。

（二）激励政策实施效果后评估

清算扣减的资金，根据考核情况，用于对成效特别突出的省份给予额外奖励，进一步调动地方的积极性。该项政策实施到期后，财政部会同有关部门组织开展效果后评估工作。及时总结经验，提练可复制、可借鉴的模式，在全国其他大江大河推广实施。

附录4

关于调整完善新能源汽车推广应用财政补贴政策的通知

财建〔2018〕18号

各省、自治区、直辖市、计划单列市财政厅（局）、工业和信息化主管部门、科技厅（局、科委）、发展改革委：

为贯彻落实党的十九大精神，加快促进新能源汽车产业提质增效、增强核心竞争力、实现高质量发展，做好新能源汽车推广应用工作，现将有关事项通知如下：

一、调整完善推广应用补贴政策

（一）提高技术门槛要求。根据动力电池技术进步情况，进一步提高纯电动乘用车、非快充类纯电动客车、专用车动力电池系统能量密度门槛要求，鼓励高性能动力电池应用。提高新能源汽车整车能耗要求，鼓励低能耗产品推广。不断提高燃料电池汽车技术门槛。新能源汽车产品纳入《新能源汽车推广应用推荐车型目录》（以下简称《目录》）后销售推广方可申请补贴，2017 年《目录》内符合调整后补贴技术条件的车型，可直接列入新的《目录》。有关部委将根据新能源汽车技术进步、产业发展、推广应用规模等因素，提前研究发布 2019 年和 2020 年关键技术指标门槛。

（二）完善新能源汽车补贴标准。根据成本变化等情况，调整优化新能源乘用车补贴标准，合理降低新能源客车和新能源专用车补贴标准。燃料电池汽车补贴力度保持不变，燃料电池乘用车按燃料电池系统的额定功率进行补贴，燃料电池客车和专用车采用定额补贴方式。鼓励技术水平高、安全可靠的产品推广应用。

（三）分类调整运营里程要求。对私人购买新能源乘用车、作业类专用车（含环卫车）、党政机关公务用车、民航机场场内车辆等申请财政补贴不作运营里程要求。其他类型新能源汽车申请财政补贴的运营里程要求调整为 2 万 km，车辆销售上牌后将按申请拨付一部分补贴资金，达到运营里程要求后全部拨付，补贴标准和技术要求按照车辆获得行驶证年度执行。

二、进一步加强推广应用监督管理

（一）加快完善信息化监管平台。各级行业主管部门牵头，尽快建成企业、地方、国家三级联网的新能源汽车监管平台并发挥作用，动态掌握车辆生产、销售、运行、充电设施运营情况，结合现有管理手段实现对生产准入、目录审核、补贴发放、安全运营、运营里程等环节监管的全覆盖。

（二）建立与补贴挂钩的整车和电池“一致性”抽检制度。在整车和动力电池生产、销售等环节随机抽查一定比例产品，进行动力电池能量密度、整车能耗等关键参数一致性检测。建立常态化信息发布机制，对抽检产品参数与推荐车型目录内参数值不一致的，根据情节轻重程度，暂停推荐车型目录、按型号扣减或缓拨补贴资金，并按有关规定对相关企业和检测机构给予处罚。

（三）拓宽监督渠道，夯实监管责任。设立并公开举报电话或网上举报平台，充分发挥社会监督的作用。加大对骗补企业的处罚力度，除依据《财政违法行为处罚处分条例》予以没收违法所得和罚款外，还将视情节轻重采取暂停或取消推荐车型目录、取消补贴资格并纳入“黑名单”等限制性措施。有关地方应进一步落实推广主体责任，健全管理制度，加强审核把关和监督检查，对玩忽职守、徇私舞弊的单位和个人应予以严肃追责，对监管不严、骗补等问题多发的地区按有关规定严肃处理。

三、进一步优化推广应用环境

（一）破除地方保护，建立统一市场。各地不得采取任何形式的地方保护措施，包括但不限于设置地方目录或备案、限制补贴资金发放、对新能源汽车进行重复检验、要求生产企业在本地设厂、要求整车企业采购本地零部件等措施。对经有关部门认定存在地方保护行为的地方，中央财政将视情节相应扣减充电基础设施奖补资金。各地对列入《车辆生产企业及产品公告》的新能源汽车产品应一视同仁执行免限行、免限购、发放新能源汽车专用号牌等支持措施。地方应不断加大基础设施建设力度和改善新能源汽车使用环境，从 2018 年起将新能源汽车地方购置补贴资金逐渐转为支持充电基础设施建设和运营、新能源汽车使用和运营等环节。

（二）落实生产者责任，提高生产销售服务管理水平。企业应进一步落实生产者责任，对自身生产和销售环节加强管理与控制，建立企业监控平台，及时准确上报新能源汽车推广补贴申报信息，确保真实、可查。新能源汽车生产企业应按有关文件要求对消费者提供动力电池等储能装置、驱动电机、电机控制器质量保证。建立新能源汽车安全事故统计和审查机制，对已销售产品存在安全隐患、发生安全事故的，企业应提交产品事故检测报告、后续改进措施等材料。对由于产品质量引起安全事故的车型，视事故性质、严重程度等给予暂停车型推荐目录、暂停企业补贴资格等处罚，并扣减该车型补贴资金。

本通知从2018年2月12日起实施，2018年2月12日至6月11日为过渡期。过渡期期间上牌的新能源乘用车、新能源客车按照财政部　科技部　工业和信息化部　发展改革委《关于调整新能源汽车推广应用财政补贴政策的通知》（财建〔2016〕958号）对应标准的0.7倍补贴，新能源货车和专用车按0.4倍补贴，燃料电池汽车补贴标准不变。

落实推广应用主体责任、建立惩罚机制等其他相关规定继续按财政部　科技部　工业和信息化部　发展改革委《关于调整新能源汽车推广应用财政补贴政策的通知》（财建〔2016〕958号）、财政部　工业和信息化部　科技部　发展改革委《关于新能源汽车推广应用审批责任有关事项的通知》（财建〔2016〕877号）、财政部　科技部　工业和信息化部　发展改革委《关于2016—2020年新能源汽车推广应用财政支持政策的通知》（财建〔2015〕134号）等有关文件执行。

财政部　工业和信息化部

科技部　发展改革委

2018年2月12日

附录 5

关于建立健全长江经济带生态补偿与保护长效机制的指导意见

财预〔2018〕19 号

上海、江苏、浙江、安徽、江西、湖北、湖南、重庆、四川、云南、贵州省（直辖市）财政厅（局）：

为全面贯彻落实党的十九大精神，积极发挥财政在国家治理中的基础和重要支柱作用，按照党中央、国务院关于长江经济带生态环境保护的决策部署，推动长江流域生态保护和治理，建立健全长江经济带生态补偿与保护长效机制，制定本意见。

一、总体要求

（一）指导思想

高举中国特色社会主义伟大旗帜，全面贯彻落实党的十九大精神，以习近平新时代中国特色社会主义思想为指导，坚持稳中求进工作总基调，坚持新发展理念，紧扣我国社会主要矛盾变化，按照高质量发展的要求，统筹推进“五位一体”总体布局和协调推进“四个全面”战略布局，牢固树立和践行“绿水青山就是金山银山”的理念，把修复长江生态环境摆在压倒性位置，推动形成“共抓大保护、不搞大开发”的工作格局，强化财政职能作用，加强顶层设计，创新体制机制，促进长江经济带生态环境质量全面改善。

（二）基本原则

生态优先，绿色发展。把长江经济带生态补偿与保护摆在优先位置，强化宏观与系统的保护，加快环境污染治理，加快改善环境质量，推动长江经济带高质量发展，以绿色发展实现人民对美好生活的向往。

统筹兼顾，有序推进。以建立完善全流域、多方位的生态补偿和保护长效体系为目标，优先支持解决严重污染水体、重要水域、重点城镇生态治理等迫切问题，着力提升生态修复能力，逐步发挥“山水林田湖草”的综合生态效益，构建生态补偿、生态保护和可持续发展之间的良性互动关系。

明确权责，形成合力。中央财政加强长江流域生态补偿与保护制度设计，完善转移支付办法，加大支持力度，建立健全激励引导机制。地方政府要采取有效措施，积极推动建立相邻省份及省内长江流域生态补偿与保护的长效机制。

奖补结合，注重绩效。以生态环境质量改善为核心，根据生态功能类型和重要性实施精准考核，强化资金分配与生态保护成效挂钩机制。让保护环境的地方不吃亏、能受益、更有获得感，充分调动市县级政府加强生态建设的积极性、主动性和创造性，用制度保护生态环境。

（三）目标任务

通过统筹一般性转移支付和相关专项转移支付资金，建立激励引导机制，明显加大对长江经济带生态补偿和保护的财政资金投入力度。到 2020 年，长江流域保护和治理多元化投入机制更加完善，上下联动协同治理的工作格局更加健全，中央对地方、流域上下游间生态补偿效益更加凸显，为长江经济带生态文明建设和区域协调发展提供重要的财力支撑和制度保障。

二、中央财政加大政策支持

（一）增加均衡性转移支付分配的生态权重。中央财政增加生态环保相关因素的分配权重，加大对长江经济带相关省（市）地方政府开展生态保护、污染治理、控制减少排放等带来的财政减收增支的财力补偿，进一步发挥均衡性转移支付对长江经济带生态补偿和保护的促进作用，确保地方政府不因生态保护增加投入或限制开发降低基本公共服务水平。

（二）加大重点生态功能区转移支付对长江经济带的直接补偿。增加重点生态功能区转移支付预算安排，调整重点生态功能区转移支付分配结构，完善县域生态质量考核评价体系，加大对长江经济带的直接生态补偿，重点向禁止开发区、限制开发区和上游地区倾斜，提高长江经济带生态功能重要地区的生态保护和民生改善能力。

（三）实施长江经济带生态保护修复奖励政策。支持流域内上下游邻近省级政府间建立水质保护责任机制，鼓励省级行政区域内建立流域横向生态保护责任机制，引导长江经济带地方政府落实好流域保护和治理任务，对相关工作开展成效显著的省市给予奖励，进一步调动地方政府积极性。

（四）加大专项对长江经济带的支持力度。在支持开展森林资源培育、天然林停伐管护、湿地保护、生态移民搬迁、节能环保等方面，中央财政将结合生态保护任务，通过林业改革发展资金、林业生态保护恢复资金、节能减排补助资金等向长江经济带予以重点倾斜。把实施重大生态修复工程作为推动长江经济带发展项目的优先选项，中央财政将加大对长江经济带防护林体系建设、水土流失及岩溶地区石漠化治理等工程的支持力度。

三、地方财政抓好工作落实

（一）统筹加大生态保护补偿投入力度。省级财政部门要完善省对下均衡性、重点生态功能区等一般性转移支付资金管理办法，不断加大对长江沿岸、径流区及重点水源区域的支持。省以下各级财政部门要加强对涉及生态环保等领域相关专项转移支付资金的管理，引导各责任部门协调政策目标、明确任务职责、统筹管理办法、规范绩效考核，形成合力，明显增加对长江经济带生态保护的投入。探索建立长江流域生态保护和治理方面专项转移支付资金整合机制。对相关中央专项转移支付的结转资金，地方可以制定更加严格的资金统筹办法，切实提高财政资金使用效益。

（二）因地制宜突出资金安排重点。省以下各级财政部门要紧密结合本地区的功能定位，集中财力保障长江经济带生态保护的重点任务。水源径流地区要以“山水林田湖草”为有机整体，重点实施森林和湿地保护修复、脆弱湖泊综合治理和水生物多样性保护工程，增强水源涵养、水土保持、水质修复等生态系统服务功能。排放消耗地区要以工业污染、农业面源污染、城镇污水垃圾处置为重点，构建源头控污、系统截污、全面治污相结合的水环境治理体系。工业化、城镇化集中地区要加快产业转型升级，优化水资源配置，强化饮用水水源保护，推动节水型社会建设，满足生态系统完整健康的用水需求。对岸线周边、生态保护红线区及其他环境敏感区域内落后产能排放整改或搬迁关停要给予一定政策性资金支持。

（三）健全绩效管理激励约束机制。省级财政部门要积极配合相关部门，推动建立有针对性的生态质量考核及生态文明建设目标评价考核体系，综合反映各地生态环境保护的成效。考核结果与重点生态功能区转移支付及相关专项转移支付资金分配明显挂钩，对考核评价结果优秀的地区增加补助额度；对生态环境质量变差、发生重大环境污染事件、主要污染物排放超标、实行产业准入负面清单不力和生态扶贫工作成效不佳的地区，根据实际情况对转移支付资金予以扣减。

（四）建立流域上下游间生态补偿机制。按照中央引导、自主协商的原则，鼓励相关省（市）建立省内流域上下游之间、不同主体功能区之间的生态补偿机制，在有条件的地区推动开展省（市）际间流域上下游生态补偿试点，推动上中下游协同发展、东中西部互动合作。中央对省级行政区域内建立生态补偿机制的省份，以及流域内邻近省（市）间建立生态补偿机制的省份，给予引导性奖励。同时，对参照中央做法建立省以下生态环保责任共担机制较好的地区，通过转移支付给予适当奖励。

（五）完善财力与生态保护责任相适应的省以下财政体制。省级财政部门要结合环境保护税、资源税等税制改革，充分发挥税收调节机制，科学界定税目，合理制定税率，夯实地方税源基础，形成生态环保的稳定投入机制。推进生态环保领域财政事权和支出责任划分改革，明确省以下流域治理和环保的支出责任分担机制，对跨市县的流域要在市县间合理界定权责关系，充分调动市县积极性。

（六）充分引导发挥市场作用。各级财政部门要积极推动建立政府引导、市场运作、社会参与的多元化投融资机制，鼓励和引导社会力量积极参与长江经济带生态保护建设。研究实行绿色信贷、环境污染责任保险政策，探索排污权抵押等融资模式，稳定生态环保 PPP 项目收入来源及预期，加大政府购买服务力度，鼓励符合条件的企业和机构参与中长期投资建设。探索推广节能量、流域水环境、湿地、碳排放权交易、排污权交易和水权交易等生态补偿试点经验，推行环境污染第三方治理，吸引和撬动更多社会资本进入生态文明建设领域。

各级财政部门要积极会同相关部门，健全工作机制，完善相关领域配套措施办法。省级财政部门要做好统筹协调，加强对市县财政部门的工作指导。市县财政部门要结合自身实际，明确本地区工作重点，切实抓好落实。要做好信息发布、宣传报道、舆情引导等工作，形成人人关心长江生态保护的良好氛围，有效调动全社会参与生态环境保护的积极性。

财政部

2018 年 2 月 13 日

附录 6

建立市场化、多元化生态保护补偿机制行动计划

为贯彻中共中央办公厅《党的十九大报告重要改革举措实施规划（2018—2022 年）》（中办发〔2018〕39 号）以及中共中央办公厅、国务院办公厅《中央有关部门贯彻实施党的十九大报告重要改革举措分工方案》（中办发〔2018〕

12 号）精神，落实《国务院办公厅关于健全生态保护补偿机制的意见》（国办发〔2016〕31 号），积极推进市场化、多元化生态保护补偿机制建设，特制订本行动计划。

一、总体要求

党的十八大以来，生态保护补偿机制建设顺利推进，重点领域、重点区域、流域上下游以及市场化补偿范围逐步扩大，投入力度逐步加大，体制机制建设取得初步成效。但在实践中还存在企业和社会公众参与度不高，优良生态产品和生态服务供给不足等矛盾和问题，亟须建立政府主导、企业和社会参与、市场化运作、可持续的生态保护补偿机制，激发全社会参与生态保护的积极性。

市场化、多元化生态保护补偿机制建设要以习近平新时代中国特色社会主义思想为指导，全面贯彻党的十九大和十九届二中、三中全会精神，牢固树立和践行“绿水青山就是金山银山”的理念，紧扣我国社会主要矛盾的变化，按照高质量发展的要求，

坚持“谁受益，谁补偿”、稳中求进的原则，加强顶层设计，创新体制机制，实现生态保护者和受益者良性互动，让生态保护者得到实实在在的利益。

到 2020 年，市场化、多元化生态保护补偿机制初步建立，全社会参与生态保护的积极性有效提升，受益者付费、保护者得到合理补偿的政策环境初步形成。到 2022 年，市场化、多元化生态保护补偿水平明显提升，生态保护补偿市场体系进一步完善，生态保护者和受益者互动关系更加协调，成为生态优先、绿色发展的有力支撑。

二、重点任务

建立市场化、多元化生态保护补偿机制要健全资源开发补偿、污染物减排补偿、水资源节约补偿、碳排放权抵消补偿制度，合理界定和配置生态环境权利，健全交易平台，引导生态受益者对生态保护者的补偿。积极稳妥发展生态

产业，建立健全绿色标识、绿色采购、绿色金融、绿色利益分享机制，引导社会投资者对生态保护者的补偿。

（一）健全资源开发补偿制度

自然资源是生态系统的重要组成部分，资源开发者应当对资源开发的不利影响进行补偿，保障生态系统功能的原真性、完整性。合理界定资源开发边界和总量，确保生态系统功能不受影响。企业将资源开发过程中的生态环境投入和修复费用纳入资源开发成本，自身或者委托第三方专业机构实施修复。进一步完善全民所有土地资源、水资源、矿产资源、森林资源、草原资源、海域海岛资源等自然资源资产有偿使用制度，健全依法建设占用自然生态空间和压覆矿产的占用补偿制度。建立归属清晰、权责明确、保护严格、流转顺畅、监管有效的自然资源资产产权制度。构建统一的自然资源资产交易平台，健全自然资源收益分配制度。（自然资源部牵头，发展改革委、财政部、住房和城乡建设部、水利部、农业农村部、人民银行、林草局参与，地方各级人民政府负责落实。以下均需地方各级人民政府负责落实，不再列出）

（二）优化排污权配置

探索建立生态保护地区排污权交易制度，在满足环境质量改善目标任务的基础上，企业通过淘汰落后和过剩产能、清洁生产、清洁化改造、污染治理、技术改造升级等产生的污染物排放削减量，可按规定在市场交易。以工业企业、污水集中处理设施等为重点，在有条件的地方建立省内分行业排污强度区域排名制度，排名靠后地区对排名靠前地区进行合理补偿。（生态环境部牵头）

（三）完善水权配置

积极稳妥推进水权确权，合理确定区域取用水总量和权益，逐步明确取用水户水资源使用权。鼓励引导开展水权交易，对用水总量达到或超过区域总量控制指标或江河水量分配指标的地区，原则上要通过水权交易解决新增用水需求。鼓励取水权人通过节约使用水资源有偿转让相应取水权。健全水权交易平

台，加强对水权交易活动的监管，强化水资源用途管制。（水利部牵头，自然资源部、生态环境部参与）

（四）健全碳排放权抵消机制

建立健全以国家温室气体自愿减排交易机制为基础的碳排放权抵消机制，将具有生态、社会等多种效益的林业温室气体自愿减排项目优先纳入全国碳排放权交易市场，充分发挥碳市场在生态建设、修复和保护中的补偿作用。引导碳交易履约企业和对口帮扶单位优先购买贫困地区林业碳汇项目产生的减排量。鼓励通过碳中和、碳普惠等形式支持林业碳汇发展。（生态环境部牵头，自然资源部、林草局参与）

（五）发展生态产业

在生态功能重要、生态资源富集的贫困地区，加大投入力度，提高投资比重，积极稳妥发展生态产业，将生态优势转化为经济优势。中央预算内投资向重点生态功能区内的基础设施和公共服务设施倾斜。鼓励大中城市将近郊垃圾焚烧、污水处理、水质净化、灾害防治、岸线整治修复、生态系统保护与修复工程与生态产业发展有机融合，完善居民参与方式，引导社会资金发展生态产业，建立持续性惠益分享机制。（发展改革委、自然资源部、生态环境部、住房和城乡建设部、交通运输部、农业农村部、文化和旅游部、林草局、扶贫办按职责参与）

（六）完善绿色标识

完善绿色产品标准、认证和监管等体系，发挥绿色标识促进生态系统服务价值实现的作用。推动现有环保、节能、节水、循环、低碳、再生、有机等产品认证逐步向绿色产品认证过渡，建立健全绿色标识产品清单制度。结合绿色电力证书资源认购，建立绿色能源制造认证机制。健全无公害农产品、绿色食品、有机产品认证制度和地理标志保护制度，实现优质优价。完善环境管理体系、能源管理体系、森林生态标志产品和森林可持续经营认证制度，建立健全获得相关认证产品的绿色通道制度。（市场监管总局、发展改革委、自然资源部、生态环境部、水利部、农业农村部、能源局、林草局、知识产权局按职责参与）

（七）推广绿色采购

综合考虑市场竞争、成本效益、质量安全、区域发展等因素，合理确定符合绿色采购要求的需求标准和采购方式。推广和实施绿色采购，完善绿色采购清单发布机制，优先选择获得环境管理体系、能源管理体系认证的企业或公共机构，优先采购经统一绿色产品认证、绿色能源制造认证的产品，为生态功能重要区域的产品进入市场创造条件。有序引导社会力量参与绿色采购供给，形成改善生态保护公共服务的合力。（财政部、发展改革委、市场监管总局牵头，生态环境部、水利部、能源局、扶贫办参与）

（八）发展绿色金融

完善生态保护补偿融资机制，根据条件成熟程度，适时扩大绿色金融改革创新试验区试点范围。鼓励各银行业金融机构针对生态保护地区建立符合绿色企业和项目融资特点的绿色信贷服务体系，支持生态保护项目发展。在坚决遏制隐性债务增量的基础上，支持有条件的生态保护地区政府和社会资本按市场化原则共同发起区域性绿色发展基金，支持以 PPP 模式规范操作的绿色产业项目。鼓励有条件的非金融企业和金融机构发行绿色债券，鼓励保险机构创新绿色保险产品，探索绿色保险参与生态保护补偿的途径。（人民银行牵头，财政部、自然资源部、银保监会、证监会参与）

（九）建立绿色利益分享机制

鼓励生态保护地区和受益地区开展横向生态保护补偿。探索建立流域下游地区对上游地区提供优于水环境质量目标的水资源予以补偿的机制。积极推进资金补偿、对口协作、产业转移、人才培训、共建园区等补偿方式，选择有条件的地区开展试点。（发展改革委、财政部、生态环境部、水利部按职责参与）

三、配套措施

健全激励机制，完善调查监测体系，强化技术支撑，为推进建立市场化、多元化生态保护补偿机制创造良好的基础条件。

（十）健全激励机制

发挥政府在市场化、多元化生态保护补偿中的引导作用，吸引社会资本参与，对成效明显的先进典型地区给予适当支持。（发展改革委、财政部牵头，自然资源部、生态环境部、水利部、农业农村部、林草局参与）

（十一）加强调查监测

加强对市场化、多元化生态保护补偿投入与成效的监测，健全调查体系和长效监测机制。建立健全自然资源统一调查监测评价、自然资源分等定级价格评估制度。加强重点区域资源、环境、生态监测，完善生态保护补偿基础数据。（发展改革委、自然资源部、生态环境部、水利部、农业农村部、统计局、林草局按职责参与）

（十二）强化技术支撑

以生态产品产出能力为基础，健全生态保护补偿标准体系、绩效评估体系、统计指标体系和信息发布制度。完善自然资源资产负债表编制方法，培育生态服务价值评估、自然资源资产核算、生态保护补偿基金管理等相关机构。鼓励有条件的地区开展生态系统服务价值核算试点，试点成功后全面推广。（发展改革委、财政部、自然资源部、生态环境部、水利部、农业农村部、统计局、林草局按职责参与）

四、组织实施

强化统筹协调，压实工作责任，加强宣传推广，扎实有序推进市场化、多元化生态保护补偿工作。

（十三）强化统筹协调

发挥好生态保护补偿工作部际联席会议制度的作用，加强部门之间以及部门与地方的合作，协调解决工作中遇到的困难。有关部门、各地方要加强工作进展跟踪分析，每年向生态保护补偿工作部际联席会议牵头单位报送情况。

（十四）压实工作责任

各地要将市场化、多元化生态保护补偿机制建设纳入年度工作任务，细化工作方案，明确责任主体，推动补偿机制建设逐步取得实效。各有关部门要加强重点任务落实的业务指导，完善支持政策措施，加强对工作任务的督促落实。

（十五）加强宣传推广

各地各有关部门要加强补偿政策宣传解读，通过现场交流和会议研讨等形式，及时宣传取得的成效，推广可复制的经验。要发挥新闻媒体的平台优势，传播各地好经验、好做法，引导各类市场主体参与补偿，推动形成全社会保护生态环境的良好氛围。

国家发展和改革委员会　财政部
自然资源部　生态环境部
水利部　农业农村部　人民银行
市场监管总局　林草局
2018 年 12 月 28 日

附录 7

关于水资源有偿使用制度改革的意见

各省（自治区、直辖市）水利（水务）厅（局）、发展改革委（物价局）、财政厅（局），新疆生产建设兵团财政局：

水资源有偿使用制度是《水法》明确的重要水资源管理制度，是全民所有自然资源有偿使用制度的重要组成部分。为落实《国务院关于全民所有自然资源资产有偿使用制度改革的指导意见》（国发〔2016〕82 号）的要求，加快健全和完善水资源有偿使用制度，进一步推进水资源有偿使用制度改革，促进水资源可持续利用，现提出以下意见。

一、明确水资源有偿使用制度改革的总体要求

认真贯彻落实党的十九大精神，以习近平新时代中国特色社会主义思想为指导，坚持人与自然和谐共生，树立和践行“绿水青山就是金山银山”的理念，按照节水优先、空间均衡、系统治理、两手发力的新时代水利工作方针和水资源水生态水环境水灾害统筹治理的治水新思路，全面落实最严格水资源管理制度，严守水资源管理三条红线，健全水资源费征收制度，严格水资源费征收管理，推进水资源税改革试点，引导和鼓励开展水权交易，切实发挥水资源有偿使用制度对水资源节约、保护与合理开发利用行为的调节引导作用，促进水资源的可持续利用，保障经济社会可持续发展。

二、全面落实最严格水资源管理制度

严守水资源开发利用控制、用水效率控制、水功能区限制纳污三条红线，加强水资源监控，建立健全水资源承载能力监测预警机制，加快建立严控区域用水超载、严控河湖开发超限、严控地下水超采、严控行业用水超定额的水资源管控体系，切实将各类开发利用活动控制在水资源承载能力以内，保障江河的基本生态水量（流量），维持湖泊、水库以及地下水体的合理水位，维护水体生态功能，促进经济发展方式和用水方式转变。大力实施国家节水行动，推进水资源节约和循环利用，以落实《“十三五”水资源消耗总量和强度双控行动方案》为重点，以落实全民节水行动、推进县域节水型社会达标建设为抓手，全面推进各行业节水，建设节水型社会。通过一系列严格管控措施和“三条红

线”的倒逼作用，有效推进水资源有偿使用制度改革。

三、合理调整水资源费征收标准

各有关省（自治区、直辖市）要综合考虑当地水资源状况、经济发展水平、社会承受能力以及不同产业和行业取用水等差别和特点，合理制定和调整水资源费征收标准。要支持合理用水、低消耗用水，鼓励水资源循环利用，规定限额内的农业生产取水不征收水资源费，超过规定限额部分从低征收水资源费；对本企业回收利用的疏干排水、地源热泵取用水从低确定水资源费征收标准；对取用污水处理再生水的免征水资源费。要大幅提高地下水特别是水资源紧缺和超采地区的地下水水资源费征收标准，超采地区和严重超采地区取用地下水的水资源费征收标准要按照非超采地区标准的 2～5 倍确定；严格执行超计划或超定额取水累进收取水资源费政策，除水力发电、城市供水企业取水外，对超计划或者超定额的取用水量可在原标准基础上加 1～3 倍征收。具体征收标准由各省（自治区、直辖市）物价、财政、水行政主管部门结合本地实际确定；各省（自治区、直辖市）可根据各市县水资源条件和地下水开采情况等，在本辖区内区分不同区域制定差别化的水资源费征收标准。

四、严格水资源费征收管理

要按照规定的范围、对象、标准和程序征收水资源费，不得重复征收水资源费，不得擅自扩大和缩小征收范围、提高和降低征收标准、超越权限收费。除规定的减免政策外，各地区不得擅自减免、缓征或停征水资源费，对违规减免的要予以纠正，确保应征尽征。严格取用水计量，规范计量设施安装运行，积极推行在线监控。未安装计量设施的、计量设施不合格或者运行不正常的，要按照日最大取水能力计算的取水量计征水资源费；对农业用水等暂无法直接计量的，积极探索“按电计量、以电折水”或其他可行的核定水量的方式方法。强化水资源费征收事中事后监管，结合水资源费征收工作实际，推动“双随机一公开”的监管方式，定期开展水资源费征收检查，确保应收尽收。水资源费征收管理改革涉及新疆生产建设兵团的有关事宜，按照党中央、国务院关于新疆生产建设兵团深化改革的有关要求执行。

五、推进水资源税改革试点工作

对已开展水资源费改税的试点地区，要落实相关税收政策，实现收费制度向征税制度的平稳转换，发挥税收调控作用，抑制地下水超采和不合理用水需求，调整优化用水结构。纳税人应当如实办理纳税申报，对申报的真实性和完整性承担责任。水行政主管部门要认真核查取用水信息，做好取用水量核定。税务机关依法征管，增强执法刚性，形成有效约束机制。建立信息共享机制，水行政主管部门应及时将水量核定结果送税务机关，税务机关要将征税情况及时反馈水行政主管部门。各级财政要根据实际需要，保障有关部门和单位依法履行水资源管理职能所需相关经费。

六、探索开展水权确权工作

各地要充分借鉴水权试点取得的经验做法，结合本地实际积极稳妥探索推进水权确权工作。在区域层面，通过分解区域用水总量控制指标、制定江河水量分配方案等，明确区域取用水权益。在取用水户层面，依据区域用水总量控制指标和江河水量分配方案、水资源配置方案等，对依法应纳入取水许可管理的取用水户，科学核定许可水量，明确水资源具体用途，发放取水许可证明确取水权；对灌区内农业用水户，由地方政府或授权有关部门根据用水总量控制指标和灌溉用水定额，发放水权权属凭证，因地制宜将水权明确到农村集体经济组织、农民用水合作组织、农户等。健全取用水监控计量体系，确保取用水可计量、可监管。

七、鼓励引导开展水权交易

落实《水权交易管理暂行办法》（水政法〔2016〕156 号），推进区域间、流域间、流域上下游、行业间、用水户间等多种形式的水权交易，积极培育水市场，充分发挥市场配置水资源的作用。对用水总量达到或超过区域总量控制指标或江河水量分配指标的地区，原则上要通过水权交易解决新增用水需求。在保障粮食安全的前提下，鼓励工业企业通过投资农业节水获得水权，鼓励灌区内用水户间开展水权交易。地方政府或其授权的单位，可以通过政府投资节水形式回购水权，也可以回购取水单位和个人投资节约的水权；回购的水权应当优先保证生活用水和生态用水，尚有余量的可以通过市场竞争方式进行出让；出让收入属于政府非税收入，应全额上缴国库，纳入一般公共预算管理。鼓励通过依法规范设立的水权交易平台开展水权交易，区域水权交易或者交易量较大的取水权交易应通过水权交易平台公开公平公正进行。加强对水权交易活动的监督管理，强化水资源用途管制，防止以水权交易为名套取用水指标，变相挤占生活、生态和合理农业用水。

八、完善水资源考核问责和计量监控

全面落实《“十三五”实行最严格水资源管理制度考核实施方案》，进一步完善考核评价体系，强化对水资源有偿使用制度落实情况的考核。逐级建立目标责任制，严格责任追究，对最严格水资源管理制度落实不力的地方，采取约谈、通报等措施予以督促；对因盲目决策和渎职、失职造成水资源浪费、水环境破坏等不良后果的相关责任人，依法依纪追究责任。加快推进国家水资源监控能力建设项目，力争在 2018 年年底前对年取水量 50 万 m^3 以上的工业取水户、100 万 m^3 以上的公共供水取水户和大型灌区及部分中型灌区渠首实现在线监控。完善灌溉用水计量设施，提高农业灌溉用水定额管理和科学计量水平。加快推进省市县各级水资源监控能力建设，实现信息共享、互联互通和业务协同。

九、强化组织领导

各地要高度重视，充分认识水资源有偿使用制度改革对水资源保护和合理利用、维护水资源所有者权益的重要意义，切实加强组织领导和细化落实。各省（自治区、直辖市）要制定推进水资源有偿使用制度改革的实施方案，明确责任主体和时间进度，于2018年6月底前报水利部、国家发展和改革委员会和财政部备案。各级水行政主管部门、发展改革、财政等部门各司其职，加强沟通协调，在取水户信息、水资源费标准、水资源费征收监管等方面建立协同工作机制，确保在完善和落实水资源有偿使用制度中衔接有序，形成合力。

十、加强宣传引导

认真做好水资源有偿使用制度改革宣传工作，精心策划、充分利用各种媒介，采取图文并茂、通俗易懂的形式，做好政策解读，回应社会关切，使社会各界真正认识、理解和支持水资源有偿使用制度各项改革措施，形成改革共识，凝聚改革合力，使水资源有偿使用、节约用水、保护水资源等理念深入人心，为水资源有偿使用制度改革顺利推进营造良好的舆论氛围。

水利部　财政部

国家发展和改革委员会

2018年2月28日

附录 8

银行业存款类金融机构绿色信贷业绩评价方案（试行）

一、总则

（一）为落实《关于构建绿色金融体系的指导意见》（银发〔2016〕228 号文）等文件精神，引导银行业存款类金融机构加强对绿色环保产业的信贷支持，制定本方案。

（二）绿色信贷业绩评价是指人民银行及其分支机构依据信贷政策规定对银行业存款类金融机构绿色信贷业绩进行综合评价，并依据评价结果对银行业存款类金融机构实行激励约束的制度安排。

（三）绿色信贷业绩评价面向银行业存款类金融机构（法人）开展，坚持绿色导向、商业可持续、激励约束兼容，按照客观、公正、公平原则稳步推进，依法尊重银行业存款类金融机构合规自主经营。

（四）人民银行负责 24 家主要银行业存款类金融机构绿色信贷业绩评价工作，人民银行上海总部、各分行、营业管理部、省会（首府）城市中心支行负责辖区内银行业存款类金融机构（法人）绿色信贷业绩评价工作。

（五）绿色信贷业绩评价每季度开展一次。

二、评价指标和方法

（六）绿色信贷业绩评价指标设置定量和定性两类，其中，定量指标权重 80%，定性指标权重 20%。后期，人民银行根据条件变化，酌情调整指标权重。

（七）绿色信贷业绩评价定量指标包括绿色贷款余额占比、绿色贷款余额份额占比、绿色贷款增量占比、绿色贷款余额同比增速、绿色贷款不良率 5 项（定量指标体系、说明和评分方法见附 1，略）。

（八）绿色信贷业绩评价定性得分由人民银行综合考虑银行业存款类金融

机构日常经营情况并参考定性指标体系确定（定性指标体系、说明和评分方法见附 2，略）。

（九）绿色信贷业绩评价定量指标数据按照《中国人民银行关于建立绿色贷款专项统计制度的通知》（银发〔2018〕10 号）有关规定采集，统计口径为本外币贷款。银行业存款类金融机构境内本外币贷款余额使用社会融资规模中对实体经济的本外币贷款口径数据。

三、评价结果和运用

（十）绿色信贷业绩评价结果纳入银行业存款类金融机构宏观审慎考核。

（十一）人民银行对银行业存款类金融机构报送的定性指标数据进行校准及不定期核查。未如实填报评估数据的，一经发现，人民银行将按照有关规定严肃处理，并要求限期整改。

四、附则

（十二）人民银行分支机构依据本方案及时制定符合辖区实际的绿色信贷业绩评价实施细则并组织实施。

（十三）本方案可根据绿色信贷政策和业务发展变化适时调整，由人民银行负责解释。

中国人民银行

2018 年 7 月 27 日

附录 9

关于开展供应链创新与应用试点的通知

各省、自治区、直辖市、计划单列市及新疆生产建设兵团商务、工业和信息化、环境保护、农业、质量技术监督（市场监管）部门，中国人民银行各分行、营业管理部、各省会（首府）城市中心支行、各副省级城市中心支行，各银监局，中国物流与采购联合会各分支机构：

根据《国务院办公厅关于积极推进供应链创新与应用的指导意见》（国办发〔2017〕84 号）要求，商务部、工业和信息化部、生态环境部、农业农村部、人民银行、国家市场监督管理总局、中国银行保险监督管理委员会和中国物流与采购联合会决定开展供应链创新与应用试点。现将有关事项通知如下：

一、总体要求

（一）指导思想

全面贯彻党的十九大精神，以习近平新时代中国特色社会主义思想为指导，落实国务院关于推进供应链创新与应用的决策部署，以供给侧结构性改革为主线，完善产业供应链体系，高效整合各类资源和要素，提高企业、产业和区域间的协同发展能力，适应引领消费升级，激发实体经济活力，在现代供应链领域培育新增长点、形成新动能，助力建设现代化经济体系，推动经济高质量发展。

（二）总体思路

试点包括城市试点和企业试点，试点实施期为 2 年。试点城市的主要任务是出台支持供应链创新发展的政策措施，优化公共服务，营造良好环境，推动完善产业供应链体系，并探索跨部门、跨区域的供应链治理新模式。试点企业的主要任务是应用现代信息技术，创新供应链技术和模式，构建和优化产业协同平台，提升产业集成和协同水平，带动上下游企业形成完整高效、节能环保的产业供应链，推动企业降本增效、绿色发展和产业转型升级。

通过城市试点和企业试点，在若干关系国计民生、消费升级和战略新兴的重点产业，推动形成创新引领、协同发展、产融结合、供需匹配、优质高效、绿色低碳、全球布局的产业供应链体系，促进发展实体经济，助力供给侧结构性改革，筑牢现代化经济体系的坚实基础。

（三）试点目标

通过试点，打造“五个一批”，即创新一批适合我国国情的供应链技术和模式，构建一批整合能力强、协同效率高的供应链平台，培育一批行业带动能力强的供应链领先企业，形成一批供应链体系完整、国际竞争力强的产业集群，总结一批可复制、可推广的供应链创新发展和政府治理实践经验。

通过试点，现代供应链成为培育新增长点、形成新动能的重要领域，成为供给侧结构性改革的重要抓手，成为“一带一路”建设和形成全面开放新格局的重要载体。

二、试点城市重点任务

（一）推动完善重点产业供应链体系

一是建立健全农业供应链。结合本地特色农业，优先选择粮食、果蔬、茶叶、药材、乳制品、蛋品、肉品、水产品、酒等重要产品，立足区域特色优势，充分发挥农业产业化龙头企业示范引领作用，推动供应链资源集聚和共享，打造联结农户、新型农业经营主体、农产品加工流通企业和最终消费者的紧密型农产品供应链，构建完善全产业链各环节相互衔接配套的绿色可追溯农业供应链体系。

二是积极发展工业供应链。结合本地主导产业，优先选择钢铁、煤炭、水泥、玻璃等相关产业，推动企业打造供需对接、资源整合的供应链协同平台，提高产业协同效率，推动降成本、去库存和去产能，助力供给侧结构性改革。

在与消费升级密切相关的产业中，优先选择家电、汽车、电子、纺织等，推动企业构建对接个性化需求和柔性化生产的智能制造供应链协同平台，提高产品和服务质量，满足人民日益增长的美好生活需要。

针对必须抢占制高点的战略新兴产业，充分调动各方资源，打造合作紧密、分工明确、集成联动的政产学研一体化的供应链创新网络，推进大型飞机、机器人、发动机、集成电路等关键技术攻关和产业发展。

三是创新发展流通供应链。推动企业与供应商、生产商实现系统对接，构建流通与生产深度融合的供应链协同平台，实现供应链需求、库存和物流实时共享可视。

推动企业建设运营规范的商品现货交易平台，提供供应链增值服务，提高资源配置效率。促进传统实体商品交易市场转型升级，打造线上线下融合的供应链交易平台，促进市场与产业融合发展。

鼓励传统流通企业向供应链服务企业转型，建设供应链综合服务平台，提供研发、设计、采购、生产、物流和分销等一体化供应链服务，提高流通效率，降低流通成本。

推进城市居民生活供应链体系建设，发展集信息推送、消费互动、物流配送等功能为一体的社区商业，满足社区居民升级消费需求，提高居民生活智能化和便利化水平。

（二）规范发展供应链金融服务实体经济

推动供应链核心企业与商业银行、相关企业等开展合作，创新供应链金融服务模式，发挥上海票据交易所、中征应收账款融资服务平台和动产融资统一登记公示系统等金融基础设施作用，在有效防范风险的基础上，积极稳妥开展供应链金融业务，为资金进入实体经济提供安全通道，为符合条件的中小微企业提供成本相对较低、高效快捷的金融服务。

推动政府、银行与核心企业加强系统互联互通和数据共享，加强供应链金融监管，打击融资性贸易、恶意重复抵质押、恶意转让质物等违法行为，建立失信企业惩戒机制，推动供应链金融市场规范运行，确保资金流向实体经济。

（三）融入全球供应链打造“走出去”战略升级版

推动本地优势产业对接并融入全球供应链体系，开展更大范围、更高水平、更深层次的国际合作，向全球价值链中高端跃升，打造更具全球竞争力的产业集群。

支持和鼓励企业积极开展对外贸易与投资合作，加强与“一带一路”沿线国家的互联互通，设立境外研发中心、分销服务网络、物流配送中心、海外仓等，提高全球范围内供应链协同和配置资源的能力，促进重要资源能源、重要农产品、关键零部件来源的多元化和目标市场的多样化。

（四）发展全过程全环节的绿色供应链体系

推动深化政府绿色采购，行政机关和使用财政资金的其他组织应当优先采购和使用节能、节水、节材等环保产品、设备和设施，并建立相应的考核体系。研究制定重点产业企业绿色供应链构建指南，建立健全环保信用评价、信息强制性披露等制度，依法依规公开供应链全环节的环境违法信息。

支持环境保护技术装备、资源综合利用和环境服务等环境保护产业的发展。加大对绿色产品、绿色包装的宣传力度，鼓励开展“快递业+回收业”定向合作，引导崇尚自然、追求健康的消费理念，培育绿色消费市场。

（五）构建优质高效的供应链质量促进体系

加强供应链质量标准体系建设，推广《服务质量信息公开规范》和《服务质量评价工作通用指南》，建立供应链服务质量信息清单制度。加强全链条质量监管，开发适应供应链管理需求的质量管理工具，引入第三方质量治理机制，探索建立供应链服务质量监测体系并实施有针对性的质量改进。

引导企业树立质量第一的意识，提高服务质量，创新服务模式，优化服务流程，为客户提供安全、诚信、优质、高效的服务。鼓励企业加强供应链品牌建设，创建一批高价值供应链品牌。

（六）探索供应链政府公共服务和治理新模式

以完善政策、优化服务、加强监管为重点，改革相关体制机制，出台相关支持政策措施，宣传推广供应链思维、理念和技术，营造供应链创新与应用的良好环境。积极打造供应链公共服务平台，研究设立供应链创新产业投资基金，建设供应链科技创新中心，支持供应链前沿技术、基础软件、先进模式等的研究与推广。加强供应链标准体系、信用体系和人才体系等支撑建设。

三、试点企业重点任务

试点企业应围绕试点目标，发挥龙头带动作用，加强与供应链上下游企业的协同和整合，着力完善产业供应链体系，促进产业降本增效、节能环保、绿色发展和创新转型。

（一）提高供应链管理和协同水平

普及供应链思维，完善供应链管理制度，加强企业信息化升级，加强标准化建设，培养供应链专业人才，提高与上下游企业协同能力，形成分工协作的网络体系，积极“走出去”开展对外贸易投资合作，构建全球供应链，提升全球资源配置效率。

（二）加强供应链技术和模式创新

积极与高校、研究机构等开展合作，建设供应链研究中心或实验室，开展供应链技术创新和软硬件研发，推广应用供应链新技术、新模式，促进整个产业供应链数字化、智能化和国际化。

（三）建设和完善各类供应链平台

以平台为重要载体完善供应链体系，加强与上下游企业实现系统和数据对接，充分发挥供应链平台的资源集聚、供需对接和信息服务等功能，构建跨界融合的产业供应链生态。

（四）规范开展供应链金融业务

有条件的企业可加强与商业银行、平台企业等合作，创新供应链金融业务模式，优化供应链资金流，积极稳妥、依法依规开展供应链金融业务。

（五）积极倡导供应链全程绿色化

以全过程、全链条、全环节的绿色发展为导向，优先采购和使用节能、节水、节材等环保产品、设备和设施，促进形成科技含量高、资源消耗低、环境污染少的产业供应链。

四、组织实施程序

（一）积极组织申报

省级商务主管部门会同工业和信息化、环境保护、农业主管部门、人民银行、质量技术监督（市场监管）部门和原银监会派出机构，建立试点工作协调机制，共同组织本地各城市和企业申报，并将《供应链创新与应用城市试点方案》（附件 1，略）、《供应链创新与应用试点企业申报表》（附件 2，略）以及《申报供应链创新与应用试点单位汇总表》（附件 3，略）（含电子版）一式八份报商务部（市场建设司）。申报截止日期为 2018 年 5 月 31 日。

申报城市应拥有较好的产业基础，重点产业集群在全国具有较强的影响和带动能力，拥有比较完善的产业配套体系；具有较好的供应链发展软硬基础设施，现代信息技术应用规模较大。自由贸易试验区可独立申报。

申报企业应具有独立法人资格，具有较高的供应链管理能力，较完善的供应链管理制度，较强的供应链人才力量，建有业内较大影响的供应链平台，对行业发展具有重要影响和示范带动作用。中央企业可由国务院相关部门推荐申报，也可直接向商务部申报。

（二）编制试点方案

申报试点的城市应编制《供应链创新与应用城市试点方案》。实施方案要依托本市优势和特色产业，聚焦一项或多项试点任务，科学谋划供应链推动产业发展的总体思路、目标任务、试点内容和保障措施。

申报试点的企业应按要求填写《供应链创新与应用试点企业申报表》。申报企业要围绕试点目标和任务，提出加强供应链协同和整合、完善产业供应链体系的目标和举措。

（三）确定试点城市和试点企业

商务部会同工业和信息化部、生态环境部、农业农村部、人民银行、国家市场监督管理总局、中国银行保险监督管理委员会和中国物流与采购联合会共同组织专家对申报材料进行评审，通过竞争性择优确定试点城市和试点企业。

（四）试点实施并及时报送进展情况

各试点城市和试点企业应每季度上报试点情况。试点取得的重大进展，或遇到的重大问题和困难，应及时报告。省级商务主管部门将有关情况统一报商务部。试点企业是中央企业的，由中央企业直接上报商务部。

（五）绩效评估和经验总结

商务部将会同有关部门对试点进行中期和终期评估，对于中期评估表现优秀的城市和企业，研究给予相关激励政策；根据终期评估结果，对试点效果显著、绩效评估为优的城市授予“全国供应链创新与应用示范城市”称号，对行业引领能力强、绩效评估为优的企业授予“全国供应链创新与应用示范企业”称号。同时总结可复制、可推广的实践经验。

五、工作要求

（一）加强组织领导和工作协调

要加强试点的组织领导，建立相关部门参与的工作协调机制，制定试点方案，明确责任分工，加强统筹协调，确保工作顺利推进。各级商务、工业和信息化、环境保护、农业、人民银行、质量技术监督（市场监管）等部门和原银监会派出机构要密切配合，共同做好试点的组织实施、监督、评估和总结推广等工作，及时帮助协调解决试点的困难和问题。

（二）加强业务指导和政策支持

鼓励试点城市整合国家、省级预算内投资等各项资金，引导社会资本设立供应链创新产业投资基金，支持供应链创新和应用项目。试点城市有关部门在安排相关投资时，对于符合条件的供应链创新发展项目予以倾斜。

各级商务、工业和信息化、农业、环境保护和质量技术监督（市场监管）部门要加强对流通、工业、农业供应链以及供应链全程绿色化和供应链质量标准等方面的业务指导，研究出台相关财政、税收、金融、土地等方面的政策措施，加大对试点的支持力度。

各级人民银行和原银监会派出机构要加强对供应链金融发展的指导和监督，研究相关支持政策，对内外资企业和机构一视同仁，营造公平竞争的市场环境。优先支持符合条件的试点企业发行公司信用类债券，提高事中、事后风险管理水平，推动供应链金融健康稳定发展。

各级商务等行业主管部门要指导和支持相关行业组织探索建立供应链绩效指数评价体系，为各地建立供应链公共服务平台提供技术支持，为试点城市和试点企业进行专业指导和业务培训等。

（三）做好宣传和总结推广工作

各级商务、工业和信息化、环境保护、农业、人民银行、质量技术监督（市场监管）部门和原银监会派出机构要及时梳理总结试点中出现的典型案例，在各类媒体进行宣传报道。试点中形成的先进模式和经验要及时推广，扩大试点效果。

商务部　工业和信息化部

生态环境部　农业农村部

人民银行　国家市场监督管理总局

中国银行保险监督管理委员会　中国物流与采购联合会

2018 年 4 月 10 日

附录 10

重庆市 2018 年度新能源汽车推广应用财政补贴政策

为贯彻落实国家加快新能源汽车发展的战略部署，我市出台了《关于加快新能源汽车推广应用的实施意见》（渝府办发〔2016〕260 号，以下简称《意见》），明确我市地方补贴标准将根据国家补贴政策，结合我市实际，每年进行调整，并向社会公布。按照财政部等四部委联合印发的《关于调整完善新能源汽车推广应用财政补贴政策的通知》（财建〔2018〕18 号）要求，现将 2018 年度我市新能源汽车推广应用财政补贴政策有关事项通知如下：

一、补贴对象及产品

补贴对象为在本市购买、上牌和使用新能源汽车的单位和个人。

补贴产品为纳入“新能源汽车推广应用推荐车型目录”，并同时满足国家及本市补助要求的纯电动汽车、插电式混合动力汽车和燃料电池汽车。

二、补贴标准及原则

2018 年具体市级补贴标准详见附件（略）。鼓励区县（自治县）配套支持新能源汽车推广应用，市、区县（自治县）财政补贴总和不得超过中央财政单车补贴额的 50%。

三、申报流程

申报流程按照《重庆市新能源汽车推广应用市级财政补助资金申报流程（暂行）》（渝经信发〔2017〕140 号）执行。

四、其他要求

（一）鼓励区县（自治县）结合本地实际科学制定新能源汽车推广应用方

案。发挥财政资金引导作用，支持新能源汽车推广应用和充电基础设施建设运营。加大城市公交、出租、环卫等公共服务领域新能源汽车的更新更换力度，加快充电基础设施建设，不断优化改善新能源汽车使用环境。

（二）强化生产企业信息报送主体责任。生产企业应加强对自身生产和销售环节的管理与控制，会同销售企业上报真实准确的新能源汽车推广应用信息；应建立企业监控平台，全面、真实、实时反映车辆的销售、运行情况，并按照国家有关要求，统一接口和数据交换协议，及时、准确上报信息。

（三）建立惩罚机制。对违规谋补和以虚报、冒领等手段骗补的企业，按《财政违法行为处罚处分条例》等有关规定追回违反规定谋取、骗取的有关资金，没收违法所得，对相关企业和人员予以罚款等处罚，涉嫌犯罪的交由司法机关查处。对不配合推广应用信息核查，以及相关部门核查抽查认定虚假销售、产品配置和技术状态与《公告》《目录》不一致、上传数据与实际不符、车辆获得补贴后闲置等行为，将视情节严重程度，采取扣减补贴资金、取消备案资格、取消补贴资金申请资格等处罚措施。对协助企业以虚报、冒领等手段骗取财政补贴资金的政府机关及其人员，按照《公务员法》《行政监察法》等法律法规追究相应责任；涉嫌犯罪的，移交司法机关处理。

（四）转籍车辆申报补贴管理。2018 年及以后年度在本市购买、上牌的新能源汽车，在上牌一年内转籍到市外不享受市级补贴。

（五）运营里程要求。对私人购买新能源乘用车、作业类专业车（含环卫车）、党政机关公务用车、民航机场场内车辆等申请市级财政补贴不作运营里程要求。其他类型新能源汽车申请市级财政补贴的运营里程要求调整为 2 万 km。

本通知从 2018 年 1 月 1 日起实施，2018 年 1 月 1 日至 6 月 11 日为过渡期。过渡期期间上牌的新能源乘用车、新能源客车、新能源货车（专用车）、燃料电池汽车，分别按照 2017 年市级补贴标准的 70%、70%、40%、100%进行补贴。过渡期以后上牌的新能源汽车补贴按照附件标准执行。

重庆市财政局

2018 年 4 月 24 日

附录 11

福建省人民政府办公厅关于印发《福建省综合性生态保护补偿试行方案》的通知

闽政办〔2018〕19 号

各市、县（区）人民政府，平潭综合实验区管委会，省人民政府各部门、各直属机构，各大企业，各高等院校：

《福建省综合性生态保护补偿试行方案》已经省政府同意，现印发给你们，请认真组织实施。

福建省人民政府

2018 年 3 月 14 日

福建省综合性生态保护补偿试行方案

为贯彻落实中共中央办公厅、国务院办公厅《国家生态文明试验区（福建）实施方案》等有关文件精神，开展综合性生态保护补偿，完善我省生态保护补偿制度体系，加快推进国家生态文明试验区建设，特制定如下试行方案。

一、指导思想

坚持以习近平新时代中国特色社会主义思想为指导，全面贯彻落实党的十九大精神，牢固树立和践行“绿水青山就是金山银山”的理念，将绿色发展理念融入发展全过程，按照中央和省委、省政府关于加快国家生态文明试验区建设的决策部署，将生态优势进一步转化为发展优势，坚持环境质量只能更好、不能变坏的原则，统筹山水林田湖草系统治理，开展综合性生态保护补偿，将生态保护补偿与贯彻落实中央支持福建进一步加快发展战略部署、打赢脱贫攻坚战等有机结合起来，加大对重点生态功能区、重点流域上游地区和欠发达地区等区域的补偿力度，促进沿海和山区协调发展，实现经济发展与环境保护“双赢”。

二、总体目标

从 2018 年起，以县为单位开展综合性生态保护补偿，以生态指标考核为导向，统筹整合不同类型、不同领域的生态保护资金，探索建立综合性生态保护补偿办法，激发地方政府加强生态环境保护的积极性。通过综合性生态保护补偿等政策的实施，促进重点生态功能区、重点流域上游地区和欠发达地区生态环境质量持续改善和提升。到 2020 年，主要流域水质达到或优于Ⅲ类比例在 94%以上，集中式饮用水水源水质达到或优于Ⅲ类比例达 95%以上，重要江河湖泊水功能区水质达标率提高到 86%以上，县城区空气质量优良天数比例达到 97.9%以上，森林覆盖率保持在 2016 年水平以上，加快绿色发展和提高基本公务服务水平，为“再上新台阶、建设新福建”提供绿色新动能，推动形成人与自然和谐发展的现代化建设新格局，推进生态文明建设迈上新台阶。

三、实施范围

方案实施范围具体为《福建省主体功能区规划》划定的重点生态功能区所属的县（市），以及纳入国家重点生态功能区转移支付补助范围的县（市）（名单详见附件 1，以下简称实施县，略）。

四、基本原则

（一）加大资金整合力度。将省级与生态保护相关的专项资金纳入整合范围，按照一定比例统筹。统筹后剩余的专项资金，省直相关部门仍按原渠道下达，主要采取因素法进行分配，并继续向实施县倾斜。

（二）县级为主统筹实施。省直相关部门应赋予实施县统筹安排项目和资金的自主权，支持实施县与本级资金捆绑使用，针对当地生态环境的重点环节、重点领域和重点问题，因地制宜制订实施方案和年度计划，集中投入，综合治理。

（三）强化考核结果运用。将省级综合性生态保护补偿资金安排与生态环境质量改善指标考核结果挂钩，采用先预拨后清算的办法，并加大对完成综合性生态保护目标的正向激励力度，实现政策联动，推动生态环境保护体制机制创新。

五、资金整合

（一）整合范围。主要包括：省发改委省级预算内基建与生态保护相关专项，省国土厅“青山挂白”治理、地质灾害“百千万”工程、土地整理复垦开发（高标准农田建设）等专项，省环保厅重点流域生态补偿、汀江流域补偿、小流域“以奖促治”、监管能力建设等专项，省移民开发局库区移民扶持基金（环境综合整治），省住建厅城乡环境综合整治、供水管道改造工程、美丽乡村建设、乡镇污水处理厂配套管网补助、“家园清洁行动”等专项，省水利厅万里安全生态水系建设、水土流失治理等专项，省农业厅生态农业建设专项，省经信委节能淘汰落后产能专项，省林业厅造林绿化和生物多样性保护补助等共计 20 个省级与生态保护相关专项资金。

下列省直部门与生态保护相关的专项资金不纳入整合范围：

1. 直补到人或户的专项资金；

2. 一次性、生产性和 2017 年政策到期的专项资金。

中央财政生态保护补偿相关专项、部门结转两年以上和结余等资金由实施县根据有关规定及实际情况自行决定是否纳入整合范围。

（二）整合方式。从 2019 年起，省级财政从生态保护财力转移支付资金每年安排 6 000 万元；同时，2019—2021 年，以 2017 年纳入整合范围的省级相关专项资金额度为基数，每年分别统筹 5%、8%、10%，专项用于上一年度实施县环境质量提升奖励。以后年度统筹比例另定。

纳入整合范围的省级相关专项资金实施期间规模如有减少，由省直相关部门在本单位年度预算中调整支出结构解决。未纳入统筹的各部门原有专项资金也应继续加大对 23 个重点生态保护区域县的倾斜力度。

责任单位：省财政厅、发改委、经信委、环保厅、农业厅、水利厅、林业厅、住建厅、国土厅、移民开发局

六、绩效考核

（一）考核指标。建立综合性生态保护补偿绩效考核机制，并采用综合评分法进行考核，综合评价实施县生态保护成效（详见附件 2，略）。

（二）考核方式。实施县综合性生态保护补偿考核指标完成情况及资金拨付情况由省直相关部门于次年 6 月底前报送省财政厅，由省财政厅负责汇总考核结果，并会同相关部门进行资金清算。

（三）考核结果。考核采用百分制。考核结果分数为 100 分，视为完成生

态保护指标；分数少于 100 分，视为未完成生态保护目标；超过 100 分视为环境质量得到提升。

责任单位：省发改委、经信委、财政厅、国土厅、环保厅、住建厅、林业厅、水利厅、统计局等部门

七、补偿方式

综合性生态保护补偿分为保持性补偿和提升性补偿两部分。资金分配公式为

$$S_{总}=S_{保持}+S_{提升}$$

式中，$S_{总}$为综合性生态保护补偿总额；$S_{保持}$为保持性补偿；$S_{提升}$为提升性补偿。

保持性补偿：以实施县年度获得的省级纳入整合范围的各项专项资金的补助总额为基数，考核结果分数 100 分，实施县可获得保持性补偿，保持性补偿即该县获得的各项专项资金补助总额。考核结果分数少于 100 分，则按一定比例扣减实施县补助总额；其中：95（含）～100（不含）分，扣减 5%；90（含）～95（不含）分，扣减 10%；90 分（不含）以下扣减 15%。扣减资金由省财政厅于次年通过清算扣回，并统筹用于环境质量提升奖励，实行奖优罚劣。

提升性补偿：考核结果分数超过 100 分（不含），按照分数排名，排名前 10 名的实施县每年给予 2 000 万～3 000 万元奖励，其他实施县给予 1 000 万～1 500 万元奖励，奖励金额将根据资金规模的加大而增加。提升性补偿资金由省级财政从统筹的专项资金中安排，并由实施县自主用于补齐生态环境保护短板的重点项目。

责任单位：省财政厅

八、保障措施

（一）加强组织领导。综合性生态保护补偿是国家生态文明试验区建设的

一项重点改革任务，各级各部门应高度重视，加强组织协调，主动做好服务，狠抓工作落实，形成政策合力。

（二）建立工作机制。实施县是开展综合性生态保护补偿工作的责任主体，应在加大当地政府投入的同时，建立健全相关工作机制，明确部门职责分工，确保改革任务顺利推进。

（三）严格资金监管。实施县政府要把纳入整合范围的资金作为监管重点，制定资金统筹整合使用具体办法，确保财政资金安全规范使用。各级审计、财政等部门要加大审计和监督检查力度。

（四）总结推广经验。省直相关部门应加强指导和协调，及时总结有效方法和典型经验，为综合性生态保护补偿提供可复制、可推广的经验借鉴。

责任单位：实施县人民政府，省财政厅、发改委、经信委、国土厅、环保厅、住建厅、农业厅、林业厅、水利厅、审计厅、移民开发局

附录 12

湖北省 2017 年碳排放权配额分配方案

根据国家关于碳排放权交易试点工作的统一部署、《国家发展和改革委员会办公厅关于切实做好全国碳排放权交易市场启动重点工作的通知》（发改办气候〔2016〕57 号）、《国家发展和改革委员会办公厅关于做好 2016 年、2017 年度碳排放报告与核查及排放监测计划制定工作的通知》（发改办气候〔2017〕1989 号）以及《湖北省碳排放权管理和交易暂行办法》（省政府令　第 371 号）和《关于修改〈湖北省碳排放权管理和交易暂行办法〉第五条第一款的决定》（省政府令　第 389 号），为科学合理地确定我省年度碳排放配额，规范有序地开展配额分配和管理，特制定本方案。

一、总体思路

在配额总量确定的基础上，配额分配遵循公平、公正、公开的原则，采用标杆法、历史强度法与历史法相结合的方法，实行事前分配与事后调节相结合的方式，建立稳定市场的调节机制，对我省碳排放权配额进行科学分配和规范管理。

二、纳入碳排放配额管理的企业清单

根据对我省 2014—2016 年任一年综合能耗 1 万 t 标煤及以上的工业企业碳排放核查的结果，确定 344 家企业作为 2017 年纳入碳排放配额管理的企业（以下简称纳入企业），涉及电力、钢铁、水泥、化工等 15 个行业。具体行业和企业见 2017 年湖北省纳入碳排放配额管理企业清单（附件 2，略）。

三、配额总量与结构

（一）配额总量

根据 2017 年湖北省单位生产总值二氧化碳排放下降目标要求和 2017 年湖北省经济增长预期，确定年度碳排放配额总量。

2017 年碳排放配额总量为 2.57 亿 t。

（二）配额结构

碳排放配额总量包括年度初始配额、新增预留配额和政府预留配额。计算方法如下：

1. 年度初始配额=纳入企业初始配额之和

2. 政府预留配额=碳排放配额总量×8%

3. 新增预留配额=碳排放配额总量－（年度初始配额+政府预留配额）

政府预留配额主要用于市场调节，新增预留配额主要用于企业新增产能和产量变化。

四、纳入企业配额分配方法

（一）纳入企业配额计算方法

配额实行免费分配，采用标杆法、历史强度法和历史法相结合的方法计算。其中，水泥（外购熟料型水泥企业除外）、电力、热力及热电联产行业采用标杆法，造纸、玻璃及其他建材、陶瓷制造行业采用历史强度法，其他企业采用历史法。

采用标杆法和历史强度法的企业，先按企业 2016 年实际碳排放量的一半预分配配额；采用历史法的企业，先按企业历史排放基数的一半预分配配额。再根据企业 2017 年实际生产情况核定 2017 年度配额，预分配额多退少补。

1. 采用标杆法的企业配额计算方法

预分配额=2016 年实际碳排放量×50%

企业实际应发配额=2017 年实际产量×行业标杆值×市场调节因子

2. 采用历史强度法的企业配额计算方法

预分配额=2016 年实际碳排放量×50%

企业实际应发配额=2017 年实际产量×历史碳强度值×行业控排系数×市场调节因子

其中，历史碳强度值等于企业基准年间碳强度的加权平均值，每年碳强度的权重为当年产量占三年总产量的比例。

3. 采用历史法的企业配额计算方法

预分配额=历史排放基数×50%

企业实际应发配额=历史排放基数×行业控排系数×市场调节因子÷12×正常生产月份数

历史排放基数为企业基准年间碳排放的算术平均值。

市场调节因子=1－（上一年度市场存量/当年碳排放配额总量）

2017 年度的市场调节因子为 0.978 1。

行业控排系数（具体数值见附件 1-1，略）是用于核定企业既有设施排放配额的参数。依据各行业减排成本、减排潜力、行业竞争力、各行业碳排放历史变化趋势等因素综合测算确定。

（二）基准年

1. 基准年选取方式

按照纳入企业 2014—2016 年碳排放边界和碳排放量变化情况，基准年选取方式如下：

（1）企业在 2014—2016 年没有发生因增减设施等导致碳排放量发生重大变化的，基准年为 2014—2016 年；

（2）企业在 2014—2016 年存在因增减设施导致碳排放量发生重大变化的，以企业 2014—2016 年最早按最新产能连续正常生产的月份至 2016 年年底的碳排放量作为核定配额的依据。若正常生产月份不足一年，则以正常生产月份的月排放平均值乘以 12 折算成一年来核定配额。

2. 基准年碳排放量修正

企业在基准年期间累计停产不足 6 个月的，其年度碳排放量根据实际月均碳排放量乘以 12 予以修正。

（三）标杆值

1. 水泥行业

水泥企业的标杆值采用湖北省 2017 年位于第 40%位纳入水泥企业的单位熟料碳排放量，具体的标杆值根据当年的核查数据测算确定。水泥企业配额分配的核算边界为从原燃材料进入生产厂区均化开始，包括水泥原燃料及生料制备、熟料烧成、熟料到熟料库为止，不包括厂区内辅助生产系统以及附属生产系统。

2. 电力行业

燃煤电厂各机组标杆值的选取标准为：超超临界以及 60 万 kW 超临界机

组参考《煤电节能减排升级与改造行动计划（2014—2020年）》（发改能源〔2014〕2093号）中的先进值，30万kW超临界及亚临界机组采用本省纳入企业同类型机组现役最先进值（具体数值见附件1-2，略）；采用天然气、煤矸石等其他燃料的发电企业，其标杆值等于企业基准年间单位综合发电量碳排放量的加权平均值，每年碳强度的权重为当年综合发电量占三年综合发电总量的比例。

3. 热力及热电联产行业

热力及热电联产企业标杆值采用湖北省2017年位于第40%位纳入热电联产企业的单位综合发电量碳排放量，具体的标杆值根据当年的核查数据测算确定；纯热力行业、采用天然气为燃料的热电联产企业的标杆值等于企业基准年间单位综合发电量碳排放量的加权平均值，每年碳强度的权重为当年综合发电量占三年综合发电总量的比例。

电力、热力及热电联产行业所计电量为综合发电量，计算公式为：

综合发电量=发电量+供热量/热电折算系数

其中，热电折算系数为36百万kJ/（万kW·h）。

五、企业产量变化的配额变更

（一）申请条件

企业因产量变化导致当年碳排放量与年度碳排放初始配额相差20%以上或者20万t二氧化碳以上的，应当向主管部门报告。主管部门应当对其碳排放配额进行重新核定。

（二）核定方法

根据重新核定结果，对企业当年碳排放量与企业年度初始配额的差额超过企业年度初始配额的20%或20万t以上的部分予以追加或收缴。

1. 企业当年碳排放量与企业年度初始配额的差额超过企业年度初始配额的20%

追加配额=企业当年碳排放量−企业年度初始配额×（1+20%）

收缴配额=企业年度初始配额×（1−20%）−企业当年碳排放量

2. 企业当年碳排放量与企业年度初始配额的差额超过 20 万 t

追加配额=企业当年碳排放量−企业年度初始配额−20 万 t

收缴配额=企业年度初始配额−企业当年碳排放量−20 万 t

六、企业配额的发放

（一）2017 年配额发放

预分配额通过注册登记系统发放给企业，在完成企业碳排放量核查后，根据当年实际生产情况核定其实际应发配额。

企业对碳排放配额分配有异议的，应及时向主管部门申请复查。

省级主管部门将根据国家出台的相关政策，对纳入全国碳市场的湖北试点企业的配额发放制定相应的处理办法。

（二）其他说明

企业的机组、生产线或装置有以下情形之一的不予发放配额；已经发放配额的企业经核查后有以下情形之一的，则按规定收回部分配额。

1. 违反国家和省有关规定私自建设的；

2. 根据国家和省有关文件要求应关未关的。

七、企业合并、分立与关停情况的处理

纳入企业发生合并、分立、关停或迁出本省的，应在作出决议之日起 30 日内报主管部门核定配额变更。配额变更的申请条件和核定方法如下。

（一）企业的合并

纳入企业之间合并的，由合并后存续或新设的企业承继配额，并履行缴还义务。合并后的碳排放边界为纳入企业在合并前各自的碳排放边界之和。

纳入企业和非纳入企业合并的，由合并后存续或新设的企业承继配额，并

履行缴还义务。合并当年的碳排放边界仍以纳入企业合并前的碳排放边界为准，合并次年重新核定。

（二）企业的分立

纳入企业分立的，应当明确分立后各企业的碳排放边界及配额量，并报送主管部门。分立后的企业仍然履行各自的缴还义务。

（三）企业的关停或搬迁

纳入企业关停或迁出本省的，应及时报告主管部门，并按照经审定后的当年碳排放量完成配额缴还，当年剩余配额由主管部门收回，次年不再对其发放配额。

纳入企业碳排放边界内主要生产设施累计停止生产6个月以上的，应及时报告主管部门，并按照经审定后的当年碳排放量完成配额缴还，当年剩余配额由主管部门收回，次年是否对其发放配额视企业是否恢复正常生产而定。

纳入企业发生上述情形的，应在30个工作日内通过本省注册登记系统办理相关变更手续。

各地碳交易主管部门应当主动作为，跟踪服务，密切关注企业产能变化以及合并、分立、关停、搬迁等情况，及时向省级主管部门报告。

湖北省人民政府

2018年1月8日

附录13

福建省人民政府关于印发《福建省用能权有偿使用和交易试点实施方案》的通知

闽政〔2017〕58号

各市、县（区）人民政府，平潭综合实验区管委会，省人民政府各部门、各直属机构，各大企业，各高等院校：

经研究，现将《福建省用能权有偿使用和交易试点实施方案》印发给你们，请认真组织实施。

福建省人民政府

2017 年 12 月 28 日

福建省用能权有偿使用和交易试点实施方案

为贯彻落实《国家生态文明试验区（福建）实施方案》，建立健全我省用能权分配和有偿使用制度，培育和发展用能权交易市场，以较低成本实现我省能源消费总量和强度“双控”目标任务，根据国家发展和改革委员会《用能权有偿使用和交易制度试点方案》（发改环资〔2016〕1659 号），制定本实施方案。

一、总体要求

全面贯彻落实党的十九大精神，以习近平新时代中国特色社会主义思想为指导，牢固树立新发展理念，着力推进供给侧结构性改革，以制度突破、机制创新、模式探索为重点，发挥市场在资源配置中的决定性作用，科学合理地推进用能权确权、有偿使用和交易工作，规范能源消费报告和审核技术要求，严格履约机制，不断完善法规标准体系，推动实现我省能源消费总量和强度“双控”目标，提高绿色发展水平，努力建设机制活、产业优、百姓富、生态美的新福建。

二、基本原则

绿色发展，节能降耗。坚持经济发展与生态建设并重，产业发展与资源节约并重，以制度创新为抓手，加快建立健全机制体制，推进企业节能降耗，降本增效，实现绿色发展。

市场主导，政府培育。充分发挥市场配置资源的决定性作用，激发市场主体活力，推动能源要素向优质项目、企业、产业流动和集聚，深入挖掘全社会节能潜力，引导企业转变观念，自觉落实节能主体责任。完善制度建设，加强政府监管，培育和发展用能权交易市场，严格履约机制。

重点突出，循序渐进。科学合理确定试点行业范围，先行纳入能源消费量大、能耗强度高的行业，并从实际出发，根据我省经济社会发展需要和产业结构调整目标，不断扩大试点行业范围，对不同行业、企业实行差别化管理，严格控制能源消费总量。

科学规范、公开透明。制定科学的用能权确权方法，规范核算、报告和审核技术要求。既要有利于鼓励先进，推进结构调整，推动能源要素高效配置，又不过多增加现有企业负担。市场建设过程公开、透明，构建有利于公平竞争的制度机制和市场环境，倒逼企业加强节能管理、实现转型升级。

三、主要目标

2017 年，基本建立我省能源消费量报告、监测和审核、用能权指标管理、分配和交易等制度体系，初步完成用能权交易试点的顶层设计工作。

2018 年，进一步健全我省用能权交易市场制度体系，启动用能权交易市场，扩大试点行业范围。

2019 年，建成适应省情、要素明晰、制度健全、交易规范、监管严格、运行良好的用能权交易市场。

2020 年，开展试点评估，总结提炼试点经验并加以推广。

四、实施步骤

（一）明确试点范围

2017 年，先行将本省行政区域内火力发电（燃煤和燃气，不含自备电厂）和水泥制造（包括粉磨站）两个行业的用能单位纳入用能权交易试点，实现我省由节能量交易向用能权交易的过渡。2018 年起，加快将有色、石化、化工、平板玻璃、钢铁等重点用能行业纳入用能权交易试点范围。

责任单位：省经信委、国资委、统计局，省节能监察中心，各设区市人民政府、平潭综合实验区管委会

（二）确认历史数据

开展用能单位历史能源消费量数据报送并对数据进行审核，为用能权指标分配和清缴提供数据支撑。

1. 建立报送系统。建立能源消费量数据报送平台，完善用能单位能源消费数据在线监测系统，推进能源消费量数据的电子化管理，支撑用能单位能源消费报告和审核工作。

2. 组织数据报送。指导用能单位做好能源消费量数据监测、计量和统计，明确能源消费量核算要求，组织编制报送能源消费报告，确保能源消费量数据真实可靠。

3. 开展数据审核。对用能单位能源消费量数据进行第三方审核，明确审核流程和要求，确保审核工作独立、客观、公正；利用在线监测平台，加强对能源消费量数据的验证。

责任单位：省经信委、统计局、质监局、发改委、财政厅、国资委，省节能监察中心，各设区市人民政府、平潭综合实验区管委会

（三）核定用能指标

1. 设定指标总量。根据我省产业发展政策、能耗总量和强度“双控”目

标等因素，统筹设定我省年度用能权指标总量。

2. 进行指标核定。综合考虑不同行业及同一行业内不同用能单位的用能特点，对指标分配实行差异化管理。对于既有产能，依据用能单位历史能源消费量数据，采用基准法或历史法核定用能权指标；对于新增产能（项目），综合考虑固定资产投资项目节能审查意见核定用能权指标。用能权指标先期以免费为主，适时引入有偿指标。

3. 指标注册登记。建立与我省用能权交易系统相链接的用能权指标注册登记系统，登记和发放各用能单位用能权指标，并对指标的持有、转让、注销和结转等进行统一管理。

责任单位：省经信委、发改委、国资委、统计局、质监局，省节能监察中心、海峡股权交易中心，各设区市人民政府、平潭综合实验区管委会

（四）搭建交易平台

1. 明确交易主体。交易主体以纳入用能权交易试点的用能单位及自愿参与用能权交易试点的用能单位为主。

2. 确定交易产品。市场启动初期以用能权指标现货交易为主，依法依规逐步引入其他相关产品交易。

3. 建立交易系统。依托海峡股权交易中心建设用能权指标交易系统，提供交易账户管理、用能权指标划转等交易服务，并与用能权指标注册登记系统实现数据链接。

责任单位：省经信委、财政厅，人行福州中心支行，省节能监察中心、海峡股权交易中心

（五）规范交易程序

遵循公开、公平、公正和诚信原则，制定交易规则，明确交易参与方的权利义务、交易程序、交易方式、信息披露及争议解决等事项。交易程序包括五个主要环节：

1. 开立交易账户。交易参与方向交易机构提交营业执照等开户材料，并签订开户协议，开立用能权交易账户。

2. 开立结算银行账户。交易参与方在结算银行开立结算账户，并绑定结算账户与用能权交易账户的资金划转关系。

3. 资金划转。交易参与方通过银行或交易机构发起资金划转操作，将资金从银行结算账户转入交易机构用能权交易账户。

4. 指标交易。交易参与方通过交易机构用能权交易系统买入（卖出）用能权指标。

5. 结算（清算交收）。当日交易时间结束后，福建交易市场登记结算中心根据当日的交易情况办理交易参与方的资金结算，完成与交易有关的款项收付；省节能监察中心根据当日的交易情况在注册登记系统中变更用能权指标权属。

《福建省交易场所管理办法》和《福建省交易场所管理办法实施细则（试行）》等另有规定的，从其规定。

责任单位：省经信委、金融办，人行福州中心支行，海峡股权交易中心、福建交易市场登记结算中心、省节能监察中心

（六）实行指标清缴

用能单位根据经审核确认的上年度能源消费量，在规定期限内向主管部门足额提交用能权指标，完成清缴义务。未按时完成清缴义务的，主管部门责令其限期履行；逾期仍不履行清缴义务的，根据有关规定进行处理。明确用能权交易市场参与主体的信用信息评价标准和监管办法，严格履约办法，维护用能权交易体系的权威性和公信力。

责任单位：省经信委、发改委、地税局、工商局、国资委，省国税局、人行福州中心支行，省节能监察中心，各设区市人民政府、平潭综合实验区管委会

五、保障措施

（一）加强组织领导

建立以省经信委主任为召集人，省经信委、发改委、财政厅、法制办、金融办、国资委、质监局、统计局、物价局、地税局、工商局、国税局、人行福州中心支行、省节能监察中心、海峡股权交易中心等相关单位共同参与的全省用能权交易工作联席会议制度，统筹协调用能权交易市场建设，联席会议日常工作由省经信委承担。省经信委作为全省用能权交易主管部门，组织制定相关制度规范和配套细则，对市场进行管理和监督。各设区市人民政府、平潭综合实验区管委会要完善相应工作机制，加强经费和人员保障。省、市各有关部门要明确责任目标，加强协调配合，确保用能权交易市场顺利启动和平稳运行。

设立福建省用能权交易专家委员会，邀请省内外用能权交易等相关领域专家任成员，为市场建设和管理提供技术指导和决策咨询。

省节能监察中心作为用能权交易技术支撑机构，加强队伍建设，协助落实市场建设和监管工作，发挥能耗在线监测平台作用，组织开展能源消费量数据报送和审核，承担能源消费量数据报送系统、注册登记系统建设和能力建设等工作。

责任单位：省经信委、发改委、财政厅、国资委、质监局、统计局、物价局、地税局、工商局、编办、金融办，省国税局、人行福州中心支行，省节能监察中心、海峡股权交易中心，各设区市人民政府、平潭综合实验区管委会

（二）加强制度建设

省经信委牵头研究起草《福建省用能权有偿使用和交易管理暂行办法》，适时提出立法立项申请，列入省政府年度立法计划，作为用能权交易市场建设

和管理的规章依据，确定市场的基本要素和基本框架，明确市场参与主体的权利、责任和义务，加强对纳入用能权交易试点的市场参与主体的强制约束力，依法依规建设和管理用能权交易市场。

省经信委、统计局、质监局牵头制定《福建省用能权交易能源消费量报告管理办法》和配套指南，明确能源消费监测、计量、报告的范围、方法、流程和操作规范，完善能源消耗在线监测管理制度，确保数据可追溯、可核查。

省经信委牵头研究制定《福建省用能权交易能源消费量审核机构管理办法》，明确审核机构的遴选办法，向社会公布审核机构名单并对审核机构的行为进行监督管理。

省经信委牵头制定《福建省用能权交易能源消费量审核指南》，明确审核流程和要求，规范第三方审核机构的审核行为。

省经信委牵头制定《福建省用能权指标总量设定和分配办法》，明确用能权指标的总量设定和分配方法，规范指标管理流程。

海峡股权交易中心、省经信委牵头制定《福建省用能权交易规则》，明确交易规则及流程，完善交易争议解决机制和交易价格形成机制，建立公开、公平、公正的市场环境。

省经信委、财政厅牵头制定《福建省用能权交易市场调节实施细则》，调控和稳定市场价格，避免用能权指标供需严重失衡，确保市场稳定运行。

省经信委牵头，会同省发改委、地税局、工商局、国税局、人行福州中心支行等部门制定《福建省用能权交易市场信用评价实施细则》，明确用能权交易市场信用信息采集内容、评价标准和监督管理办法，建立“守信激励、失信惩戒”的机制。

在试点工作中，要循序渐进，鼓励创新，允许试错，宽容失败，充分调动各方面的积极性、主动性和创造性。对试点过程中发现的问题和实践中存在的漏洞，要及时纠正，不断调适制度，逐步完善政策措施。

责任单位：省经信委、发改委、财政厅、地税局、工商局、质监局、统计局、法制办，省国税局、人行福州中心支行，海峡股权交易中心

（三）加大资金投入

从现有节能相关专项资金中统筹安排资金，专项用于能源消费量审核、市场支撑平台建设、能源消费数据在线监测、市场调节以及用能权交易体制机制课题研究等工作。各设区市财政要加大支持力度，确保用能权交易工作顺利实施。完善多元化资金投入机制，参与用能权交易体系建设。

责任单位：省财政厅、经信委、国资委、金融办，各设区市人民政府、平潭综合实验区管委会

（四）强化能力建设

加强用能权交易和管理的相关基础研究，不断完善工作思路和方法。强化能源计量统计工作，提高用能单位能源计量器具配备和能源计量数据分析利用水平，完善能耗在线监测指标体系，规范能源统计台账，推进在线监测和能源管理体系建设。开展用能权交易市场的专题培训，提高用能单位的数据监测核算和管理能力、第三方审核机构业务能力、交易机构的运行管理能力和主管部门的监管能力。

责任单位：省经信委、财政厅、统计局、质监局，省节能监察中心，各设区市人民政府、平潭综合实验区管委会

（五）健全市场功能

引导咨询机构、技术服务机构、金融投资机构进入用能权交易市场，开展基于用能权交易的服务创新，提高市场专业服务水平和活跃度，完善节能项目通过用能权交易市场实现收益的途径。

责任单位：省经信委、工商局、金融办，海峡股权交易中心

（六）完善市场监管

加强各级节能监察执法力量，逐步完善用能权交易市场监管体系，做好对用能单位、审核机构、交易机构及其他市场参与主体的监管工作。建立信用评价制度，评价结果纳入银行、工商和法院等跨部门联合惩戒机制，促进用能权市场公正、有效、平稳运行。

责任单位：省经信委、地税局、工商局、财政厅、金融办、质监局、统计局，省国税局、人行福州中心支行，省节能监察中心，各设区市人民政府、平潭综合实验区管委会，省法院

（七）加强宣传引导

增强公开意识，加强舆论引导，主动向社会公开信息，向媒体提供新闻线索，综合运用报刊、广播、电视、网络和“两微一端”等媒体，采取多种形式，积极宣传用能权交易的相关政策、原理和规则等，提高全社会节能降耗意识，营造良好的社会氛围。加强对用能单位的激励和动员，引导用能单位等市场主体积极控制能源消费量，参与用能权交易。

责任单位：省委宣传部，省新闻出版广电局、经信委

附录 14

关于印发《福建省用能权交易市场信用评价实施细则（试行）》的通知

闽经信环资〔2018〕15号

各设区市经信委（局）、发改委、国税局、地税局、工商局（市场监管局），平潭综合实验区经发局、国税局、地税局、市场监管局，人行省内各市中心支行、平潭综合实验区支行：

根据《福建省用能权有偿使用和交易试点实施方案》（闽政〔2017〕58号文）要求，省经信委牵头，会同省发改委、国税局、地税局、工商局和人行福州中心支行联合制订了《福建省用能权交易市场信用评价实施细则（试行）》，现印发给你们，请遵照执行。

福建省经济和信息化委员会
福建省发展和改革委员会
福建省国家税务局
福建省地方税务局
福建省工商行政管理局
中国人民银行福州中心支行
2018年1月15日

福建省用能权交易市场信用评价实施细则（试行）

第一章　总　则

第一条　为建立健全用能权交易市场信用信息管理体系，构建“守信激励、失信惩戒”机制，确保我省用能权交易市场规范有序运行，根据《福建省公共信用信息管理暂行办法》（省政府令　第165号）和国家发展和改革委员会《用能权有偿使用和交易制度试点方案》（发改环资〔2016〕1659号文）及《福建省用能权有偿使用和交易试点实施方案》（闽政〔2017〕58号文）等规定，制定本细则。

第二条　本细则适用于本省行政区域内用能权交易的信用信息管理活动，本省行政区域内用能权交易市场参与方（以下简称市场参与方）应当遵守本细则。

第三条 省经信委是本省行政区域用能权交易市场信用信息管理的省级主管部门，负责制定我省用能权交易市场信用评价标准和管理制度，监督管理本省用能权交易市场信用信息。

设区市经信部门（含平潭综合实验区经发局，下同）是本行政区域用能权交易市场信用信息管理的市级主管部门，负责配合省经信委开展本行政区域内用能权交易市场信用信息的采集工作。

第四条 本细则的适用对象为本省用能权交易市场参与方，包括：

（一）由省经信委纳入用能权交易市场的用能单位；

（二）自愿参与用能权交易试点的企业法人；

（三）由省经信委委托的能源消费量第三方审核机构。

第五条 用能权交易市场信用信息管理应当遵循“合法、客观、公正、及时”的原则，做到信息采集、信息公开、信息使用、监督管理等全过程规范化。

第二章 信用信息采集

第六条 用能权交易市场信用信息分为履约类信息、审核类信息以及交易类信息。

履约类信息包含用能单位提交能源消费量计量监测方案并开展能源消费量数据计量监测活动、提交能源消费量报告、接受能源消费量审核、指标清缴等相关信息。其中用能单位提交能源消费量计量监测方案并开展能源消费量数据计量监测活动、提交能源消费量报告相关信息由设区市经信部门负责收集，并报送省经信委；用能单位接受能源消费量审核、指标清缴等相关信息由省经信委负责收集。

审核类信息包含第三方审核机构在本省行政区域内开展能源消费量审核、复核工作等相关信息，由省经信委负责收集。

交易类信息包含交易参与方开展用能权交易等相关信息，由海峡股权交易中心负责收集，并报送省经信委。

第三章 信用信息评价

第七条 市场参与方的用能权交易市场信用信息内容包括基本信息、良好信息、一般警示信息和严重警示信息。

第八条 基本信息是指市场参与方身份信息和参与用能权交易的其他相关信息，包括：

（一）工商登记信息；

（二）股权结构信息，董事、监事、经理及其他主要经营管理者信息，法人分支机构信息，进出口信息；

（三）主要产品、品牌、商标注册、专利权拥有情况信息；

（四）取得的行政许可、认证认可和资质信息。

第九条 良好信息是指市场参与方严格遵守用能权交易相关法规、规章等行为的信息，须满足下列条件：

（一）履约类：严格执行《福建省用能权交易能源消费量报告管理办法（试行）》《福建省用能权指标总量设定和分配办法（试行）》等要求，按规定提交能源消费量计量监测方案并依据计量监测方案开展能源消费量数据计量监测活动，按规定提交能源消费量报告，认真履行指标清缴义务，按规定接受第三方审核机构审核。

（二）审核类：严格按照《福建省用能权交易第三方审核机构管理办法（试行）》和能源消费量审核工作指南等要求，客观公正地开展能源消费量审核、复核工作，出具规范的审核报告。

（三）交易类：严格执行《福建省用能权交易规则（试行）》及其他业务细则，无违法违规开展用能权交易的行为。

第十条 一般警示信息是指市场参与方未严格遵守用能权交易相关法规、规章的信息。存在下列情形之一的为一般警示信息：

（一）履约类：初次提交的能源消费量数据与经确认后能源消费量结果连续两年出现重大偏差；未依据计量监测方案开展能源消费量数据计量监测活动；未在规定时限内提交能源消费量计量监测方案和能源消费量报告；未在规定时限内足额清缴指标。

（二）审核类：违规使用审核人员开展审核工作；违反规定将审核工作整体或部分外包；未按时提交审核报告；审核报告出现重大错误及审核报告的合格率不满足要求；隐瞒与被审核单位资产和管理方面的利益关系。

（三）交易类：违反《福建省用能权交易规则（试行）》及配套规定，存在被交易机构提醒或约谈的行为。

第十一条 严重警示信息是指市场参与方违反用能权交易相关法规、规章所产生的信息。存在下列情形之一的为严重警示信息：

（一）履约类：虚报、瞒报或者拒绝提交能源消费量计量监测方案和能源消费量报告；阻碍第三方审核机构开展审核工作；拒绝履行指标清缴义务。

（二）审核类：与被审核单位相互串通或者伪造数据；出具虚假、不实的审核报告；未经许可擅自使用或者泄露被审核单位的商业秘密和能源消费信息；被警告后未按要求整改。

（三）交易类：违反《福建省用能权交易规则（试行）》及相关规定，存在被主管部门通报的行为。

第十二条 省经信委根据所采集的信用信息，在省经信委网站公示，公示期为 10 个工作日。

第十三条 市场参与方对公示信息有异议的，应当在公示期截止前向省经信委提出书面意见及相应证据，省经信委核实后将结果书面答复异议申请人。

第十四条 信用信息公示无异议后，通过省经信委网站等平台向社会公布，并同步纳入我省公共信用信息平台。

第十五条 用能权交易市场信用信息的披露期限如下：

（一）基本信息披露期限至市场参与方法人终止之日起满 3 年；

（二）良好信息和警示信息披露期限自该行为或者事件终止之日起满 5 年。

第十六条 省经信委依据市场参与方的信用信息对参与方的用能权交易市场信用等级进行评价。

用能权交易市场信用等级评价分为守信和失信两个等级，失信等级又分为一般失信、严重失信两个等级。在信息披露有效期内，市场参与方无警示信息的，信用等级为守信；出现一条一般警示信息的，信用等级为一般失信；出现两条及以上一般警示信息，或出现严重警示信息的，信用等级为严重失信。

第十七条 用能权交易市场信用等级评价实行动态管理。市场参与方在评价结果公布 30 日内主动整改失信行为的，可向省经信委提出修复申请。省经信委应当在收到修复申请之日起 20 个工作日内进行核实，并将核实结果书面答复申请人。确认失信行为已经修复的，在省经信委网站等平台向社会公布信用修复相关信息，并同步纳入我省公共信用信息平台。

第四章 监督和管理

第十八条 省经信委根据用能权交易市场信用等级评价，制定相应的“守信激励、失信惩戒”管理措施，建立跨部门协同监管和联合惩戒机制。

第十九条 对守信的市场参与方，省经信委可会同有关部门采取以下守信激励措施：

（一）在日常监管中减少检查频次；

（二）在安排经信部门财政专项资金时，在同等条件下给予优先考虑；

（三）纳入税收、银行等征信系统，作为银行授信融资时的重要参考条件；

（四）在公共传播媒体上进行宣传报道；

（五）法律、法规或规章规定可以实施的其他激励措施。

第二十条 对一般失信的市场参与方，省经信委可会同有关部门采取以下失信惩戒措施：

（一）在日常监管中增加检查频次；

（二）在安排经信部门财政专项资金时，取消其申请资格；

（三）将失信行为纳入税收、银行等征信系统管理；

（四）通过媒体向社会公布其失信行为及相关信息；

（五）法律、法规或规章规定可以实施的其他惩戒措施。

第二十一条 对严重失信的市场参与方，省经信委可会同有关部门采取以下失信惩戒措施：

（一）在日常监管中列为重点监督检查对象；

（二）在安排经信部门财政专项资金时，取消其申请资格；

（三）将失信行为纳入税收、银行等征信系统管理；

（四）通过媒体向社会公布其失信行为及相关信息；

（五）法律、法规、规章规定可以实施的其他惩戒措施。

第二十二条 省经信委、设区市经信部门以及其他相关部门应严格规范信用档案管理和保密工作。

第五章 附 则

第二十三条 本细则由省经信委负责解释。

第二十四条 本细则自发布之日起施行。

附录 15

自治区党委办公厅 自治区人民政府办公厅关于印发《广西壮族自治区生态环境损害赔偿制度改革实施方案》的通知

各市、县党委和人民政府，自治区党委和自治区级国家机关各部委办厅局，各人民团体，各高等学校：

《广西壮族自治区生态环境损害赔偿制度改革实施方案》已经自治区党委、自治区人民政府同意，现印发给你们，请结合实际认真贯彻落实。

中共广西壮族自治区委员会办公厅
广西壮族自治区人民政府办公厅
2018 年 6 月 14 日

广西壮族自治区生态环境损害赔偿制度改革实施方案

为深入贯彻落实《中共中央办公厅、国务院办公厅关于印发〈生态环境损害赔偿制度改革方案〉的通知》精神，结合我区实际，制定本实施方案。

一、总体要求和目标

通过试行生态环境损害赔偿制度，进一步明确生态环境损害赔偿范围、责任主体、索赔主体、损害赔偿解决途径等，形成相应的鉴定评估管理和技术力量、资金保障和运行机制，逐步建立生态环境损害的修复和赔偿制度，加快推进生态文明建设。

根据中央部署要求，自 2018 年 1 月 1 日起，我区试行生态环境损害赔偿制度。到 2020 年，初步构建责任明确、途径畅通、技术规范、保障有力、赔偿到位、修复有效的生态环境损害赔偿制度。

二、工作原则

——依法推进，鼓励创新。按照相关法律法规规定和中央部署，立足我区实际，由易到难、稳妥有序开展生态环境损害赔偿制度改革工作。对法律未作规定的具体问题，根据需要提出政策和立法建议。

——环境有价，损害担责。体现环境资源生态功能价值，促使赔偿义务人对受损的生态环境进行修复。生态环境损害无法修复的，实施货币赔偿，用于替代修复。赔偿义务人因同一生态环境损害行为需承担行政责任或刑事责任的，不影响其依法承担生态环境损害赔偿责任。

——主动磋商，司法保障。生态环境损害发生后，赔偿权利人组织开展生态环境损害调查、鉴定评估、修复方案编制等工作，主动与赔偿义务人磋商。磋商未达成一致，赔偿权利人可依法提起诉讼。

——信息共享，公众监督。实施信息公开，推进政府及其职能部门共享生态环境损害赔偿信息。生态环境损害调查、鉴定评估、修复方案编制等工作中涉及公共利益的重大事项应当向社会公开，并邀请专家和利益相关的公民、法人、其他组织参与。

三、适用范围

本实施方案所称生态环境损害是指因污染环境、破坏生态造成大气、地表水、地下水、土壤、森林等环境要素和植物、动物、微生物等生物要素的不利改变，以及上述要素构成的生态系统功能退化。

（一）有下列情形之一的，按本实施方案要求依法追究生态环境损害赔偿责任：

1. 发生较大、重大和特别重大突发环境事件的；

2. 在国家和自治区级主体功能区规划中划定的重点生态功能区、禁止开发区发生环境污染、生态破坏事件的；

3. 自然保护区、森林公园、地质公园、湿地公园、风景名胜区、世界文化遗产、世界自然遗产、水产种质资源保护区受到严重环境污染、生态破坏的；

4. 发生其他严重影响生态环境后果的。

（二）以下情形不适用本实施方案：

1. 涉及人身伤害、个人和集体财产损失要求赔偿的，适用侵权责任法等法律规定；

2. 涉及海洋生态环境损害赔偿的，适用海洋环境保护法等法律及相关规定；

3. 历史遗留且无责任主体的生态环境损害问题由所在地人民政府纳入正常环境治理工作，不纳入本实施方案所规定的生态环境赔偿责任范畴。

四、职责分工

（一）生态环境损害赔偿实施分级管理

1. 自治区负责以下生态环境损害事件的赔偿工作：

发生重大和特别重大突发环境事件；跨设区市的生态环境损害事件；由国家级行政主管部门和自治区级行政主管部门直属管理的自然保护区、森林公园和水产种质资源保护区受到严重环境污染和生态破坏事件；跨省域的生态环境损害事件。

2. 设区市负责以下生态环境损害事件的赔偿工作：

发生较大突发环境事件；在国家和自治区级主体功能区规划中划定的重点生态功能区、禁止开发区发生环境污染和生态破坏事件；国家级行政主管部门和自治区级行政主管部门直属管理以外的自然保护区、森林公园、地质公园、湿地公园、风景名胜区、世界文化遗产、世界自然遗产、水产种质资源保护区受到严重环境污染和生态破坏事件；自治区人民政府确定由设区市管辖的生态环境损害事件；其他严重影响生态环境后果的事件。

（二）生态环境损害赔偿实施分类管理

自治区、设区市人民政府指定国土资源、环境保护、住房城乡建设、交通运输、水利、农业、林业、渔业等部门在各自职责范围内负责生态环境损害赔偿工作，具体包括生态环境损害调查、鉴定评估、修复方案编制、磋商、诉讼、修复效果后评估等。

各部门在履职中发现符合生态环境损害赔偿情形且属于本部门职责的，应当按本实施方案规定办理。不属于本部门职责的，应当向本级人民政府报告并说明理由，由本级人民政府确定的部门办理。生态环境损害事件涉及两个或两个以上部门的，由相关部门协商确定牵头部门，其他部门应当配合；协商不成的，由本级人民政府确定牵头部门，其他部门应当配合。设区市人民政府对生态环境损害事件行使赔偿权利有争议的，协商解决；协商不成的，报自治区人民政府确定。

五、工作内容

（一）明确赔偿范围。生态环境损害赔偿范围包括清除污染费用、生态环境修复费用、生态环境修复期间服务功能的损失、生态环境功能永久性损害造成的损失以及生态环境损害赔偿调查、鉴定评估、修复效果后评估等合理费用。经磋商达成一致，由赔偿义务人负责进行污染清除和生态修复并达到磋商确定的修复效果的，清除污染费用、生态修复费用可以不纳入赔偿范围。自治区有关部门和设区市可根据生态环境损害赔偿工作进展情况和需要，提出细化赔偿范围的建议。鼓励各地开展环境健康损害赔偿探索性研究与实践。

（二）确定赔偿义务人。违反法律法规，造成生态环境损害的单位或个人，应当承担生态环境损害赔偿责任，做到应赔尽赔。现行民事法律和资源环境保护法律有相关免除或减轻生态环境损害赔偿责任规定的，按相应规定执行。自治区有关部门和设区市可根据需要扩大生态环境损害赔偿义务人范围，提出相关立法建议。

（三）明确赔偿权利人。根据国务院授权，自治区、设区市人民政府作为本行政区域内生态环境损害赔偿权利人。自治区、设区市人民政府及其指定的部门均有权提起诉讼。自治区域内跨市的生态环境损害，由自治区人民政府管辖。跨省域的生态环境损害，由自治区人民政府与相关省级政府协商开展生态环境损害赔偿工作。

对公民、法人和其他组织举报要求提起生态环境损害赔偿的，赔偿权利人及其指定的部门应当及时研究处理和答复。

（四）启动、调查及鉴定评估机构的选定。发生符合本实施方案规定的生态环境损害赔偿情形的事件后，赔偿权利人指定的部门根据权限应当启动生态环境损害赔偿，并向本级人民政府报告。

启动生态环境损害赔偿部门应就生态环境损害的事实和程度等进行调查，并出具生态环境损害调查报告。

启动生态环境损害赔偿部门应综合考虑生态环境损害造成的环境污染、生态破坏程度以及社会影响等因素，与赔偿义务人共同协商委托第三方鉴定评估机构进行鉴定评估；协商不成的，由启动生态环境损害赔偿部门按照有关程序确定符合条件的鉴定评估机构进行鉴定评估。鉴定评估机构应按照规范要求开展鉴定评估，出具生态环境损害鉴定评估报告，并编制生态环境损害修复方案。

（五）开展赔偿磋商。经调查和鉴定评估发现生态环境损害需要修复或赔偿的，赔偿权利人或其指定的部门根据生态环境损害调查报告和鉴定评估报告，就损害事实和程度、修复启动时间和期限、赔偿的责任承担方式和期限等具体问题与赔偿义务人进行磋商，统筹考虑修复方案技术可行性、成本效益最优化、赔偿义务人赔偿能力、第三方治理可行性等情况，达成赔偿协议。对经磋商达成的赔偿协议，可以依照民事诉讼法向法院申请司法确认。经司法确认的赔偿协议，赔偿义务人不履行或不完全履行的，赔偿权利人或其指定的部门可向法院申请强制执行。磋商未达成一致的，赔偿权利人或其指定的部门应当及时提起生态环境损害赔偿民事诉讼。

（六）完善赔偿诉讼规则。各级法院要按照有关法律规定、依托现有资源，由环境资源审判庭或指定专门法庭审理生态环境损害赔偿民事案件；根据赔偿义务人主观过错、经营状况等因素试行分期赔付，探索多样化责任承担方式。

各级法院要研究符合生态环境损害赔偿需要的诉前证据保全、先予执行、执行监督等制度；可根据试行情况，提出有关生态环境损害赔偿诉讼的立法和制定司法解释建议。鼓励法定的机关和符合条件的社会组织依法开展生态环境损害赔偿诉讼，并与有关部门互通信息。各级检察院要进一步完善检察机关提起的公益诉讼机制。

（七）加强生态环境修复与损害赔偿的执行和监督。赔偿权利人及其指定的部门对磋商或诉讼后的生态环境修复效果进行评估，确保生态环境得到及时有效修复。生态环境损害赔偿款项使用情况、生态环境修复效果要向社会公开，接受公众监督。

各级检察院要加强对生态环境损害赔偿及修复的监督，支持行政机关主张生态环境损害赔偿权利，积极为行政机关提供法律咨询，依法协助行政机关开展调查取证、追缴赔偿费用。检察院对于行政机关在生态环境监管中违法行使职权或不行使职权的，依法向行政机关发出公益诉讼诉前检察建议，督促行政机关整改，必要时，检察院应依法向法院提起行政公益诉讼。对于符合生态环境损害赔偿情形的行为，行政机关不起诉的，检察院可以依法向法院提起民事公益诉讼，追究赔偿义务人的民事责任。

（八）规范生态环境损害鉴定评估。各有关部门要加快推进生态环境损害鉴定评估专业机构和专业力量建设，积极支持我区具有一定基础的高校、科研院所等相关单位建立生态环境损害鉴定评估机构，尽快形成鉴定评估能力。研究制定鉴定评估管理制度和工作程序，保障独立开展生态环境损害鉴定评估，并做好与司法程序的衔接。建立完善生态环境损害鉴定评估专业机构的收费和管理机制，保障鉴定评估机构能够正常运转。生态环境损害鉴定评估机构应当遵循公平、公正原则，进行损害的量化评估工作，保证生态环境损害鉴定评估的客观性、公正性。为磋商提供鉴定意见的鉴定评估机构应当符合国家有关要求；为诉讼提供鉴定意见的鉴定评估机构应当遵守司法行政机关等的相关规定规范。

（九）加强生态环境损害赔偿资金管理。经磋商或诉讼确定赔偿义务人的，赔偿义务人应当根据磋商或判决要求，组织开展生态环境损害的修复。赔偿义务人无能力开展修复工作的，可以委托具备修复能力的社会第三方机构进行修复，修复资金由赔偿义务人向委托的社会第三方机构支付。赔偿义务人自行修复或委托修复的，赔偿权利人或其指定的部门前期组织开展生态环境损害调查、鉴定评估、修复效果后评估等费用由赔偿义务人承担。

赔偿义务人造成的生态环境损害无法修复的，其赔偿资金作为政府非税收入，全额上缴同级国库，纳入预算管理。赔偿权利人及其指定的部门根据磋商或判决要求，结合本区域生态环境损害情况开展替代修复。

六、保障措施

（一）加强组织领导。自治区党委和自治区人民政府对生态环境损害赔偿制度改革工作实行统一领导。自治区人民政府成立自治区生态环境损害赔偿制度改革工作领导小组（以下简称自治区领导小组），负责统筹推进生态环境损害赔偿制度改革工作，明确任务分工，及时研究解决工作中出现的问题，确保工作有序推进。领导小组组长和副组长由自治区人民政府相关领导担任，自治区高级法院、自治区检察院，自治区发展改革委、司法厅、财政厅、国土资源厅、环境保护厅、住房城乡建设厅、交通运输厅、水利厅、农业厅、林业厅、卫生计生委、海洋和渔业厅、法制办等有关部门为成员单位，领导小组办公室设在自治区环境保护厅。各设区市党委和人民政府要加强领导，按照本实施方案要求，明确责任、目标、任务、措施，确保生态环境损害赔偿制度改革工作落实到位，并及时总结经验。

（二）建立工作制度。自治区领导小组成员单位要明确有关人员专门负责生态环境损害赔偿制度改革工作。各设区市人民政府和自治区领导小组各成员单位要于每年 12 月 20 日前，将本年度生态环境损害赔偿制度改革工作开展情况材料送自治区领导小组办公室（自治区环境保护厅）汇总，自治区领导小组办公室汇总后按程序报告自治区党委和自治区人民政府。自治区领导小组每年召开会议，总结上年度工作，部署下一年工作。

（三）明确部门职责。自治区领导小组成员单位要各司其责，组织实施并积极指导各设区市开展生态环境损害赔偿制度改革工作。自治区高级法院负责和指导有关生态环境损害赔偿的审判工作，负责完善赔偿诉讼规则等相关工作，会同自治区相关部门建立经磋商达成的生态环境损害赔偿协议司法确认制度。自治区检察院负责和指导有关生态环境损害赔偿的检察工作，加强对生态环境损害赔偿及修复的监督。自治区司法厅负责和指导生态环境损害司法鉴定管理工作，包括生态环境损害司法鉴定机构的登记和管理等，配合相关部门指导和推动生态环境损害鉴定评估能力建设。自治区环境保护厅会同自治区国土资源厅、住房城乡建设厅、交通运输厅、水利厅、农业厅、林业厅、海洋和渔业厅制定生态环境损害赔偿启动条件、磋商工作规则、鉴定评估机构选定程序、生态环境损害修复评估验收管理办法、信息公开办法等。自治区财政厅负责和指导生态环境损害赔偿资金管理工作。自治区法制办负责指导建立行政磋商制度。自治区卫生计生委、环境保护厅在国家的部署和指导下组织开展调查研究，加强环境与健康综合监测与风险评估。

（四）强化履职监督。自治区将生态环境损害赔偿制度改革实施情况纳入环保督察范围，对工作开展不力、问题突出、工作进展缓慢的，按照有关规定进行问责。建立对生态环境损害索赔行为的监督机制，赔偿权利人及其指定部门负责人、工作人员在索赔工作中存在滥用职权、玩忽职守、徇私舞弊的，依法依纪追究责任；涉嫌犯罪的，依法移送司法机关处理。

（五）落实经费保障。生态环境损害赔偿制度改革工作所需经费由同级财政予以安排。

（六）鼓励公众参与。不断创新公众参与方式，邀请专家和利益相关的公民、法人、其他组织参加生态环境修复或赔偿磋商工作。依法公开生态环境损害调查、鉴定评估、赔偿、诉讼裁判文书、生态环境修复效果报告等信息，保障公众知情权。

（七）加强新闻宣传。充分利用新闻媒体、网络、报纸等手段，大力宣传我区生态环境损害赔偿制度改革工作的进展、经验和典型案例，营造良好的社会氛围。

附录 16

安徽省人民政府办公厅关于印发《安徽省环境空气质量生态补偿暂行办法》的通知

皖政办〔2018〕30 号

各市、县人民政府，省政府各部门、各直属机构：

《安徽省环境空气质量生态补偿暂行办法》已经省政府同意，现印发给你们，请认真贯彻执行。

安徽省人民政府办公厅

2018 年 7 月 20 日

安徽省环境空气质量生态补偿暂行办法

第一条 为进一步落实各市人民政府对本行政区域环境空气质量的管理职责，强化环境空气质量目标管理，促进全省环境空气质量改善，根据《中华人民共和国环境保护法》《中华人民共和国大气污染防治法》等法律法规，制定本办法。

第二条 本办法所称环境空气质量生态补偿是指依据各设区市环境空气质量同比变化情况，实行考核奖惩和生态补偿。用于生态补偿的资金（以下简称生态补偿资金）实行省、市分级筹集。

第三条 按照“将生态环境质量逐年改善作为区域发展的约束性要求”和“谁保护、谁受益，谁污染、谁付费”的原则，以各设区市的细颗粒物（$PM_{2.5}$）和可吸入颗粒物（PM_{10}）平均浓度季度同比变化情况为考核指标，建立考核奖惩和生态补偿机制。$PM_{2.5}$ 和 PM_{10} 的污染物考核权重分别为75%和25%。

第四条 大气污染物考核数据采用省级环境监测部门提供的各设区市的城市环境空气质量自动监测数据，自动监测数据每月通过省环境保护部门官方网站发布。

第五条 对各设区市实行季度考核，每季度根据考核结果确定生态补偿资金额度，年底统一清算。

第六条 省环境保护部门、省财政部门按如下公式对各设区市进行考核并计算生态补偿资金：

设区市生态补偿资金额度=［（上年同季度 $PM_{2.5}$ 平均浓度−本考核季度 $PM_{2.5}$ 平均浓度）× 75%＋（上年同季度 PM_{10} 平均浓度−本考核季度 PM_{10} 平均浓度）×25%］×30 万元/（μg/m³）× 季度系数×目标修正系数

污染物浓度以μg/m³计，30 万元/（μg/m³）为生态补偿资金系数。

季度系数为一季度 100%、二季度 60%、三季度 60%、四季度 120%。

目标修正系数根据各市空气质量目标完成情况确定。完成季度目标的市系数取 1。未完成季度目标的市，若当季度 $PM_{2.5}$ 降幅高于全省平均水平，系数取 0.5；$PM_{2.5}$ 同比下降但降幅低于全省平均水平，系数取 0.2；$PM_{2.5}$ 不降反升的，向省级财政上缴生态补偿资金，系数取 1。年度目标未完成的市，在年底清算下达全年奖补资金时再乘以 0.9 或对上缴资金乘以 1.1。

第七条 有关设区市向省级上缴的资金纳入省级生态补偿资金，用于补偿空气质量改善的设区市。

第八条 对上年度空气质量达到《环境空气质量标准》（GB 3095—2012）二级标准的设区市，年度给予 500 万元一次性奖励。若该市 $PM_{2.5}$ 年均浓度较上年进一步改善，年度给予 800 万元一次性奖励。

第九条 各设区市获得的生态补偿资金，统筹用于本行政区域内改善环境空气质量的项目。

第十条 各设区市应制定生态补偿资金使用方案，加强资金管理，提高使用绩效。生态补偿资金使用方案报省财政部门、省环境保护部门备案。

第十一条 省环境保护部门、省财政部门按季公布各市空气质量状况及生态补偿情况，接受社会监督。

第十二条 本办法自 2018 年 7 月 1 日起施行，有效期至 2020 年 12 月 31 日。

附录 17

关于开展本市纳入碳排放配额管理的企业 2017 年度碳排放报告工作的通知

沪发改环资〔2018〕22 号

各纳入本市碳排放配额管理的企业：

为规范有序开展本市 2017 年度碳排放报告、核查及配额清缴有关工作，根据《上海市碳排放管理试行办法》（沪府令　第10号，以下简称《管理办法》）有关规定，现将2017年度碳排放报告编制及报送工作有关事项通知如下：

一、报告编制与报送

各纳入本市碳排放配额管理的企业根据《管理办法》的有关规定，按照《上海市温室气体排放核算与报告指南（试行）》及相关行业方法的要求，应于2018年3月31日（周六）前完成2017年度碳排放报告的编制和报送工作。

编制报告时，请登录“上海市碳排放报告直报系统”（通过 www.reg-sh.org 主页面右下角链接点击进入），按照表式要求进行在线填报和提交。同时，将系统自动生成的碳排放报告打印并加盖公章后（一式两份），于3月31日17：00点前报送我委。在线提交的报告内容与纸质版报告存在差异的，以纸质版报告为准。

二、相关要求

1. 请各企业按要求及时做好2017年度碳排放报告的编制和报送工作。如有虚报、瞒报或拒绝履行报告义务的，将由我委按照《管理办法》规定的有关法律责任予以处理。

2. 企业在碳排放报告编制与报送过程中如有问题，可按“直报系统”中“基本信息”页载明的联系人和联系方式进行咨询。

3. 纸质版报告受理地址：威海路48号1307室；联系人：乔静；电话：23113963；邮编200003。

特此通知。

上海市发展和改革委员会

2018年3月2日

附录 18

四川省发展和改革委员会 四川省经济和信息化委员会 国家能源局四川监管办公室 四川省能源局关于推进 2018 年丰水期风电光伏发电市场化交易的通知

川发改价格〔2018〕234 号

各市（州）发展改革委（能源局、办）、经济和信息化委，国网四川省电力公司，四川电力交易中心，有关发电企业：

为进一步深化电力市场建设，推进我省风电光伏发电市场化交易，经省政府同意，2018 年四川电网风电和光伏丰水期上网电量继续参与市场化交易，并优先参与居民生活电能替代交易。现将有关事项通知如下。

一、2018 年丰水期（6—10 月）四川电网（含国网四川省电力公司直供区、“子公司改分公司”、全资及控股供电公司、岷江水电和明星电力，下同）除分布式风电、分布式光伏和光伏扶贫项目以外的风电、光伏上网电量，由国网四川省电力公司每月通过四川电力交易平台采取挂牌方式代居民用户优先采购。参与优先采购的风电和光伏发电企业，其全部上网电量按 0.21 元/（kW·h）（2018 年丰水期中长期外送电量加权平均上网电价水平）结算。

二、丰水期风电、光伏发电电量按 2018 年丰水期中长期外送电量加权平均上网电价结算后，低于我省公用燃煤机组标杆上网电价形成的价格空间，用于实施居民生活电能替代。国网四川省电力公司在结算时，对按政府相关文件要求参与直接交易的风电和光伏发电企业，其直接交易电价高于风电、光伏发电参与居民电能替代市场化交易结算价格的部分，应从其上网电费中扣除，一并形成实施居民生活电能替代价格政策的电价空间。

三、请国网四川省电力公司、四川电力交易中心做好风电、光伏发电市场化交易结算，并按要求向有关部门报送执行情况。

四川省发展和改革委员会　四川省经济和信息化委员会
国家能源局四川监管办公室　四川省能源局
2018 年 5 月 14 日

附录 19

福建省人民政府办公厅关于印发《福建省自然资源产权制度改革实施方案》的通知

闽政办〔2018〕60 号

各市、县（区）人民政府，平潭综合实验区管委会，省人民政府各部门、各直属机构，各大企业：

经省政府同意，现将《福建省自然资源产权制度改革实施方案》印发给你们，请认真贯彻执行。

福建省人民政府办公厅
2018 年 7 月 3 日

福建省自然资源产权制度改革实施方案

为贯彻国家生态文明体制改革总体部署和《国家生态文明试验区（福建）实施方案》，推进土地、水、矿产、森林、海域海岛等自然资源产权制度改革，制定本实施方案。

一、总体要求

（一）指导思想

以习近平新时代中国特色社会主义思想为指导，全面贯彻党的十九大精神，紧紧围绕统筹推进“五位一体”总体布局和协调推进“四个全面”战略布局，牢固树立和贯彻新发展理念，认真落实党中央、国务院决策部署，坚持发挥市场配置资源的决定性作用和更好发挥政府作用，以推进自然资源统一确权登记为基础，完善自然资源产权体系为核心，加强自然资源产权保护为重点，统筹推进自然资源产权制度改革，着力解决自然资源产权制度中的突出问题，切实发挥自然资源产权制度在促进资源保护和合理利用中的基础作用，为建设“机制活、产业优、百姓富、生态美”的新福建提供重要支撑和保障。

（二）基本原则

1. 坚持准确定位。把自然资源产权制度改革放在生态文明建设全局和自然资源源头保护、开发利用、修复治理的全过程来认识和谋划，充分发挥自然资源产权制度在生态环境保护中的基础性作用。

2. 突出问题导向。适应生态文明建设和经济社会发展需要，针对当前自然资源产权制度存在的问题，探寻有效制度创新路径，通过解决问题彰显改革成效。

3. 坚守改革底线。坚持资源公有不动摇，保护和合理利用水平不降低，合法权益不受损，确保改革沿着正确方向平稳有序推进。

4. 强化统筹协调。正确处理个性与共性、局部与全局、当前与长远的关系，按照自然资源保护和开发利用的内在规律，凝聚改革合力，增强改革的整体性、系统性、协同性。

（三）改革目标

经过积极探索、开拓创新，2018 年自然资源产权制度改革初见成效，全面完成土地承包经营权确权登记颁证，基本完成农垦国有土地使用权确权登记发证，完成晋江市农村土地制度改革三项试点及厦门市完善建设用地使用权转让、出租、抵押二级市场试点。到2020年，完成全省自然资源统一确权登记、农村地籍和房屋调查，实现自然资源权利清单管理，基本建成符合实际需要和有关规定的自然资源产权交易平台、自然空间监管平台，基本建立归属清晰、权责明确、流转顺畅、保护严格、监管有效的自然资源产权制度，维护自然资源权利人合法权益，增强使用者有效保护和合理利用自然资源的意识和内在动力，提升自然资源市场化配置水平，促进生态文明建设。

二、主要任务

（一）加快推进自然资源产权登记

1. 全面开展自然资源统一确权登记。总结晋江市、武夷山国家公园、厦门市等相关试点经验，协调解决不同自然资源产权空间重叠、相互不协调的问题，完善确权登记的组织模式、技术方法和制度规范，修订《福建省自然资源统一确权登记办法（试行）》。在不动产统一登记的基础上，坚持资源公有、物权法定和统一确权登记原则，到2020年，完成全省自然资源统一确权登记，清晰界定全部国土空间内的水流、森林、山岭、荒地、滩涂及探明储量的矿产资源等各类自然资源的权属、位置、面积等，划清国家所有和集体所有之间的边界、不同集体所有者之间的边界。已明确所有权的自然资源，在自然资源登记簿进行相应记载。建立自然资源统一确权登记信息管理平台，实现自然资源统一确权登记信息与自然资源审批、交易信息互通共享，支撑自然资源产权保护和监管。

牵头单位：省国土厅，配合单位：省农业厅、林业厅、水利厅、海洋渔业厅、国有自然资源资产管理局

2. 加快农村宅基地和集体建设用地使用权确权登记。按照不动产统一登

记要求，2020 年前基本完成全省农村地籍和房屋调查，查清包括宅基地、集体建设用地在内的每宗土地的权属、界址、位置、面积、用途及农房等地上建筑物、构筑物基本情况，建立城乡一体的地籍数据库。在农村地籍调查的基础上，依法对符合条件的宅基地、集体建设用地使用权确权登记发证。

牵头单位：省国土厅，配合单位：省住建厅

3. 加快农垦国有土地使用权确权登记发证。在掌握全省农垦土地利用基本情况的基础上，2018 年年底前，基本完成农垦国有土地使用权确权登记发证工作，做到农垦国有土地“权属应确尽确、证书应发尽发”。

牵头单位：省国土厅，配合单位：省农业厅、国有自然资源资产管理局

（二）适度扩大自然资源产权权能

1. 适度扩大土地资源产权权能。落实农村土地承包关系稳定并长久不变政策，衔接落实好第二轮土地承包到期后再延长 30 年政策，完善农村承包土地所有权、承包权、经营权“三权分置”制度，农村土地承包经营权可依法融资担保、入股从事农业产业化经营。探索宅基地所有权、资格权、使用权“三权分置”，落实宅基地集体所有权，保障宅基地农户资格权和农民房屋财产权，适度放活宅基地和农民房屋使用权。深化农村土地制度改革三项试点、农村承包土地经营权和农民住房财产权抵押贷款试点、利用集体建设用地建设租赁住房试点，适度扩大集体土地资源产权权能。推进完善建设用地使用权转让、出租、抵押二级市场试点，建立健全产权明晰、市场定价、信息集聚、交易安全的土地二级市场。总结国有建设用地立体化开发利用实践经验，研究制定地上、地表和地下分层设立土地使用权的具体办法。

牵头单位：省国土厅，配合单位：省住建厅、农业厅、国有自然资源资产管理局、人行福州中心支行

2. 适度扩大水资源的产权权能。根据所有权与使用权分离原则，以及不同用水方式的经济属性、社会效益和对水资源本身及生态环境的影响，分门别

类探索各类用水产权体系有关权利的配置和产权管理的目标、手段、管理机构，明确占有、使用、收益、处分等权利归属关系和权责，建立保障权责利相互协调的激励约束机制。完善取水许可制度，确认取水户的水资源使用权，推进行业间、用水户间取水权交易；开展用水总量控制指标和江河水量分配，推进地区间、流域间、流域上下游的区域水权交易；明确灌溉用水户的用水权益，推进灌区内部用水户或用水组织间灌溉用水户水权交易。

牵头单位：省水利厅，配合单位：省国有自然资源资产管理局

3. 适度扩大矿产资源产权权能。在矿产资源所有权和使用权分离的基础上，明确探矿权、采矿权的所有者、管理者、使用者的权利义务关系，健全探矿权、采矿权的转让、抵押、出资（入股）等权能。进一步规范矿业权取得和流转，规范矿业权市场运作。

牵头单位：省国土厅，配合单位：省国有自然资源资产管理局

4. 适度扩大森林资源产权权能。全面推进国有林场改革，在保持生态系统完整性、稳定性的前提下，研究引进社会资本参与国有林场发展生态经济型项目。鼓励社会资本通过承包、租赁、合作等方式，参与国有林场发展森林旅游等特色产业。对未开展明晰产权主体改革，仍由农村集体经济组织统一经营管理的集体林地（生态公益林、重点生态区位商品林和天然商品林除外），结合农村集体产权制度改革，依法将股权量化到户、股权证发放到户，并引导规模经营，完善股份经营管理制度。鼓励、引导林农采取转包、出租、入股等方式流转林地经营权、林木所有权，大力培育林业专业合作社、家庭林场、股份合作林场等新型林业经营主体，发展林业适度规模经营。鼓励社会资本与林农开展合作经营，引导林业龙头企业、国有林场、新型林业经营主体等以股份合作、托管代管等模式，与林农建立紧密的利益联结机制，让林农分享产业链增值收益。

牵头单位：省林业厅，配合单位：省国土厅、农业厅、国有自然资源资产

管理局

5. 适度扩大海域海岛资源产权权能。鼓励通过市场化方式出让经营性用海的海域使用权。除国家审批的重大产业项目，列入《划拨用地目录》的建设用地项目，列入省重点项目的能源、交通、水利项目，以及传统养殖外的经营性项目用海用岛，通过招标、拍卖、挂牌方式取得海域海岛使用权，其中用于经营性房地产的，应以拍卖方式取得海域海岛使用权。探索完善海域、无居民海岛使用权转让、抵押、出租、作价出资（入股）等权能，鼓励金融机构开展海域、无居民海岛使用权抵押融资业务。建立海域收储制度，对纳入收储计划的海域海岛资源，可通过补偿、安置、置换等方式收回原海域海岛使用权后，以“净海”“净岛”方式出让海域海岛使用权。

牵头单位：省海洋渔业厅，配合单位：省国土厅、国有自然资源资产管理局

（三）建立健全自然资源产权交易市场

1. 建立健全自然资源产权交易平台。各自然资源管理部门应根据不同类型自然资源的产权要素性质、流转范围和交易需要，建立健全符合有关规定和实际需要的自然资源产权交易平台，并与省公共资源交易电子公共服务平台和省公共资源交易电子行政监督平台对接，实现统一基本信息发布、统一 CA 认证和电子签章、统一交易主体信用、统一电子化行政监管与配套服务。

牵头单位：省国土厅，配合单位：省发改委、农业厅、林业厅、水利厅、海洋渔业厅、国有自然资源资产管理局

2. 完善自然资源产权交易机制。针对不同自然资源特点，明确交易基本规则，评估资源价值，规范交易程序，确保交易过程公开公平公正。在充分考虑资源所有者权益和生态环境损害成本的基础上，研究完善自然资源及其产品价格形成机制。研究制定和完善农村土地承包经营权基准价格、城镇国有土地基准地价、集体建设用地基准地价、农用地基准地价及矿业权基准价格等自然

资源交易价格体系。

牵头单位：省国土厅，配合单位：省发改委、农业厅、林业厅、水利厅、海洋渔业厅、国有自然资源资产管理局

（四）加强自然资源产权保护

1. 明确各类自然资源产权主体权利。根据《自然资源权利类型（试行）》（详见附件，略），对自然资源实行权利清单管理，明确各类自然资源产权主体在自然资源产权行使、开发利用和保护等方面享有的权利及依法应承担的责任。在符合法律规定及用途管制的前提下，保护自然资源使用权人的自主权，允许自然资源使用权人根据自然资源的具体情况进行合理开发利用，不得以任何行政手段干涉其合法生产经营活动。

牵头单位：省国土厅，配合单位：省农业厅、林业厅、水利厅、海洋渔业厅、国有自然资源资产管理局

2. 发挥行政部门处理自然资源权属纠纷的专业优势。有效发挥行政调解、行政处理、行政复议等在处理自然资源权属纠纷中的积极作用。加强自然资源产权行政执法与刑事司法的衔接，加大自然资源产权保护力度。

牵头单位：省国土厅，配合单位：省农业厅、林业厅、水利厅、海洋渔业厅、国有自然资源资产管理局、法制办

3. 探索对受到生态限制的自然资源产权进行合理补偿的机制。为生态环境保护需要，对已存在的合法探矿权、采矿权、林权、取水权等自然资源产权进行限制的，分类研究，探索提出差别化的补偿和退出方案。

牵头单位：省国土厅，配合单位：省财政厅、环保厅、农业厅、林业厅、水利厅、海洋渔业厅、国有自然资源资产管理局

（五）强化自然资源产权行使监管

1. 加强和完善协同监管。在理顺各相关部门监管职责、落实执法责任的基础上，建立健全跨部门、跨区域执法协作机制，推动实现各相关部门和地区

之间监管资源共享，形成各司其职、各负其责、横向协调、纵向连通的协同监管新格局。积极配合中央环境保护督察、国家土地督察、国家海洋督察等督察工作，加强领导干部自然资源资产离任审计结果运用，提升自然资源监管水平。

牵头单位：省国土厅，配合单位：省环保厅、农业厅、林业厅、水利厅、海洋渔业厅、审计厅、国有自然资源资产管理局

2. 提高自然资源产权行使监管的技术水平。充分利用大数据、云计算、物联网、移动互联、卫星遥感等现代技术和数字福建已有成果，建立符合实际需要的自然空间监管平台，实现对自然资源产权主体行使权利和履行义务的有效监管。

牵头单位：省国土厅，配合单位：省发改委、环保厅、农业厅、林业厅、水利厅、海洋渔业厅、国有自然资源资产管理局

三、保障措施

（一）加强组织领导。省国土厅牵头建立自然资源产权制度改革联席会议机制。各相关部门按照职责分工，各司其职，密切合作，细化任务分工，明确责任主体、时间进度，确保改革实施工作落到实处。

（二）建立协同机制。自然资源产权制度改革要加强与自然资源统一确权登记制度、全民所有自然资源资产有偿使用制度、自然资源管理体制、生态保护补偿制度等相关改革的衔接协调，增强改革的系统性、整体性和协同性。改革措施确需突破现行法律、法规、规章的，要按程序报批，取得授权后实施。

（三）强化检查督促。各相关部门要大胆探索，勇于创新，结合实际情况，建立督察督办机制，聚集重点难点问题，将具体改革任务、措施落到实处。改革中出现的新情况、新问题要及时上报，争取上级及有关部门的支持指导。

（四）做好宣传引导。加大对自然资源产权制度改革的宣传力度，加强政策解读，积极引导舆论，回应社会关切，为改革营造良好舆论氛围和社会环境。

附录 20

河南省人民政府办公厅关于印发《河南省用能权有偿使用和交易试点实施方案》的通知

豫政办〔2018〕40 号

各省辖市、省直管县（市）人民政府，省人民政府各部门：

《河南省用能权有偿使用和交易试点实施方案》已经省政府同意，现印发给你们，请认真贯彻执行。

河南省人民政府办公厅

2018 年 7 月 18 日

河南省用能权有偿使用和交易试点实施方案

为贯彻落实国家《生态文明体制改革总体方案》，开展用能权有偿使用和交易，推动绿色发展制度创新，实现能源消费总量和强度“双控”目标，根据国家发展和改革委员会《用能权有偿使用和交易制度试点方案》，制定本实施方案。

一、总体要求

（一）指导思想

以习近平新时代中国特色社会主义思想为指导，全面贯彻党的十九大精神，牢固树立创新、协调、绿色、开放、共享发展理念，加快推进生态文明体制改革和供给侧结构性改革，突出制度突破、机制创新、模式探索，充分运用市场化手段优化资源配置，引导激励重点用能单位提升能效水平，统筹推进全省用能权确权、有偿使用和交易，规范能源消费报告、审核和核查，完善履约机制，建立“确权方法科学、核查工作规范、交易机制公平”的用能权有偿使用和交易制度体系，推动实现能源消费总量和强度“双控”及煤炭消费减量目标，提高绿色发展水平，建设美丽河南。

（二）基本原则

1. 市场主导，政府培育。充分发挥市场在资源配置中的决定性作用，激发市场主体活力，推动能源要素向优质项目、企业、产业流动和集聚。强化政府监管，培育和发展用能权交易市场。

2. 整体设计，合力推进。加强顶层设计，建立规范完善的制度体系和公平高效的交易体系。试点工作要与节能目标责任评价考核、固定资产投资项目节能审查、节能监察执法等制度紧密结合，提高工作效能。

3. 试点先行，逐步推广。结合我省能源消费特点，严格煤炭消费总量控制，根据各试点市产业特征和工作基础，科学确定试点范围，突出引领示范。及时总结可复制、可推广的经验做法，逐步扩大交易区域和交易行业。

4. 公开透明，全程监管。全面公示用能权配额分配办法、程序和结果，及时披露能源消费核查、配额交易等关键信息，全过程接受社会监督。加大节能监察力度，实行用能权有偿使用和交易的全方位、全流程监管，确保交易有序进行。

（三）主要目标

建立完善的能源消费报告、审核和核查、用能权指标管理、分配和交易等制度体系。用 2～3 年时间，全面建成要素明晰、交易规范、监管严格、运行良好的用能权交易市场，探索市场化、低成本实现能源消费总量和强度“双控”目标的路径和模式。2018 年，基本建立用能权交易制度体系和数据报送、注册登记、交易系统平台，初步完成顶层设计和基础支撑，启动用能权交易。2019 年，规范完善用能权交易市场，提升交易活跃度，推动各试点单位严格履约。2020 年，开展试点交易效果评估，总结提炼经验，适时扩大实施范围。

二、试点范围及交易品种

试点范围：选择具有一定代表性的郑州市、平顶山市、鹤壁市、济源市开展试点工作。2018 年，将 4 市有色、化工、钢铁、建材等重点行业年耗能 5 000 t 标煤以上的用能企业纳入试点范围。2020 年，根据试点实施效果，逐步将试点范围扩展到全省年耗能 5 000 t 标煤以上的用能单位。

交易品种：结合我省实际，交易对象确定为综合能源消费量，把煤炭作为主要确权因素，严格控制煤炭消费总量。

三、重点任务

（一）确定用能权指标

1. 确认历史数据。完善重点用能单位能源利用状况报告制度，建立能源消费数据报送平台，实现能源消费数据在线填报。（责任单位：省发展改革委、质监局）

2. 开展数据审核。对用能单位能源消费量数据进行第三方审核，明确审核流程和要求，确保审核工作独立、客观、公正；利用在线监测平台，加强对能源消费量数据的验证，确保数据真实、准确。（责任单位：省发展改革委）

3. 核定用能权指标。科学合理制定重点用能单位用能权配额分配办法，实施分类指导，综合考虑不同行业及同一行业内不同用能单位的用能特点，配额分配实行差异化管理，与行业先进对标，鼓励能源要素优先向战略性新兴产业和能效标杆示范企业倾斜，运用市场化手段推动重点耗能行业提标升级，实现煤炭消费减量。对既有产能，采用基准法或历史法核定用能权指标；对新增

产能，综合考虑固定资产投资项目节能审查意见核定用能权指标。（责任单位：省发展改革委、工业和信息化委）

4. 指标注册登记。初始用能权配额以免费分配为主，适时引入拍卖等有偿分配方式。建立用能权指标注册登记系统，登记和发放各用能单位用能权指标，并对指标的持有、转让、注销和结转等进行统一管理。（责任单位：省发展改革委、各试点市政府）

（二）建立交易系统

1. 建立交易平台。初期依托中原股权交易中心建设用能权交易系统，提供用能权账户管理、标的划转、资金结算等交易服务，并与用能权指标注册登记系统实现数据链接。根据交易情况，适时引入省内大型重点用能单位以及相关机构，组建市场化、专业化的交易机构，并做好与全省公共资源交易服务平台和公共资源交易在线监管平台的数据对接工作。（责任单位：省发展改革委、财政厅、省政府金融办、中原股权交易中心）

2. 规范交易程序。制定公平、公正、公开的交易规则，明确交易参与方的权利和义务，采取挂牌交易方式，实现账户开立、资金划转、指标交易、清算交收等全流程电子化和信息化，加强交易全过程监督管理。严格按照交易程序办事，完善交易价格形成机制和交易争议解决机制，着力构建公平有序的市场环境。（责任单位：省发展改革委、省政府金融办、人行郑州中心支行、中原股权交易中心）

（三）落实履约责任

用能权配额一年一分配，一年一清缴。建立用能权交易奖惩机制，强化交易台账管理，严格用能权交易履约，确保责任主体及时履行合同。及时公布用能单位履约情况，树立履约单位履行社会责任的良好形象，将重点用能单位履约情况纳入省信用信息共享平台。对不能按期履约的单位，责令限期履约，并按相关规定严肃处理。（责任单位：省发展改革委、各试点市政府）

四、保障措施

（一）加强组织领导

成立由常务副省长担任组长，相关部门负责同志为成员的用能权有偿使用和交易试点工作领导小组，统筹协调推进试点工作。领导小组办公室设在省发展改革委，负责推动试点日常工作。各试点市要完善相应工作机制，加强经费和人员保障，确保各项工作顺利推进。

（二）加强制度建设

1. 制定《河南省用能权有偿使用和交易管理暂行办法》，加强对纳入用能权交易试点的市场参与主体的强制约束力，依法依规建设和管理用能权交易市场。（责任单位：省发展改革委）

2. 制定《河南省重点用能单位用能权配额分配办法》，明确用能权指标的总量设定和分配方法，规范指标管理流程。（责任单位：省发展改革委）

3. 制定《河南省能源消费报告审核和核查规范指南》，明确能源消费报告和审核的范围、方法、流程，规范第三方机构审核行为的监督检查。（责任单位：省发展改革委、统计局、质监局）

4. 制定《河南省用能权注册登记和交易规则》，明确规则及流程，对用能权指标的持有、转让、注销和结转进行统一管理，完善交易价格形成机制。（责任单位：省发展改革委、中原股权交易中心）

（三）强化能力建设

加强能源计量统计，提高用能单位能源计量器具配备和能源计量数据分析利用水平，规范能源统计台账，推进在线监测和能源管理体系建设。培育和规范第三方服务机构，为用能权确权、交易等提供技术支撑和咨询服务。加大培训力度，提升用能权有偿使用和交易参与人员业务水平。（责任单位：省发展改革委、财政厅、统计局、质监局，各试点市政府）

（四）加大资金投入

加大经费保障力度，支持能源消费量审核、能源计量审查、市场支撑平台建设、能源消费数据在线监测、市场调节以及用能权交易体制机制课题研究等工作，确保用能权交易工作顺利实施。完善多元化资金投入机制，参与用能权交易体系建设。（责任单位：省财政厅、发展改革委、省政府金融办，各试点市政府）

（五）加大监管力度

将重点用能单位用能权有偿使用和交易履约情况纳入年度节能监察计划，对超额用能或在交易中弄虚作假的，依法严肃处理，并予以曝光。加强对交易机构和第三方服务机构的监管，对用能核查工作进行评估，将评估结果纳入第三方服务机构信用记录。（责任单位：省发展改革委、省政府金融办，各试点市政府）

（六）加强宣传引导

加强舆论引导，主动向社会公开信息，综合运用报刊、广播、电视、网络和新媒体等渠道，积极宣传用能权交易的相关政策，提高全社会节能降耗意识，营造良好的社会氛围。加强对用能单位的激励和动员，引导用能单位等市场主体积极控制能源消费量，参与用能权交易。（责任单位：省发展改革委、新闻出版广电局、河南日报报业集团、河南广播电视台）

（七）开展总结评估

试点市和重点用能单位在运行过程中要定期总结，提炼有效做法和成功经验，及时纠正试点过程中发现的问题，不断完善制度设计，提高试点工作水平。（责任单位：省发展改革委、工业和信息化委、统计局、质监局、省政府金融办，各试点市政府）

附录 21

河北省环境保护厅等四部门关于印发《河北省推行企业环保“领跑者”制度实施方案》的通知

冀环评〔2018〕264 号

各市（含定州、辛集市）环保局、财政局、发改局、工信局：

为贯彻落实财政部、国家发改委、工信部、环保部《关于印发〈环保“领跑者”制度实施方案〉的通知》（财建〔2015〕501 号）通知要求，实施差别化环境政策，加快我省重点行业绿色转型和高质量发展。现将《河北省推行企业环保“领跑者”制度实施方案》印发给你们，请认真研究落实。

河北省环境保护厅
河北省财政厅
河北省发展和改革委员会
河北省工业和信息化厅
2018 年 6 月 4 日

河北省推行企业环保“领跑者”制度实施方案

为实施差别化环境政策，加快我省重点行业绿色转型和高质量发展，根据 2015 年财政部、国家发改委、工信部、环保部《关于印发〈环保“领跑者”制度实施方案〉的通知》（财建〔2015〕501 号）精神，按照《河北省环境保护厅关于支持省重点投资项目建设的实施意见》有关要求，优化我省投资和营商环境，现在我省重点行业实施企业环保“领跑者”制度。为加快此项制度顺利推进，特制定此实施方案。

一、指导思想

以习近平生态文明思想为引领，坚持绿色、低碳、循环、可持续发展理念，树立先进典型，加强政策激励，构建政府主导、企业主体、社会各界参与的环境治理体系，推动形成节约资源和保护环境的产业结构和生产方式，为加快建设新时代经济强省美丽河北做出积极贡献。

二、工作目标

以企业自愿为前提，通过提升标准、底线约束、先进带动、制定指标，在广泛征集、遴选的基础上，优选出行业环保“领跑者”企业。以环保“领跑者”企业管理、技术指标为基础，逐步建立符合法律法规的行业标准和团体标准。通过环保“领跑者”制度的实施，政策激励，引导企业实施高水平的节能减排和资源环境效率目标，以及实施绿色供应链、绿色产品认证，在行业内树立绿色低碳和节能减排对标标杆，引领行业高质量绿色发展。

三、遴选、推荐工作程序

环保“领跑者”遴选和发布工作，由省环境保护厅牵头组织，委托第三方机构配合开展，每两年遴选发布一次，动态更新。按照分行业、分批遴选的总体思路稳步推行。河北省境内相关企业在规定期限内自愿申报，按照专家评审、社会公示、同行业企业参与等方式，遴选评定出本行业环保“领跑者”企业名单。

（一）由省环境保护厅牵头，发布公告或文件，公开征集。企业根据自身内部管理体系和标准，自愿决定参加；可通过互联网或其他便捷方式报送、上传参评资料，不设立预审等程序。

（二）由第三方机构负责收集、承接申报材料。通过政府购买服务方式，由第三方机构负责申报材料收集、整理，以及邀请行业协会、专家参与初步评审，征集同行业企业意见等具体工作。

（三）现场核实。由第三方机构会同委托行业协会或专家现场核查，并提出核查报告和意见，确定初步企业名单。

（四）公开公示。将初步入选的环保“领跑者”企业申报内容在网上公示，广泛听取意见，特别是同行业企业意见。

四、环保“领跑者”遴选规则

企业环保“领跑者”遴选指标，要按照“一流企业制定标准”的理念，采取面向重点行业，企业自愿申报原则，重点聚焦以下指标：

（一）污染物排放执行严于国家和地方现行的标准。按照严于国家、地方现行法定的排放要求为前提，采取国内、国际领先的预防污染治理技术和排放控制措施，使大气、水、固体废物、噪声等排放和控制在同行业领先。

（二）煤炭与清洁能源使用比例。企业生产用能源消耗中煤炭所占比例低（火电、焦化等作为原料的除外）。积极使用绿色、清洁能源以及低碳新工艺、新技术，强化碳排放管理，单位产品碳排放达到国际先进水平。

（三）推行绿色供应链环境管理。原料采购中，对供应方企业或机构履行环保法律法规情况进行核实、查实。厂容厂貌整洁，企业生产、办公使用环境标志认证产品。

（四）资源环境效率水平。每万元产值主要污染物排放、能耗、水耗处于河北省同行业领先水平。

（五）产品品质优良。企业生产的产品达到或超过国家质量标准，性能优良。

五、环保“领跑者”征集范围

环保“领跑者”遴选是一项较为复杂和专业的系统性工作，按照先易后难、循序渐进、公平公正、宁缺毋滥的原则分期分批进行。第一批征集行业为：水泥、钢铁、玻璃、焦化、垃圾发电、碳素生产及供热发电企业，首先遴选各行业3～5个符合上述遴选规则和标准的企业入围环保“领跑者”。

六、激励政策

对于取得环保“领跑者”荣誉的企业，可享有如下支持政策：

（一）各市按照省政府关于优化投资环境，实施差别化、精准化的环境管理政策要求，对于取得环保“领跑者”称号企业，在重污染天气应急管理期间，在确保符合环境管理要求和达标排放的前提下，可不列入停（建）限产清单。

（二）对于获得环保“领跑者”称号的企业，在其新建、改建、扩建高科技、新技术、低排放项目时，自身可替代总量指标优先用于本企业。市级行政区域内，其他可替代总量指标优先安排环保“领跑者”称号企业建设项目使用。

（三）对环保“领跑者”企业，建立省级“一对一”帮扶工作机制，实施定向帮扶和协调解决相关问题。

七、保障措施

（一）公平公正遴选评定

环保“领跑者”企业评定工作，由省环保厅委托第三方机构进行评定，并由省环保厅进行监督管理，确保环保“领跑者”认定过程客观公正。同时，对确定环保“领跑者”企业开展跟踪调查，对“后起之秀”的企业，按程序开展评定工作，优于先前确定“领跑者”企业的，撤销原“领跑者”企业称号，对环保“领跑者”称号实行动态化更新管理，并在媒体公示。

（二）加强宣传推广

通过公开发文、政府网站、大众传媒等方式向全社会宣传实施环保“领跑者”企业制度的目的与意义，扩大制度影响力。利用电视、网络、报纸等大众传媒宣传环保“领跑者”，树立标杆，弘扬典型，表彰先进，为制度实施营造良好的社会氛围、舆论氛围。

（三）加强行业和公众监督

环保“领跑者”企业名单确定后，要通过网络、报刊等媒体予以公示，充分征求行业企业和公众意见，并有行业企业和公众对其进行监督。发现评定环保“领跑者”企业名单中弄虚作假、生产过程中恶意超标排放等违法行为的企业，要从环保“领跑者”企业名单清除，并追究涉事企业和相关人员的法律责任。